“十二五”高职高专教育精品规划教材·土建类

房屋建筑学实训指导

（第2版）

主　编　齐秀梅　陈卫东　王鳌杰
副主编　张建新　张福荣　夏莉莉　郭仙君
参　编　郝绍菊　李　龙
主　审　李　辉

北京理工大学出版社
BEIJING INSTITUTE OF TECHNOLOGY PRESS

内容提要

本书第2版按照高职高专人才培养目标以及专业教学改革的需要，结合建筑工程制图标准及相关设计规程、规范进行编写，详细阐述了房屋建筑构造设计、建筑设计、认识实习的步骤与方法。全书主要包括建筑设计基本知识、墙体构造设计、楼板构造设计、楼梯构造设计、屋顶构造设计、住宅设计、教学楼设计、宿舍楼设计、幼儿园设计、单层工业厂房设计、认识实习等内容。

本书语言通俗易懂，具有较强的实用性，可作为高职高专院校土建类相关专业的实训指导教材，也可作为自学考试、岗位技术培训教材以及建筑设计人员和建筑施工技术人员的参考用书。

图书在版编目（CIP）数据

房屋建筑学实训指导/齐秀梅，陈卫东，王鳌杰主编.—2版.—北京：北京理工大学出版社，2014.1（2019.7重印）

ISBN 978-7-5640-8749-4

Ⅰ.①房…　Ⅱ.①齐…　②陈…　③王…　Ⅲ.①房屋建筑学－高等职业教育－教材　Ⅳ.①TU22

中国版本图书馆CIP数据核字（2013）第321134号

出版发行 / 北京理工大学出版社有限责任公司
社　　址 / 北京市海淀区中关村南大街5号
邮　　编 / 100081
电　　话 / (010)68914775(总编室)
(010)82562903(教材售后服务热线)
(010)68948351(其他图书服务热线)
网　　址 / http://www.bitpress.com.cn
经　　销 / 全国各地新华书店
印　　刷 / 河北鸿祥信彩印刷有限公司
开　　本 / 787毫米×1092毫米　1/16
印　　张 / 14.5
字　　数 / 343千字
版　　次 / 2014年1月第2版　2019年7月第3次印刷
定　　价 / 39.00元

责任编辑 / 杨　倩
文案编辑 / 杨　倩
责任校对 / 周瑞红
责任印制 / 边心超

图书出现印装质量问题，请拨打售后服务热线，本社负责调换

第2版前言

房屋建筑学实训是土木工程相关专业的一门重要实践课程，是将学生所学的房屋建筑学知识与建筑制图、建筑材料等课程结合起来的实践性教学环节，是建筑设计原理、建筑构造层次、构造做法的认识实践过程，也是相关后续课程陆续展开的基础。房屋建筑学实训是从理论到实践的过渡过程，是将理论和实践相结合的过程。通过学习房屋建筑学实训课程，学生能够逐步接触实际工程，了解建筑设计原理、设计方法，了解建筑构造与建筑实体的密切关系，从而提高分析和解决实际问题的能力，增强工程实践能力，提高综合素质，培养创新精神和创新能力，并加深对建筑构造设计，即建筑施工图设计工作的认识。

《房屋建筑学实训指导》一书自出版发行以来，经相关院校使用，反映较好。随着近年来建筑业产业规模、产业素质的发展和提高，我国建筑工程设计与施工技术水平也在不断提高，大量新技术、新材料、新结构在建筑工程中不断涌现，与建筑工程设计相关的工程制图标准及建筑设计规范亦在不断修订与完善中，为了使本书能更贴近时代，进一步体现高等职业教育的特点，及时反映我国建筑工程设计与施工领域的先进理论与发展成果，我们结合最新工程制图标准及建筑设计规范，并参照建筑工程新材料、新技术、新结构的发展情况，对本书进行了修订。修订后的教材在内容上进行了较大幅度的修改与充实，进一步强化了教材的实用性和可操作性，能更好地满足高职高专院校教学工作的需要。本次修订主要做了如下工作：

（1）进一步强化了理论与实践的结合，从建筑工程构造与设计实际出发，紧扣“实训”，选择了大量的建筑工程设计案例，更便于学生了解建筑工程设计前期准备工作的内容和方法，从而掌握绘制建筑施工图纸的方法和技巧。

（2）为更好地指导学生进行实训，本次修订对工程设计的步骤及方法进行了必要的补充，并提供了实训必备的部分参考资料。为进一步方便学生检阅实训效果，了解实训的实际意义和具体操作方法，本次修订还对每一实训项目提供了相应的工程设计实例。

（3）根据最新工程制图标准，对建筑工程制图的相关内容进行了修订。

（4）完善了相关细节，增补了与房屋建筑学实际密切相关的知识点，摒弃落后陈旧的资料信息，增强了教材的实用性和易读性，方便学生理解和掌握。

本书由齐秀梅、陈卫东、王鳌杰担任主编，张建新、张福荣、夏莉莉、郭仙君担任副主编，郝绍菊、李龙参与了部分章节的编写工作。全书由李辉教授主审。

本书在修订过程中，参阅了国内同行多部著作，部分高职高专院校老师也提出了很多宝贵意见供我们参考，在此表示衷心的感谢！对于参与本书第1版编写但不再参加本次修订的老师、专家和学者，本书所有编写人员向你们表示敬意，感谢你们对高等职业教育改革所做出的不懈努力，希望你们对本书保持持续关注并多提宝贵意见。

限于编者的学识及专业水平和实践经验，修订后的教材仍难免有疏漏或不妥之处，恳请广大读者指正。

编　者

第1版前言

近年来，教育事业实现了跨越式发展，教育改革取得了突破性成果。教育部明确指出，要以促进就业为目标，进一步转变高等职业技术学院办学指导思想，实行多样、灵活、开放的人才培养模式，把教育教学与生产实践、社会服务、技术推广结合起来，加强实践教学和就业能力的培养，探索针对岗位需要、以能力为本位的教学模式。因此，培养以就业为导向的具备“职业化”特征的高级应用型人才是当前教育的发展方向。

高等职业教育教材建设是高等职业院校教育改革的一项基础性工程，本教材即以推动我国高等职业技术教育教学为宗旨，以现行国家标准、行业标准为依据进行编写。

房屋建筑学是研究建筑设计和建筑构造的基本原理及方法的科学。“房屋建筑学实训指导”作为高职高专院校工程管理类专业的实训指导课程，主要目的是培养学生进行建筑初步设计的能力。通过本书的学习，学生可了解建筑设计的内容、步骤及与其他专业设计的关系；了解建筑物各种结构系统的特点以及与建筑空间的关系；初步掌握各种基本构件常用构造的原理及常用方法；掌握各种基本构件的要求、组成和类型；能够综合运用所学知识进行建筑设计，提高综合分析问题的能力。

本书共分十四章，分别从建筑设计基本知识、墙体构造设计、楼板构造设计、建筑变形缝设计、楼梯构造设计、屋顶构造设计、教学楼设计、幼儿园设计、住宅设计、单层工业厂房设计、认识实习、建筑施工图、结构施工图、施工常用符号与数据等方面讲解了房屋建筑设计的方法、步骤及实例。各章开篇明确给出了建筑物构造设计的设计任务书，以使学生了解其目的、要求、设计条件、设计内容和设计要求。然后由浅入深，有针对性地讲解建筑物构造设计的相关基本知识，有重点地对各构件构造进行相关设计指导，清晰地列出构造设计步骤，以指导学生掌握构造设计的方法，运用所学知识独立完成课程设计。

本书由张启香、杨茂森、王鳌杰主编，王笑童、刘丽娜副主编，可作为高职高专院校工程管理相关专业教材，也可供建筑设计人员和施工技术人员参考使用。本书编写过程中参阅了国内同行多部著作，部分高职高专院校教师提出了很多宝贵意见，在此表示衷心的感谢！

本书虽经推敲核证，但限于编者的专业水平和实践经验，仍难免有疏漏或不妥之处，恳请广大读者指正。

编　者

目录

第一章　建筑设计基本知识 …… 1
第一节　建筑设计的内容和系统分析 …… 1
第二节　建筑设计的程序、要求和依据 …… 2
第三节　建筑制图基本知识 …… 8

第二章　墙体构造设计 …… 25
第一节　墙体设计任务书 …… 25
第二节　墙体设计基本知识 …… 26
第三节　墙体构造设计指导 …… 30
第四节　墙体设计步骤与方法 …… 37
第五节　墙体设计参考资料 …… 38
第六节　墙体设计实例 …… 50

第三章　楼板构造设计 …… 53
第一节　楼板构造设计任务书 …… 53
第二节　楼板层设计基本知识 …… 53
第三节　楼板层构造设计指导 …… 56
第四节　楼板层构造设计参考资料 …… 59

第四章　楼梯构造设计 …… 66
第一节　楼梯构造设计任务书 …… 66
第二节　楼梯构造设计基本知识 …… 68
第三节　楼梯构造设计指导 …… 70
第四节　楼梯设计方法与步骤 …… 75
第五节　楼梯设计参考资料 …… 76
第六节　楼梯设计实例 …… 84

第五章　屋顶构造设计 …… 86
第一节　屋顶构造设计任务书 …… 86
第二节　屋顶构造设计基本知识 …… 88
第三节　屋顶构造设计指导书 …… 91
第四节　屋顶构造设计方法与步骤 …… 102
第五节　屋顶设计参考资料 …… 103
第六节　屋顶设计实例 …… 111

第六章　住宅设计…………………………………………………………………… 113
第一节　住宅设计任务书……………………………………………………… 113
第二节　住宅设计指导………………………………………………………… 115
第三节　住宅设计方法与步骤………………………………………………… 128
第四节　住宅设计参考资料…………………………………………………… 128
第五节　住宅设计实例………………………………………………………… 135

第七章　教学楼设计………………………………………………………………… 139
第一节　教学楼设计任务书…………………………………………………… 139
第二节　教学楼设计指导……………………………………………………… 141
第三节　教学楼设计方法与步骤……………………………………………… 153
第四节　教学楼设计实例……………………………………………………… 153

第八章　宿舍楼设计………………………………………………………………… 163
第一节　宿舍楼设计任务书…………………………………………………… 163
第二节　宿舍楼设计指导……………………………………………………… 165
第三节　宿舍楼设计方法与步骤……………………………………………… 167
第四节　宿舍楼设计实例……………………………………………………… 167

第九章　幼儿园设计………………………………………………………………… 173
第一节　幼儿园设计任务书…………………………………………………… 173
第二节　幼儿园设计指导……………………………………………………… 174
第三节　幼儿园设计方法与步骤……………………………………………… 184
第四节　幼儿园设计实例……………………………………………………… 184

第十章　单层工业厂房设计………………………………………………………… 190
第一节　单层工业厂房设计任务书…………………………………………… 190
第二节　单层工业厂房设计基本知识………………………………………… 192
第三节　单层厂房设计指导…………………………………………………… 200
第四节　单层厂房设计方法与步骤…………………………………………… 202
第五节　单层厂房设计参考资料……………………………………………… 203
第六节　单层厂房设计实例…………………………………………………… 217

第十一章　认识实习………………………………………………………………… 220
第一节　认识实习的基本任务及要求………………………………………… 220
第二节　认识实习大纲及考核标准…………………………………………… 222
第三节　实习要求……………………………………………………………… 223

参考文献……………………………………………………………………………… 224

第一章　建筑设计基本知识

第一节　建筑设计的内容和系统分析

一、建筑设计的内容

建筑设计包括对建筑空间的研究以及对构成建筑空间的建筑物实体的研究两方面内容。

1. 建筑空间

建筑空间是供人使用的场所，其大小、形态、组合及流通关系与使用功能密切相关，同时往往还反映出一种精神上的需求。对建筑空间的研究，是建筑设计的核心部分，也是设计人员首要关心的问题。

2. 建筑物实体

在建筑设计的过程中，设计人员必须注重对建筑物实体的研究。建筑物实体同时具有利用价值和观赏价值。其利用价值是指对空间的界定作用；观赏价值则是指对建筑形态的构成作用。

本书主要针对土木工程类专业的特点，从常用的建筑类型与结构支承系统之间的关系、建筑物的围护、分隔系统的构成以及它们的细部构造等几方面对房屋建筑物的实体进行研究。

二、建筑设计的系统分析

1. 结构支承系统

建筑的结构支承系统指建筑物的结构受力系统以及保证结构稳定的系统。它是建筑物中不可变动的部分，建成后不得随意拆除或削弱。设计时首先要求明确属于结构支承系统的主体部分，做到构件布局合理，有足够的强度和刚度，并方便力的传递，将结构变形控制在规范允许的范围内。

2. 围护、分隔系统

建筑的围护、分隔系统指建筑物中起围合和分隔空间作用的系统。如不承重的隔墙、门窗等，它们可以用来分隔空间，也可以提供不同空间(包括建筑物的内部和外部)之间的联系。此外，许多属于结构支承系统的建筑组成部分由于其所处的部位，也需要满足其作为围护结构的要求，如楼板和承重外墙等。

(1)属于建筑的围护、分隔系统的建筑构、部件如果不属于支承系统，虽然可以因不同时期的使用要求而发生位置、材料、形式等的变动，但因其自重需要传递给其他支承构件，而且还应同时考虑安装时与其周边构件连接的可能性及稳定问题，所以在设计时应首先考虑这一问题。

(2)作为围护、分隔构件，其围合、分隔空间的作用中也包括对使用空间的物理特性(如防水、防火等)要求的满足，还包括对建筑物某些美学(如形状、质感等)要求的满足。因此在设计时必须综合考虑各种因素的可能性及共同作用。

3. 其他系统

在建筑中的设备系统，如电力、电信、照明、给水排水、供暖、通风、空调、消防等，需要建筑提供主要设备的安置空间，还会有许多管道需要穿越主体结构或是其他构件，它们同样会占据一定的空间，还会形成相应的附加荷载，需要提供支承。在设计时必须兼顾这一系统对主体结构的相应要求，做到合理协调，并留有充分的余地。

第二节　建筑设计的程序、要求和依据

一、建筑设计的程序

一个设计单位要获得某项建设工程的设计权，除了必须具有与该项工程的等级相适应的设计资质外，还应通过设计投标来赢得承揽设计的资格。设计方在接受了建设方的委托，并与之依法签订相关的设计合同之后，必须经过一定的设计程序，才能在有关部门的监督下，完成设计任务。建筑设计的程序一般可以分为方案设计阶段、初步设计阶段和施工图设计阶段。

对有些小型和技术简单的城市建筑，可以用方案设计阶段代替初步设计阶段，而有些复杂的工程项目，则还需要在初步设计阶段和施工图设计阶段之间插入技术设计阶段。

1. 方案设计阶段

方案设计阶段即招标投标阶段。为了规范建筑工程设计市场、优化建筑工程设计、促进设计质量的提高，除了采用特定专利技术、专有技术或对建筑艺术造型有特殊要求的项目，经有关部门批准后可以直接委托设计的以外，在规定范围内的工程项目一般都在方案设计阶段通过设计招标投标来确定受委托的设计单位。

在招标投标的过程中，招标方除了提供工程的名称、地址、占地面积、建筑面积等，还提供已批准的项目建议书或可行性研究报告，工程经济技术要求，城市规划管理部门确定的规划控制条件和用地红线图，可供参考的工程地质、水文地质、工程测量等建设场地勘察成果报告，供水、供电、供气、供热、环保、市政道路等方面的基础材料；投标方则据此按投标文件的编制要求在规定的时间内提交投标文件。投标文件一般包含由建筑总平面图、各建筑楼层平面图、建筑立面图和剖面图所组成的建筑方案，能够反映该方案设计特点的若干分析图和彩色建筑表现图或建筑模型，以及必要的设计说明。设计说明的内容以建筑设计的构思为主，也包括结构、设备各专业，环保、卫生、消防等各方面的基本设想和设计依据，同时还应提供设计方案的各项技术经济指标以及初步的经济估算。在经专家评审后被认定为方案中标的设计单位，就获得了该项目的设计承包资格。

2. 初步设计阶段

按照我国现行的制度，在建设项目设计招标投标过程中中标的设计单位，应该与建设

方签订委托设计合同，并随之进入正式的设计阶段。

在工程项目的初步设计阶段，主要要求各个专业的设计人员通力合作，按照项目的批准文件、城市规划、工程建设强制性标准等方面的要求对建筑方案进行全面的设计和整合，使之在整体上能够达到基本完整，各专业之间设计配合良好，并能提供编制工程概算的依据，满足编制施工招标文件、主要设备材料订货和编制施工图设计文件的需要。

在初步设计开始阶段，设计人员首先应重新熟悉设计任务书，进一步收集在设计中会用到的资料，特别是应该去踏勘现场，了解项目所在地的环境情况，例如其气候条件、抗震设防烈度、周边的人文环境和建筑现状以及可能的施工条件等，而当地相关的地方性法规，也应在设计中予以充分的重视。此外，项目设计的总负责人应注意调整各专业设计进度之间产生的矛盾，各专业设计人员则应在各自负责人的带领下予以密切配合。

初步设计阶段图纸应满足以下要求：

(1)建筑专业的图纸应标明建筑的定位轴线和轴线尺寸、总尺寸、建筑标高、总高度以及与技术工种有关的一些定位尺寸，在设计说明书中则应标明主要的建筑用料和构造做法。

(2)结构专业的图纸需要提供房屋结构的布置方案图和初步计算说明书以及结构构件断面的基本尺寸。

(3)各设备专业也应提供相应的设备图纸、设备估算数量及说明书。

在最后出图前，各参与设计的专业间应该进行互审和会签，以保证协作的协调、一致。根据这些图纸和说明书，工程概算人员应当在规定的期限内完成工程概算。

在按照国家规定的设计深度完成了初步设计的设计文件后，设计单位应当经由建设单位向有关的监督和管理部门提交全部初步设计的设计文件，等候审批。在此期间，建设单位应当落实某些重要设备(如电梯等的订货)；结构专业的设计人员则需根据初步设计的文件绘制地质钻探的定位图纸并提交实施，未经实地勘探的项目不允许进行施工图设计。

3. 施工图设计阶段

在施工图设计阶段，设计人员对初步设计的文件进行细化处理，达到可以按图施工的深度，并且满足设备材料采购、非标准设备制作和施工的要求。

(1)建筑专业的图纸应提供所有构配件的详细定位尺寸及必要的型号、数量等资料，还应绘制工程施工中所涉及的建筑细部详图。

(2)其他各专业亦应提交相关的详细设计文件及其设计依据(如结构专业的详细计算书等)，并且协同调整各专业的设计以达到完全一致。

施工图文件完成后，则需进行内容审查，审查内容主要涉及建筑物的稳定性、安全性，包括地基基础和主体结构是否安全可靠；是否符合消防、卫生、环保、人防、抗震、节能等有关强制性标准、规范；施工图是否达到规定的深度要求；是否损害公共利益等几个方面内容。

施工图经由审图单位认可或按照其意见修改并通过复审，且提交规定的建设工程质量监督部门备案后，施工图设计阶段全部完成。

二、建筑设计的要求

建筑设计应满足以下要求：

(1)满足建筑功能的需求。建筑功能的设计是为人们的生产和生活活动创造良好的环境，是建筑设计的首要任务，也是建筑最基本的要求。例如设计学校，首先要满足教学活动的需要，教室设置应做到合理布局，使各类活动有序进行，动静分离，互不干扰；教学区应有便利的交通联系和良好的采光及通风条件，同时还要合理安排学生的课外和体育活动空间以及教师的办公室、卫生设备、储藏空间等。

(2)符合所在地规划发展的要求并有良好的视觉效果。规划设计是有效控制城市发展的重要手段。所有建筑物的建造都应该纳入所在地规划控制的范围。例如城市规划通常会给某个建筑总体或单体提供与城市道路连接的方式、部位等方面的设计依据；同时，规划还会对建筑提出形式、高度、色彩等方面的要求。建筑设计应当做到既有鲜明的个性特征，满足人们对良好视觉效果的需求，同时又是整个城市空间和谐乐章的有机组成部分。

(3)采用合理的技术措施。采用合理的技术措施能为建筑物安全、有效地建造和使用提供基本保证。根据所设计项目的特点，正确地选用相关的材料和技术，尤其是适用的建筑结构体系、合理的构造方式以及可行的施工方案，可以做到高效率、低能耗，兼顾建筑物在建造阶段及较长使用周期中的各种相关要求，达到可持续发展的目的。

(4)提供在投资计划所允许的经济范畴之内运作的可能性。工程项目的总投资一般是在项目立项的初始阶段就已经确定。在设计的各个阶段之所以要反复进行项目投资的估算、概算以及预算，就是要保证项目能够在给定的投资范围内得以实现或者根据实际情况及时地予以调整。

作为建设项目的设计人员，应掌握建筑经济方面的相关知识，特别是应熟悉建筑材料的近期价格以及一般的工程造价，在设计过程中做到切实根据投资的可能性选用合适的建材及建造方法，合理利用资金，避免浪费不必要的人力和物力。这样，既是对建设单位负责，也是对国家和人民的利益负责。

三、建筑设计的依据

1. 人体尺度和人体活动所需的空间尺度

人体尺度及人体活动所需的空间尺度直接决定建筑物中家具、设备的尺寸，踏步、阳台、栏杆高度，门洞、走廊、楼梯宽度和高度及各类房间高度和面积大小，是确定建筑空间的基本依据之一。我国成年男子和成年女子平均身高分别为 1 670 mm 和 1 560 mm，如图 1-1所示。

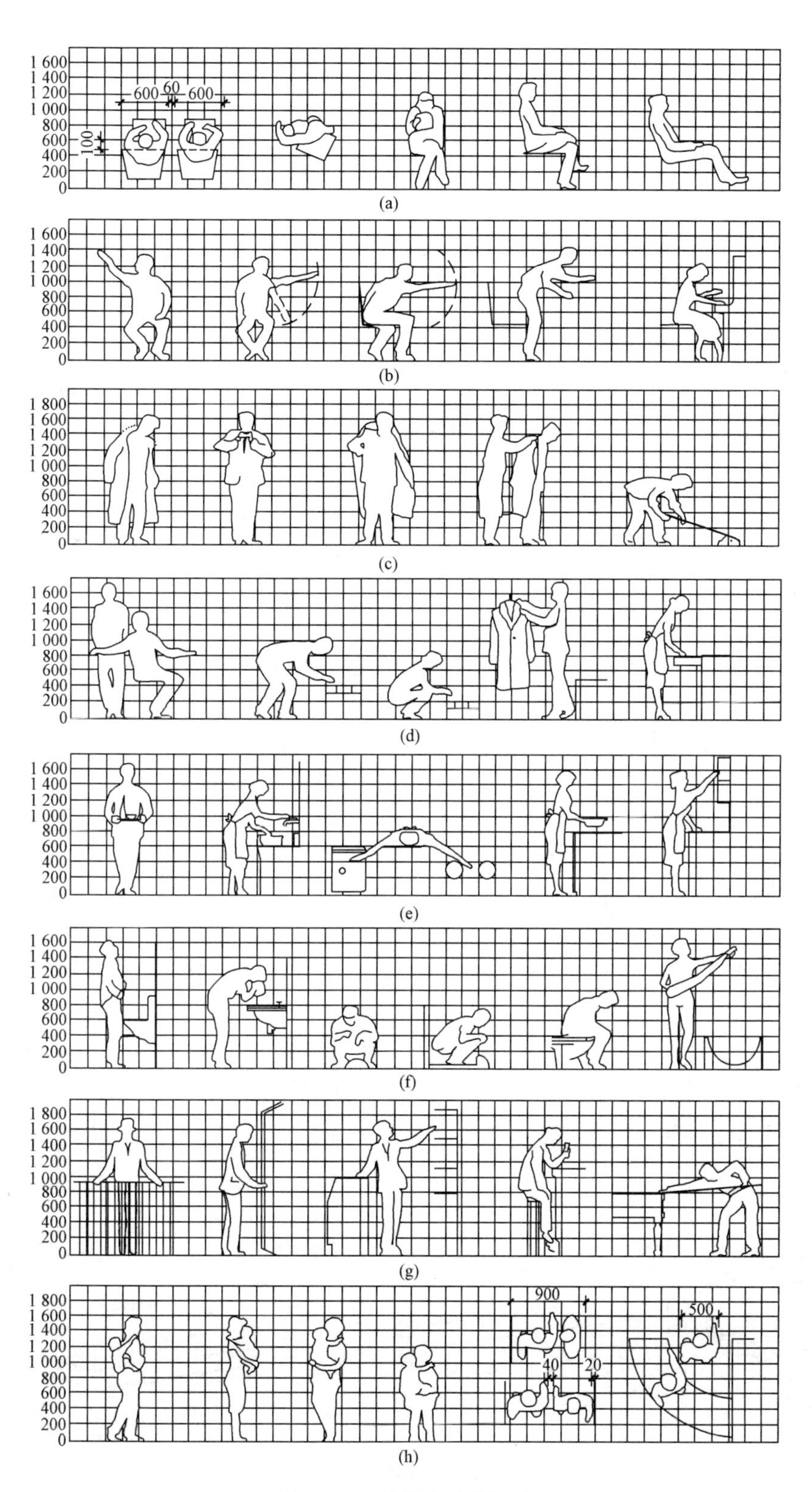

图 1-1　人体基本动作尺度

2. 家具、设备的尺寸及使用空间

家具、设备尺寸及人们在使用家具、设备时所需要的活动空间是确定房间内部使用面积的重要依据。常用家具尺寸如图 1-2 所示。

图 1-2　常用家具尺寸

3. 温度、湿度、日照、雨雪、风向、风速等气候条件

建设地区的温度、湿度、日照、雨雪、风向、风速等，对建筑物的设计有较大的影响，也是建筑设计的重要依据。例如，湿热地区的房屋设计要很好地考虑隔热、通风和遮阳等问题，建筑处理较为开敞；干冷地区则要考虑防寒保温，建筑处理较为紧凑、封闭；雨量较大的地区要特别注意屋顶形式、屋面排水方案的选择以及屋面防水构造的处理。此外，日照情况和主导风向通常是决定房屋朝向和间距的主要因素；风速是高层建筑、电视塔等高耸建筑物设计中考虑结构布置和建筑体型的重要因素。

在设计前，需收集当地有关的气象资料，作为设计的依据。图 1-3 为我国部分城市的风向频率玫瑰图，图中粗实线表示全年风向频率，细实线表示冬季风向频率，虚线表示夏季风向频率。

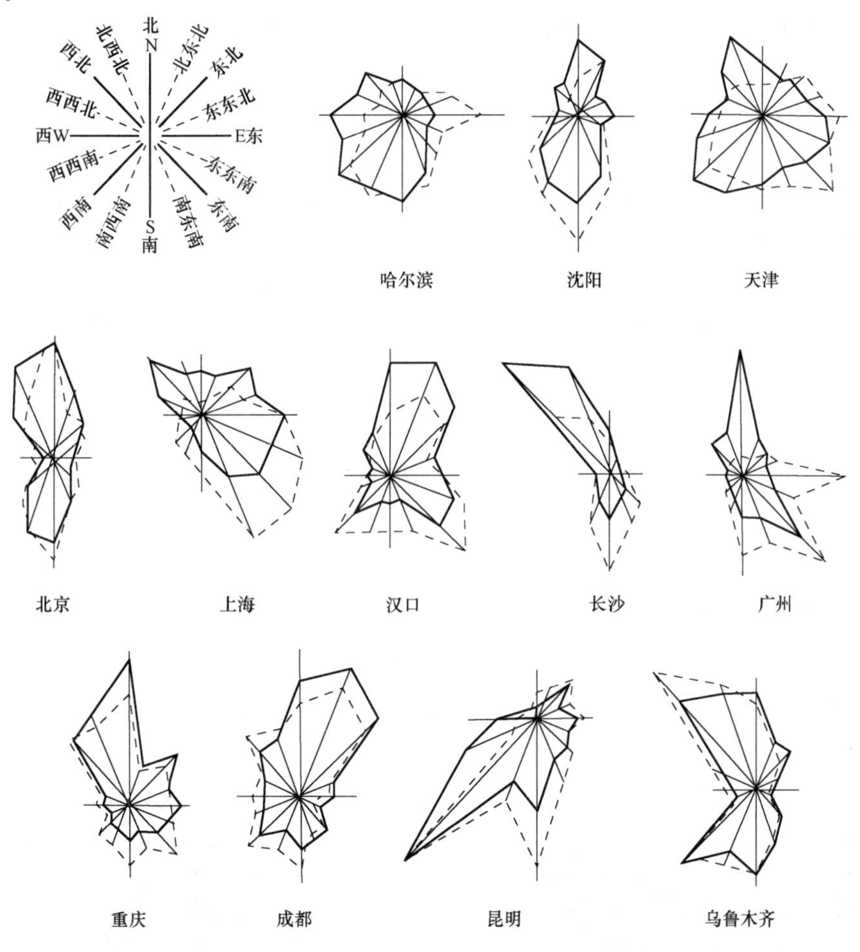

图 1-3　我国部分城市的风向频率玫瑰图

4. 地形、水文地质及地震烈度

场地的地形、地质构造、土壤特性和地基承受力的大小，对建筑物的平面组合、结构布置、建筑构造处理和建筑体型都有明显的影响。处于坡度陡的地形的房屋常结合地形采用错层、吊层或依山就势等较为自由的组合方式。复杂的地质条件，要求房屋的构成和基

础的设置采取相应的结构与构造措施。

水文地质条件是指地下水位的高低及地下水的性质，直接影响到建筑物的基础及地下室。一般应根据地下水位的高低及地下水的性质确定是否在该地区建造房屋或采用相应的防水和防腐蚀措施。

地震烈度表示当发生地震时，地面及建筑物遭受破坏的程度。烈度在6度及以下时，地震对建筑物影响较小，一般可不考虑抗震措施。9度以上的地区，地震破坏力很大，一般应尽量避免在该地区建筑房屋。房屋抗震设防的重点是7～9度地震烈度的地区。

5. 技术要求

设计标准化是实现建筑工业化的前提。因为只有设计标准化，做到构件定型化，使构配件规格、类型少，才有利于大规模采用工厂生产及施工的机械化，从而提高建筑工业化的水平。建筑技术包括材料、结构、设备、施工等。先选择合理的结构形式、科学的建筑构造方案和合适的建筑材料，然后确定施工方案。设计时应注重新材料、新技术、新工艺的运用和节能技术的应用，使建筑既满足功能要求，又节能环保，而且建造方便。

国家统一编制颁发了建筑设计的相关规范、标准和通则，如《建筑设计防火规范》(GB 50016—2006)、《民用建筑设计通则》(GB 50352—2005)、《建筑抗震设计规范》(GB 50011—2010)等，用来控制和量化设计相关内容，使其依据建筑规模、类型和使用要求的不同需要，达到规定的技术指标。这些规范为设计工作提供了可参照的依据，具有较强的规定性、通用性和实用性，设计中必须严格执行。

第三节　建筑制图基本知识

一、图线一般规定

(1)图线的宽度 b，应根据图样的复杂程度和比例，并按现行国家标准《房屋建筑制图统一标准》(GB/T 50001—2010)的有关规定选用图1-4～图1-6。绘制较简单的图样时，可采用两种线宽的线宽组，其线宽比宜为 b : 0.25b。

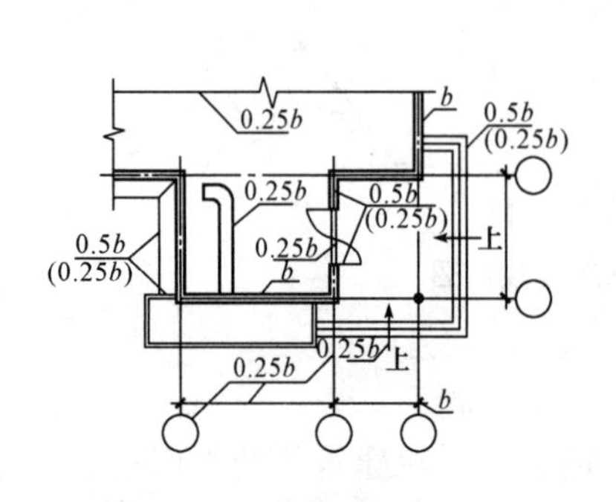

图 1-4　平面图图线宽度选用示例

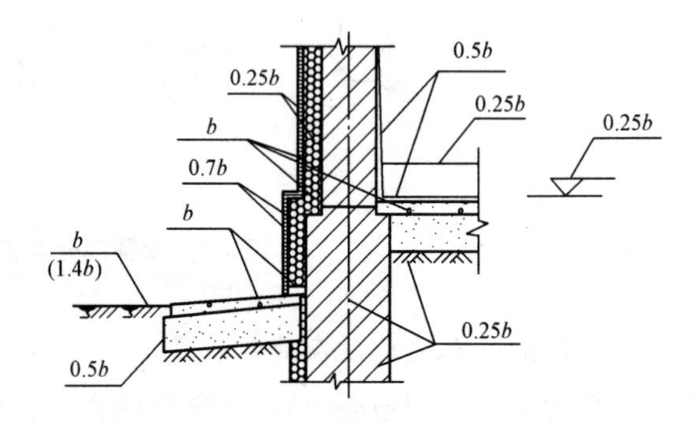

图 1-5　墙身剖面图图线宽度选用示例

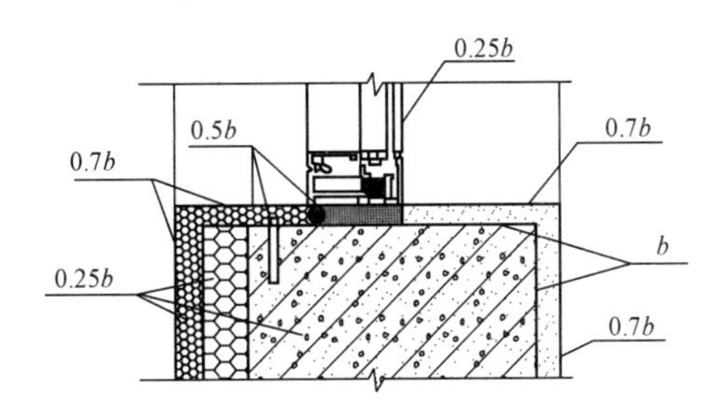

图 1-6　详图图线宽度选用示例

(2)建筑专业、室内设计专业制图采用的各种图线，应符合表 1-1 的规定。

表 1-1　图　　线

名称		线　型	线宽	用　　途
实线	粗	▬▬▬	b	1. 平、剖面图中被剖切的主要建筑构造(包括构配件)的轮廓线； 2. 建筑立面图或室内立面图的外轮廓线； 3. 建筑构造详图中被剖切的主要部分的轮廓线； 4. 建筑构配件详图中的外轮廓线； 5. 平、立、剖面的剖切符号
	中粗	━━━	$0.7b$	1. 平、剖面图中被剖切的次要建筑构造(包括构配件)的轮廓线； 2. 建筑平、立、剖面图中建筑构配件的轮廓线； 3. 建筑构造详图及建筑构配件详图中的一般轮廓线
	中	———	$0.5b$	小于 $0.7b$ 的图形线、尺寸线、尺寸界线、索引符号、标高符号、详图材料做法引出线、粉刷线、保温层线、地面、墙面的高差分界线等
	细	───	$0.25b$	图例填充线、家具线、纹样线等
虚线	中粗	- - - - - - -	$0.7b$	1. 建筑构造详图及建筑构配件不可见的轮廓线； 2. 平面图中的起重机(吊车)轮廓线； 3. 拟建、扩建建筑物轮廓线
	中	- - - - - - - -	$0.5b$	投影线、小于 $0.5b$ 的不可见轮廓线
	细	- - - - - - - -	$0.25b$	图例填充线、家具线等
单点长画线	粗	━·━·━	b	起重机(吊车)轨道线
	细	—·—·—	$0.25b$	中心线、对称线、定位轴线
折断线	细	—⋀—	$0.25b$	部分省略表示时的断开界线
波浪线	细	∽∽∽	$0.25b$	1. 部分省略表示时的断开界线，曲线形构件断开界线； 2. 构造层次的断开界线
注：地平线宽可用 $1.4b$。				

二、比例

建筑专业、室内设计专业制图选用的各种比例，宜符合表 1-2 的规定。

表 1-2　比例

图　　名	比　　例
建筑物或构筑物的平面图、立面图、剖面图	1∶50、1∶100、1∶150、1∶200、1∶300
建筑物或构筑物的局部放大图	1∶10、1∶20、1∶25、1∶30、1∶50
构造及配件详图	1∶1、1∶2、1∶5、1∶10、1∶15、1∶20、1∶25、1∶30、1∶50

三、图例

(1)构造及配件图例应符合表 1-3 的规定。

表 1-3　构造及配件图例

序号	名称	图　　例	备　　注
1	墙体		1. 上图为外墙，下图为内墙； 2. 外墙粗线表示有保温层或有幕墙； 3. 应加注文字、涂色或图案填充表示各种材料的墙体； 4. 在各层平面图中防火墙宜着重以特殊图案填充表示
2	隔断		1. 加注文字、涂色、图案填充表示各种材料的轻质隔断； 2. 适用于到顶与不到顶隔断
3	玻璃幕墙		幕墙龙骨是否表示由项目设计决定
4	栏杆		—
5	楼梯	下 下 上 上	1. 上图为顶层楼梯平面，中图为中间层楼梯平面，下图为底层楼梯平面； 2. 需设置靠墙扶手或中间扶手时，应在图中表示

续一

序号	名称	图　例	备　注
6	坡道	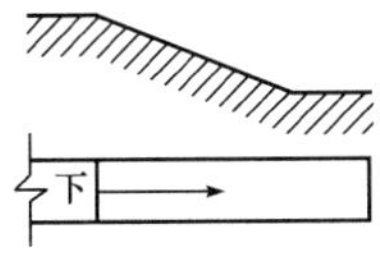 下	长坡道
		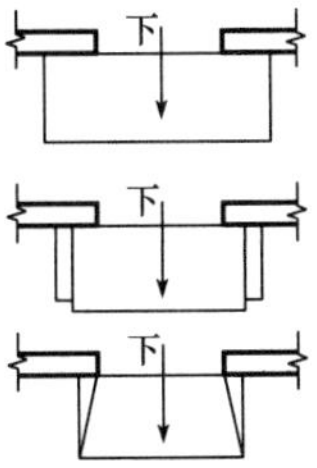 下 下 下	上图为两侧垂直的门口坡道，中图为有挡墙的门口坡道，下图为两侧找坡的门口坡道
7	台阶	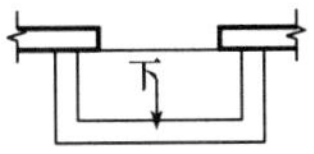 下	—
8	平面高差	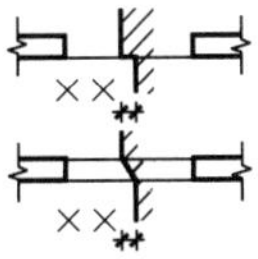 ××↓ ××↓	用于高差小的地面或楼面交接处，并应与门的开启方向协调
9	检查口		左图为可见检查口，右图为不可见检查口
10	孔洞		阴影部分亦可填充灰度或涂色代替
11	坑槽		—
12	墙预留洞、槽	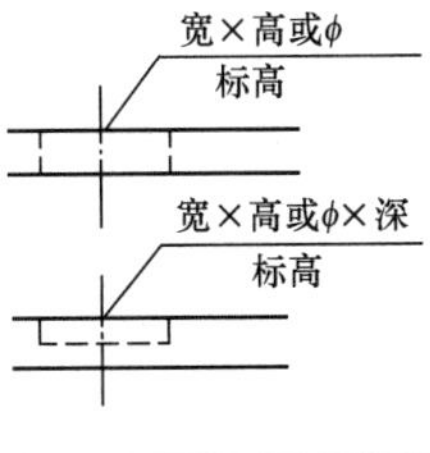 宽×高或ϕ 标高 宽×高或ϕ×深 标高	1. 上图为预留洞，下图为预留槽； 2. 平面以洞(槽)中心定位； 3. 标高以洞(槽)底或中心定位； 4. 宜以涂色区别墙体和预留洞(槽)
13	地沟	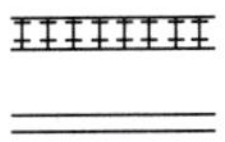	上图为有盖板地沟，下图为无盖板明沟
14	烟道、风道	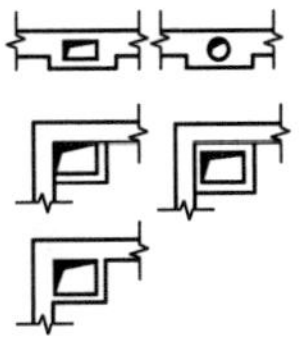	1. 阴影部分亦可填充灰度或涂色代替； 2. 烟道、风道与墙体为相同材料，其相接处墙身线应连通； 3. 烟道、风道根据需要增加不同材料的内衬

续二

序号	名称	图例	备注
15	新建的墙和窗	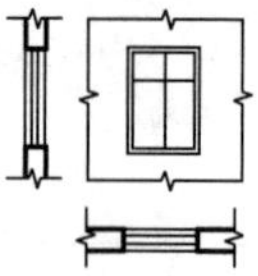	—
16	改建时保留的墙和窗	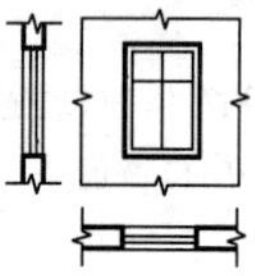	只更换窗，应加粗窗的轮廓线
17	拆除的墙	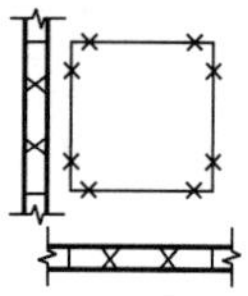	—
18	改建时在原有墙或楼板新开的洞	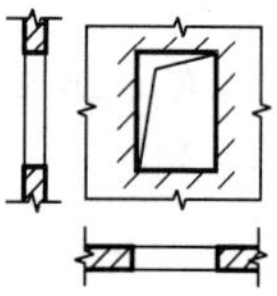	—
19	在原有墙或楼板洞旁扩大的洞	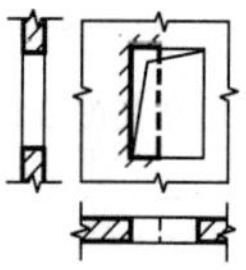	图示为洞口向左边扩大
20	在原有墙或楼板上全部填塞的洞	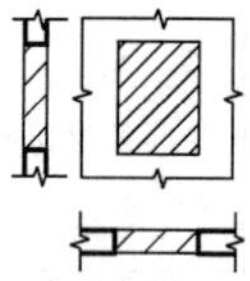	为全部填塞的洞 图中立面填充灰度或涂色
21	在原有墙或楼板上局部填塞的洞	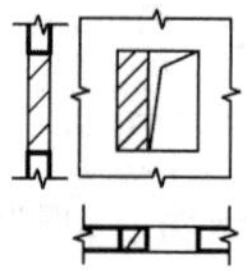	左侧为局部填塞的洞 图中立面填充灰度或涂色
22	空门洞	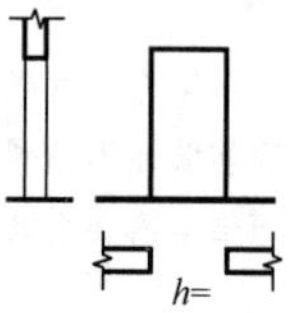 h=	h 为门洞高度

续三

<table>
<tr><th>序号</th><th>名称</th><th>图　　例</th><th>备　　注</th></tr>
<tr><td rowspan="3">23</td><td>单面开启单扇门（包括平开或单面弹簧）</td><td> 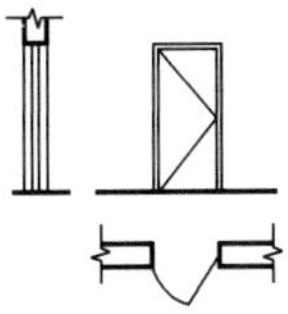</td><td rowspan="6">1. 门的名称代号用 M 表示；
2. 平面图中，下为外，上为内，门开启线为 90°、60°或 45°，开启弧线宜绘出；
3. 立面图中，开启线实线为外开，虚线为内开，开启线交角的一侧为安装合页一侧。开启线在建筑立面图中可不表示，在立面大样图中可根据需要绘出；
4. 剖面图中，左为外，右为内；
5. 附加纱扇应以文字说明，在平、立、剖面图中均不表示；
6. 立面形式应按实际情况绘制</td></tr>
<tr><td>双面开启单扇门（包括双面平开或双面弹簧）</td><td></td></tr>
<tr><td>双层单扇平开门</td><td></td></tr>
<tr><td rowspan="3">24</td><td>单面开启双扇门（包括平开或单面弹簧）</td><td></td></tr>
<tr><td>双面开启双扇门（包括双面平开或双面弹簧）</td><td></td></tr>
<tr><td>双层双扇平开门</td><td></td></tr>
<tr><td rowspan="2">25</td><td>折叠门</td><td> 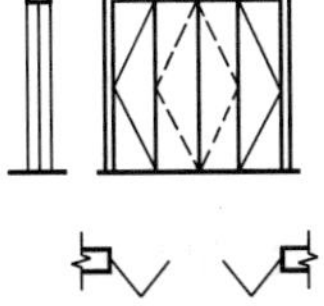</td><td rowspan="2">1. 门的名称代号用 M 表示；
2. 平面图中，下为外，上为内；
3. 立面图中，开启线实线为外开，虚线为内开，开启线交角的一侧为安装合页一侧；
4. 剖面图中，左为外，右为内；
5. 立面形式应按实际情况绘制</td></tr>
<tr><td>推拉折叠门</td><td></td></tr>
</table>

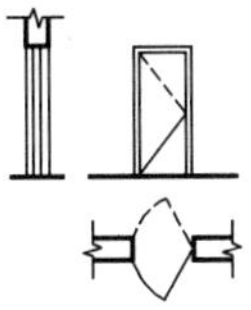

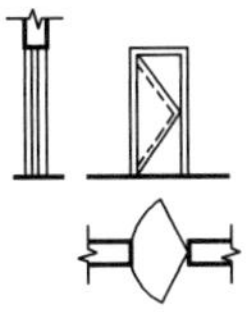

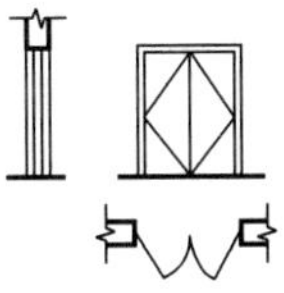

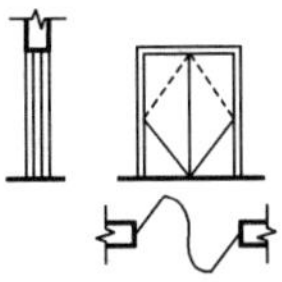

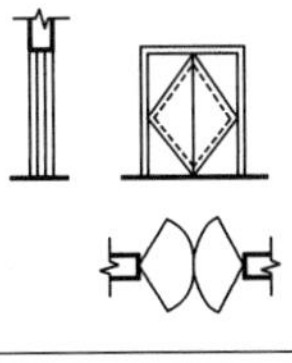

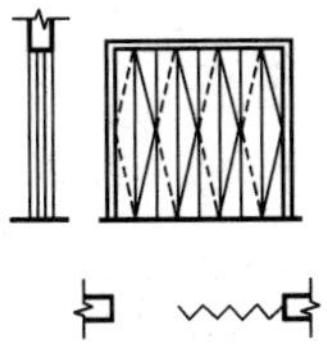

续四

序号	名称	图　例	备　注
26	墙洞外单扇推拉门		1. 门的名称代号用M表示； 2. 平面图中，下为外，上为内； 3. 剖面图中，左为外，右为内； 4. 立面形式应按实际情况绘制
	墙洞外双扇推拉门		
	墙中单扇推拉门		1. 门的名称代号用M表示； 2. 立面形式应按实际情况绘制
	墙中双扇推拉门		
27	推杠门		1. 门的名称代号用M表示； 2. 平面图中，下为外，上为内，门开启线为90°、60°或45°； 3. 立面图中，开启线实线为外开，虚线为内开，开启线交角的一侧为安装合页一侧。开启线在建筑立面图中可不表示，在室内设计门窗立面大样图中需绘出； 4. 剖面图中，左为外，右为内； 5. 立面形式应按实际情况绘制
28	门连窗		
29	旋转门		1. 门的名称代号用M表示； 2. 立面形式应按实际情况绘制
	两翼智能旋转门		

续五

序号	名称	图例	备注
30	自动门	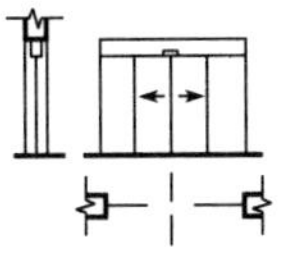	1. 门的名称代号用 M 表示； 2. 立面形式应按实际情况绘制
31	折叠上翻门	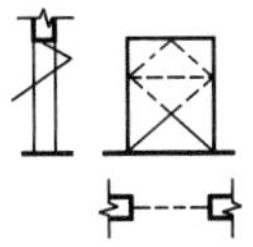	1. 门的名称代号用 M 表示； 2. 平面图中，下为外，上为内； 3. 剖面图中，左为外，右为内； 4. 立面形式应按实际情况绘制
32	提升门	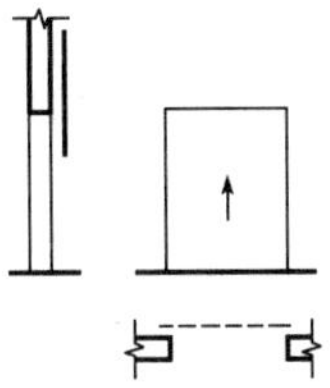	1. 门的名称代号用 M 表示； 2. 立面形式应按实际情况绘制
33	分节提升门	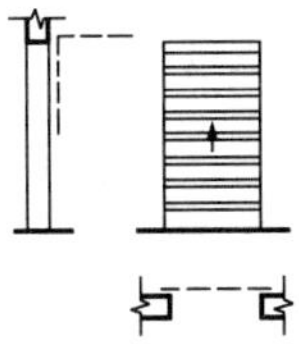	
34	人防单扇防护密闭门	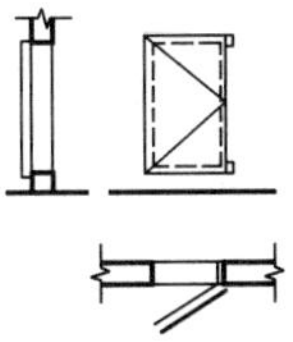	1. 门的名称代号按人防要求表示； 2. 立面形式应按实际情况绘制
	人防单扇密闭门	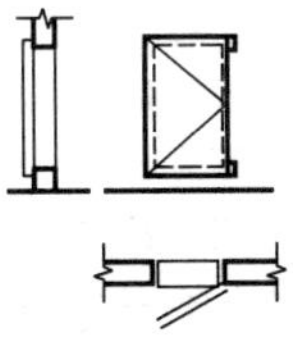	
35	人防双扇防护密闭门	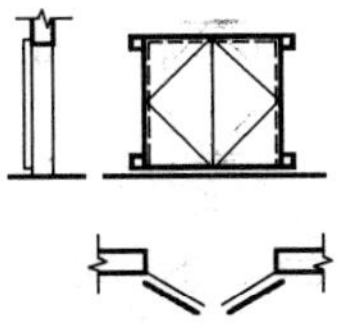	
	人防双扇密闭门	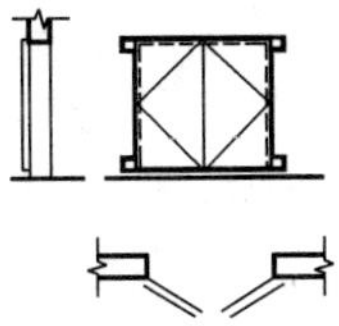	

续六

序号	名称	图　例	备　注
36	横向卷帘门	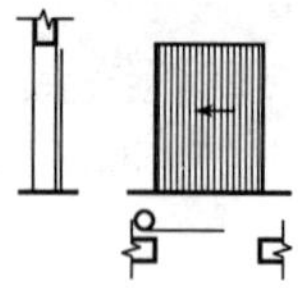	—
	竖向卷帘门	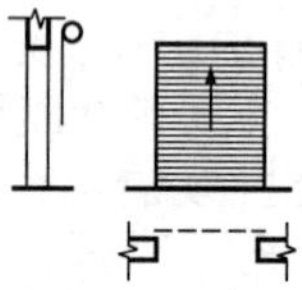	
	单侧双层卷帘门	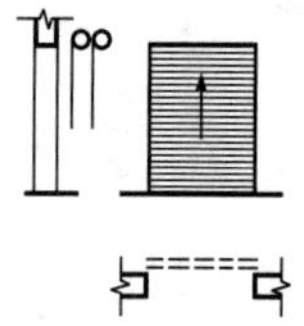	
	双侧单层卷帘门	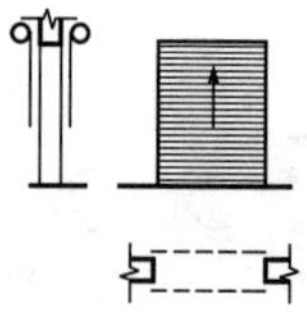	
37	固定窗	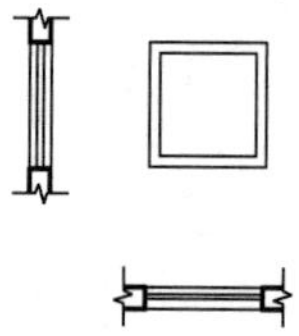	1. 窗的名称代号用C表示； 2. 平面图中，下为外，上为内； 3. 立面图中，开启线实线为外开，虚线为内开，开启线交角的一侧为安装合页一侧。开启线在建筑立面图中可不表示，在门窗立面大样图中需绘出； 4. 剖面图中，左为外，右为内，虚线仅表示开启方向，项目设计不表示； 5. 附加纱窗应以文字说明，在平、立、剖面图中均不表示； 6. 立面形式应按实际情况绘制
38	上悬窗	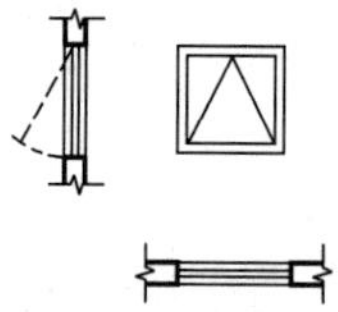	
	中悬窗	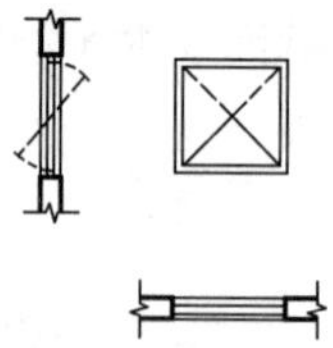	
39	下悬窗	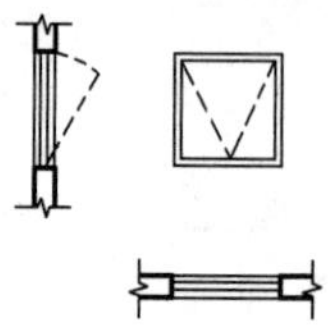	

续七

<table>
<tr><th>序号</th><th>名称</th><th>图　例</th><th>备　注</th></tr>
<tr><td>40</td><td>立转窗</td><td> 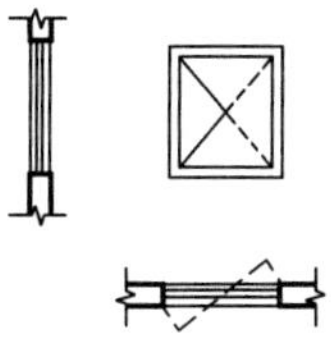</td><td rowspan="5">1. 窗的名称代号用 C 表示；
2. 平面图中，下为外，上为内；
3. 立面图中，开启线实线为外开，虚线为内开，开启线交角的一侧为安装合页一侧。开启线在建筑立面图中可不表示，在门窗立面大样图中需绘出；
4. 剖面图中，左为外，右为内，虚线仅表示开启方向，项目设计不表示；
5. 附加纱窗应以文字说明，在平、立、剖面图中均不表示；
6. 立面形式应按实际情况绘制</td></tr>
<tr><td>41</td><td>内开平开内倾窗</td><td> 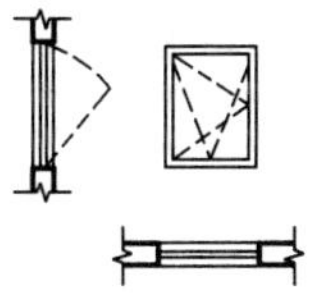</td></tr>
<tr><td rowspan="3">42</td><td>单层外开平开窗</td><td> 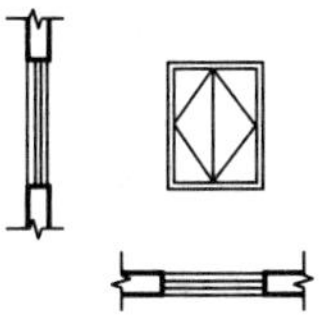</td></tr>
<tr><td>单层内开平开窗</td><td> 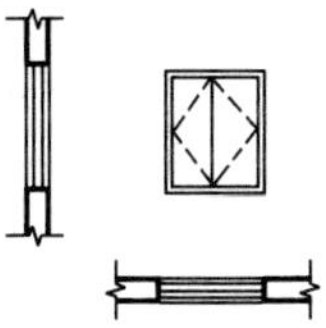</td></tr>
<tr><td>双层内外开平开窗</td><td> 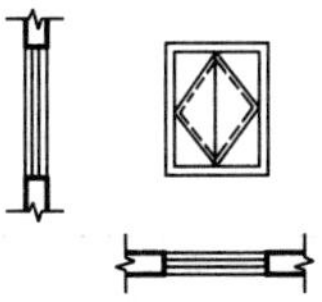</td></tr>
<tr><td rowspan="2">43</td><td>单层推拉窗</td><td> 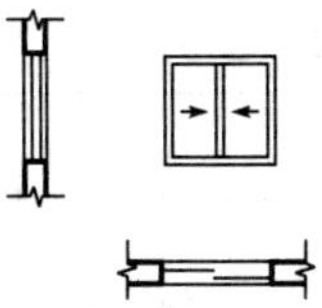</td><td rowspan="2">1. 窗的名称代号用 C 表示；
2. 立面形式应按实际情况绘制</td></tr>
<tr><td>双层推拉窗</td><td> 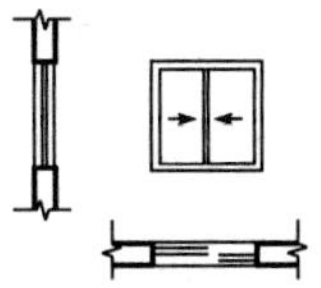</td></tr>
</table>

续八

序号	名称	图　　例	备　　注
44	上推窗		1. 窗的名称代号用C表示； 2. 立面形式应按实际情况绘制
45	百叶窗		
46	高窗	h=	1. 窗的名称代号用C表示； 2. 立面图中，开启线实线为外开，虚线为内开，开启线交角的一侧为安装合页一侧。开启线在建筑立面图中可不表示，在门窗立面大样图中需绘出； 3. 剖面图中，左为外，右为内； 4. 立面形式应按实际情况绘制； 5. h 表示高窗底距本层地面高度； 6. 高窗开启方式参考其他窗型
47	平推窗		1. 窗的名称代号用C表示； 2. 立面形式应按实际情况绘制

(2)水平及垂直运输装置图例，应符合表1-4的规定。

表1-4　水平及垂直运输装置图例

序号	名称	图　　例	备　　注
1	铁路		适用于标准轨及窄轨铁路，使用时应注明轨距
2	起重机轨道		—

序号	名称	图　　例	备　　注
3	手、电动 葫芦	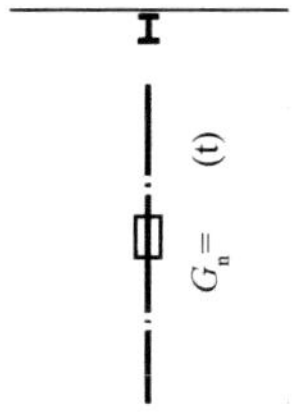 G_n= (t)	1. 上图表示立面(或剖切面)图，下图表示平面图； 2. 手动或电动由设计注明； 3. 需要时，可注明起重机的名称、行驶的范围及工作级别； 4. 有无操纵室，应按实际情况绘制； 5. 本图例的符号说明： G_n——起重机起重量，以吨(t)计算； S——起重机的跨度或臂长，以米(m)计算
4	梁式悬挂 起重机	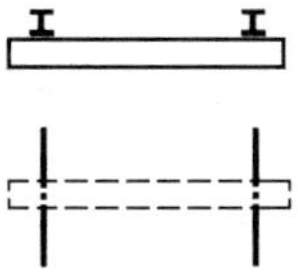 G_n= (t) S= (m)	
5	多支点悬 挂起重机	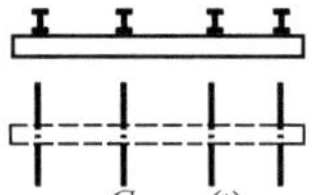 G_n= (t) S= (m)	
6	梁式起重机	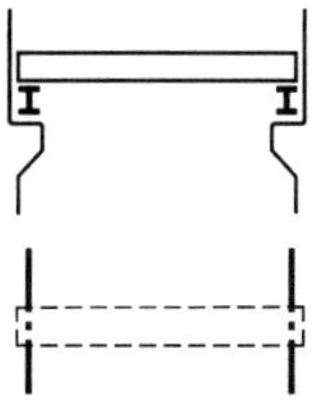 G_n= (t) S= (m)	
7	桥式起重机	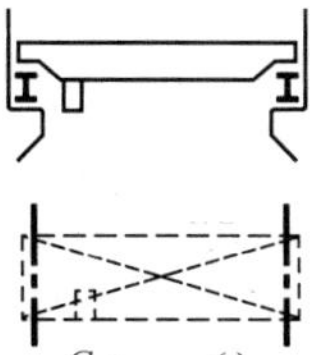 G_n= (t) S= (m)	1. 上图表示立面(或剖切面)图，下图表示平面图； 2. 有无操纵室，应按实际情况绘制； 3. 需要时，可注明起重机的名称、行驶的范围及工作级别； 4. 本图例的符号说明： G_n——起重机起重量，以吨(t)计算； S——起重机的跨度或臂长，以米(m)计算
8	龙门式 起重机	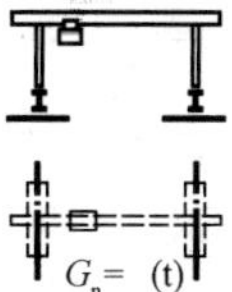 G_n= (t) S= (m)	

续二

序号	名称	图　　例	备　　注
9	壁柱式 起重机	G_n=　(t) S=　(m)	1. 上图表示立面(或剖切面)图，下图表示平面图； 2. 需要时，可注明起重机的名称、行驶的范围及工作级别； 3. 本图例的符号说明： G_n——起重机起重量，以吨(t)计算； S——起重机的跨度或臂长，以米(m)计算
10	壁行 起重机	G_n=　(t) S=　(m)	
11	定柱式 起重机	G_n=　(t) S=　(m)	
12	传送带		传送带的形式多种多样，项目设计图均按实际情况绘制、本图例仅为代表
13	电梯		1. 电梯应注明类型，并按实际绘出门和平衡锤或导轨的位置； 2. 其他类型电梯应参照本图例按实际情况绘制
14	杂物梯、 食梯		
15	自动扶梯	下 上　上	箭头方向为设计运行方向
16	自动 人行道		
17	自动人行 坡道	上	

四、图样画法

1. 平面图

(1)平面图的方向宜与总图方向一致。平面图的长边宜与横式幅面图纸的长边一致。

(2)在同一张图纸上绘制多于一层的平面图时，各层平面图宜按层数由低向高的顺序从左至右或从下至上布置。

(3)除顶棚平面图外，各种平面图应按正投影法绘制。

(4)建筑物平面图应在建筑物的门窗洞口处水平剖切俯视，屋顶平面图应在屋面以上俯视，图内应包括剖切面及投影方向可见的建筑构造以及必要的尺寸、标高等，表示高窗、洞口、通气孔、槽、地沟及起重机等不可见部分时，应采用虚线绘制。

(5)建筑物平面图应注写房间的名称或编号，编号应注写在直径为 6 mm 细实线绘制的圆圈内，并应在同张图纸上列出房间名称表。

(6)平面较大的建筑物，可分区绘制平面图，但每张平面图均应绘制组合示意图。各区应分别用大写拉丁字母编号。在组合示意图中需提示的分区，应采用阴影线或填充的方式表示。

(7)顶棚平面图宜采用镜像投影法绘制。

(8)室内平面图的内视符号(图 1-7)应注明在平面图上的视点位置、方向及立面编号(图 1-8、图 1-9)。符号中的圆圈应用细实线绘制，可根据图面比例圆圈直径选择 8～12 mm。立面编号宜用拉丁字母或阿拉伯数字表示。

2. 立面图

(1)各种立面图应按正投影法绘制。

(2)建筑立面图应包括投影方向可见的建筑外轮廓线和墙面线脚、构配件，墙面做法及必要的尺寸和标高等。

(3)室内立面图应包括投影方向可见的室内轮廓线和装修构造、门窗、构配件、墙面做法、固定家具、灯具、必要的尺寸和标高及需要表达的非固定家具、灯具、装饰物件等。室内立面图的顶棚轮廓线，可根据具体情况只表达吊平顶或同时表达吊平顶及结构顶棚。

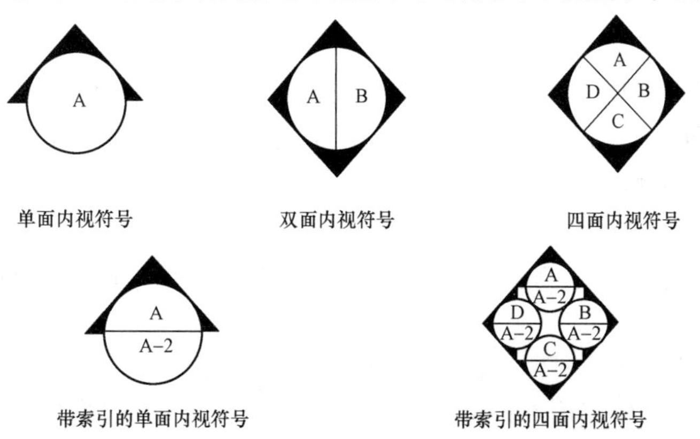

图 1-7 平面图上内视符号应用示例

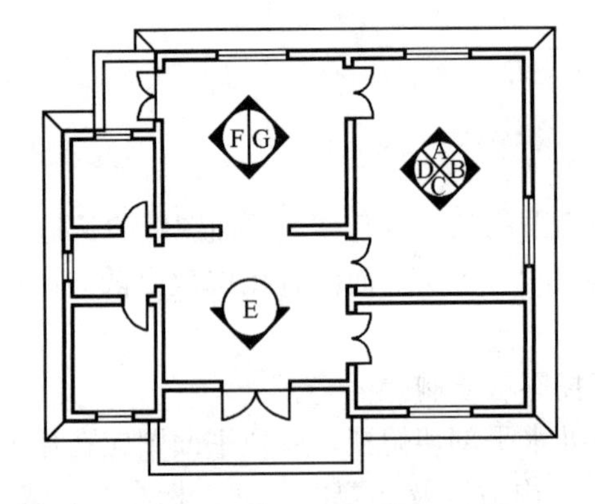

图 1-8　平面图上内视符号(带索引)应用示例

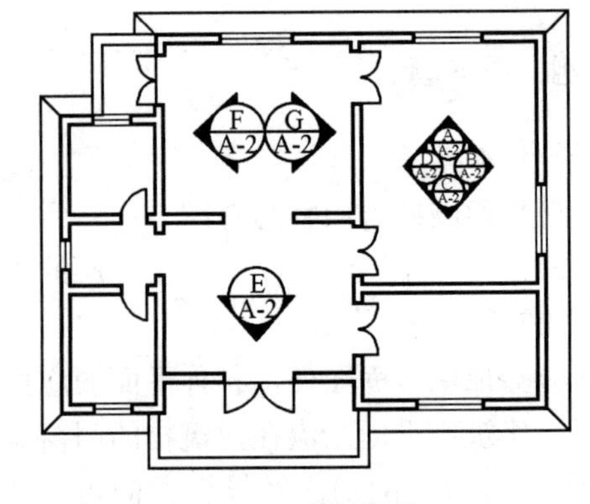

图 1-9　内视符号

(4)平面形状曲折的建筑物，可绘制展开立面图、展开室内立面图。圆形或多边形平面的建筑物，可分段展开绘制立面图、室内立面图，但均应在图名后加注“展开”二字。

(5)较简单的对称式建筑物或对称的构配件等，在不影响构造处理和施工的情况下，立面图可绘制一半，并应在对称轴线处画对称符号。

(6)在建筑物立面图上，相同的门窗、阳台、外墙装修、构造做法等可在局部重点表示，并应绘出其完整图形，其余部分可只画轮廓线。

(7)在建筑物立面图上、外墙表面分格线应表示清楚。应用文字说明各部位所用面材及色彩。

(8)有定位轴线的建筑物，宜根据两端定位轴线号编注立面图名称。无定位轴线的建筑物可按平面图各面的朝向确定名称。

(9)建筑物室内立面图的名称，应根据平面图中内视符号的编号或字母确定。

3. 剖面图

(1)剖面图的剖切部位，应根据图纸的用途或设计深度，在平面图上选择能反映全貌、构造特征以及有代表性的部位剖切。

(2)各种剖面图应按正投影法绘制。

(3)建筑剖面图内应包括剖切面和投影方向可见的建筑构造、构配件以及必要的尺寸、标高等。

(4)剖切符号可用阿拉伯数字、罗马数字或拉丁字母编号(图 1-10)。

(5)画室内立面时，相应部位的墙体、楼地面的剖切面宜切出。必要时，占空间较大的设备管线、灯具等的剖切面，亦应在图纸上绘出。

4. 其他规定

(1)指北针应绘制在建筑物±0.000 标高的平面图上，并应放在明显位置，所指的方向应与总图一致。

(2)零配件详图与构造详图，宜按直接正投影法绘制。

(3)零配件外形或局部构造的立体图，宜按现行国家标准《房屋建筑制图统一标准》(GB/T 50001—2010)的有关规定绘制。

(4)不同比例的平面图、剖面图，其抹灰层、楼地面、材料图例的省略画法，应符合下列规定：

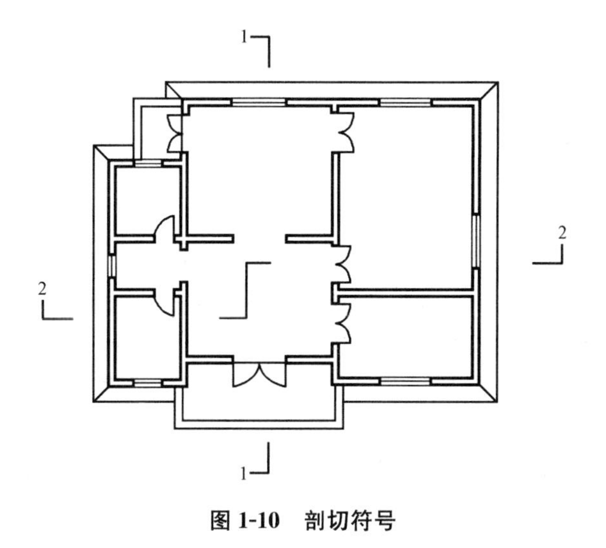

图 1-10　剖切符号

1)比例大于 1∶50 的平面图、剖面图。应画出抹灰层、保温隔热层等和楼地面、屋面的面层线，并宜画出材料图例。

2)比例等于 1∶50 的平面图、剖面图。剖面图宜画出楼地面、屋面的面层线，宜绘出保温隔热层，抹灰层的面层线应根据需要确定。

3)比例小于 1∶50 的平面图、剖面图。可不画出抹灰层，但剖面图宜画出楼地面、屋面的面层线。

4)比例为 1∶100～1∶200 的平面图、剖面图。可画简化的材料图例，但剖面图宜画出楼地面、屋面的画层线。

5)比例小于 1∶200 的平面图、剖面图。可不画材料图例，剖面图的楼地面、屋面的面层线可不画出。

(5)相邻的立面图或剖面图，宜绘制在同一水平线上，图内相互关联的尺寸及标高，宜标注在同一竖线上(图 1-11)。

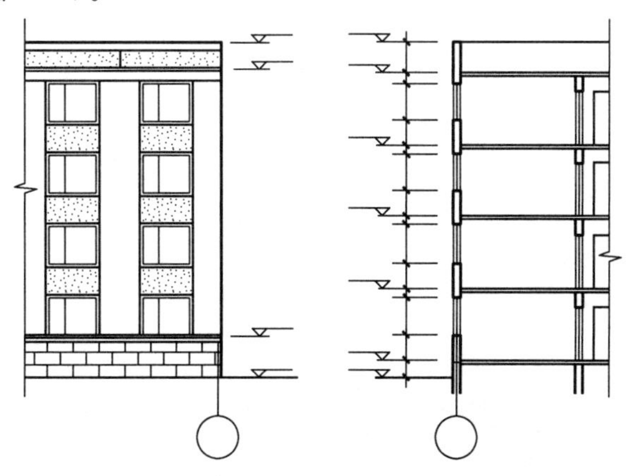

图 1-11　相邻立面图、剖面图的位置关系

五、尺寸标注

(1)尺寸可分为总尺寸、定位尺寸和细部尺寸。绘图时，应根据设计深度和图纸用途确定所需注写的尺寸。

(2)建筑物平面图、立面图、剖面图，宜标注室内外地坪、楼地面、地下层地面、阳台、平台、檐口、层脊、女儿墙、雨篷、门、窗、台阶等处的标高。平屋面等不易标明建筑标高的部位可标注结构标高，应进行说明。结构找坡的平屋面，屋面标高可标注在结构板面最低点，并注明找坡坡度。有屋架的屋面，应标注屋架下弦搁置点或柱顶标高，有起重机的厂房剖面图应标注轨顶标高、屋架下弦杆件下边缘或屋面梁底、板底标高。梁式悬挂起重机宜标出轨距尺寸，并应以米(m)计。

(3)楼地面、地下层地面、阳台、平台、檐口、屋脊、女儿墙、台阶等处的高度尺寸及标高，宜按下列规定注写：

1)平面图及其详图应注写完成面标高的尺寸。

2)立面图、剖面图及其详图应注写完成面标高及高度方向的尺寸。

3)其余部分应注写毛面尺寸及标高。

4)标注建筑平面图各部位的定位尺寸时，应注写与其最邻近的轴线间的尺寸；标注建筑剖面各部位的定位尺寸时，应注写其所在层次内的尺寸。

5)设计图中连续重复的构配件等，当不易标明定位尺寸时，可在总尺寸的控制下，定位尺寸不用数值而用“均分”或“EQ”字样表示(图 1-12)。

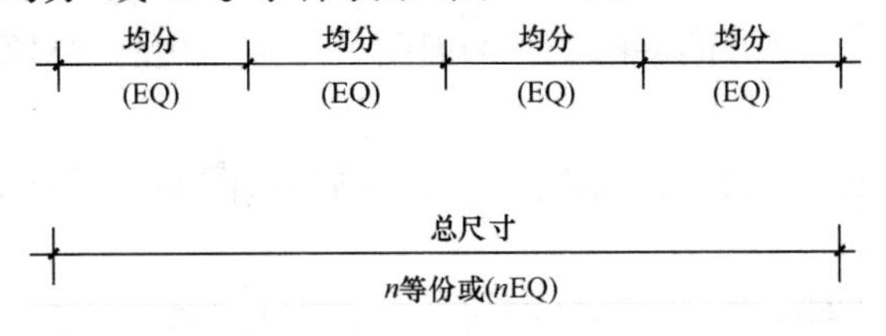

图 1-12　均分尺寸示例

第二章　墙体构造设计

第一节　墙体设计任务书

一、设计题目

某建筑物外墙构造设计。

二、目的及要求

通过本次设计，学生能够掌握墙体中各结点(如墙脚、窗台、窗上口、墙与楼板连接处等)的设计方法，进一步理解建筑设计的基本原理，了解初步设计的步骤和方法。

三、设计条件

某教学楼的办公区层高为 3.30 m，共 6 层，耐火等级为二级。室内外地面高差为 0.45 m，窗洞口尺寸为 1 800 mm×1 800 mm，结构为砖混结构(局部可用框架)；外墙为砖墙，厚度不小于 240 mm；楼板采用预制钢筋混凝土空心板。设计所需的其他条件由学生自定。

四、设计内容及图纸要求

设计成果形式为一张 A3 图纸，按建筑制图标准规定，绘制外墙墙身三个结点详图①、②、③，如图 2-1 所示。要求按顺序将三个结点详图自下而上布置在同一垂直轴线(即墙身定位轴线)上。

1. 墙脚和地坪层构造的结点详图

(1)画出墙身、勒脚、散水或明沟、防潮层、室内外地坪、踢脚板和内外墙面抹灰，剖切到的部分用材料图例表示。用引出线注明勒脚做法，标注勒脚高度；用多层构造引出线注明散水或明沟各层做法，标注散水或明沟的宽度、排水方向和坡度；表示出防潮层的位置，注明做法；用多层构造引出线注明地坪层的各层做法；注明踢脚板的做法，标注踢脚板的高度等尺寸。

(2)标注定位轴线及编号圆圈，标注墙体厚度(在轴线两边分别标注)和室内外地面标高，注写图名和比例。

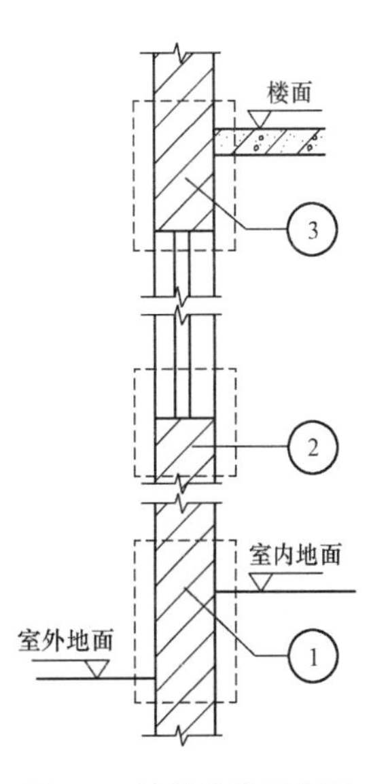

图 2-1　墙体构造示意图

2. 窗台构造的结点详图

(1)画出墙身、内外墙面抹灰、内外窗台和窗框等。用引出线注明内外窗台的饰面做法，标注细部尺寸，标注外窗台的排水方向和坡度。

(2)按开启方式和材料表示出窗框，表示清楚窗框与窗台饰面的连接，标注定位轴线，标注窗台标高(结构面标高)，注写图名比例。

3. 过梁构造的结点详图

(1)画出墙身、内外墙面抹灰、过梁、窗框和踢脚板等。表示清楚过梁的断面形式，标注有关尺寸，标注踢脚板的做法和尺寸。

(2)标注定位轴线。标注过梁底面(结构面)标高和楼面标高，注写图名和比例。

第二节　墙体设计基本知识

一、墙体的类型

按照不同的划分方法，墙体可分为不同的类型，见表 2-1。

表 2-1　墙体的类型

序号	划分方法	内容
1	按构成墙体的材料和制品分类	按构成墙体的材料和制品分类，较常见的有砖墙、石墙、砌块墙、板材墙、混凝土墙、玻璃幕墙等
2	按墙体的受力情况分类	按墙体的受力情况，可分为承重墙和非承重墙两类。凡是承担建筑上部构件传来荷载的墙体称为承重墙；不承担建筑上部构件传来荷载的墙体称为非承重墙。 非承重墙包括自承重墙、框架填充墙、幕墙和隔墙。其中，自承重墙不承受外来荷载，其下部墙体只承担上部墙体的自重；框架填充墙是指在框架结构中，填充在框架中间的墙体；幕墙是指悬挂在建筑物结构外部的轻质外墙，如玻璃幕墙、铝塑板墙等；隔墙是指仅起分隔空间作用，自身重量由楼板或梁承担的墙，其重量是由梁或楼板分层承担的
3	按墙体的位置和走向分类	按墙体在建筑中的位置，可分为外墙和内墙两类。沿建筑四周边缘布置的墙体称为外墙；被外墙所包围的墙体称为内墙。按墙体的走向，可分为纵墙和横墙。纵墙是指沿建筑物长轴方向布置的墙；横墙是指沿建筑物短轴方向布置的墙。其中，沿着建筑物横向布置的首尾两端的横墙俗称山墙；在同一道墙上门窗洞口之间的墙体称为窗间墙；门窗洞口上下的墙体称为窗上墙或窗下墙，如图 2-2 所示

续表

序号	划分方法	内容
4	按墙体的施工方式和构造分类	按墙体的施工方式和构造，可分为叠砌式、版筑式和装配式三种。其中，叠砌式是一种传统的砌墙方式，如实砌砖墙、空斗墙、砌块墙等；版筑式的砌墙材料往往是散状或塑性材料，依靠事先在墙体部位设置的模板，夯实与浇筑材料而形成墙体，如夯土墙、滑模或大模板钢筋混凝土墙；装配式墙是指构件生产厂家事先制作墙体构件，在施工现场进行拼装而成的墙体，如大板墙、各种幕墙

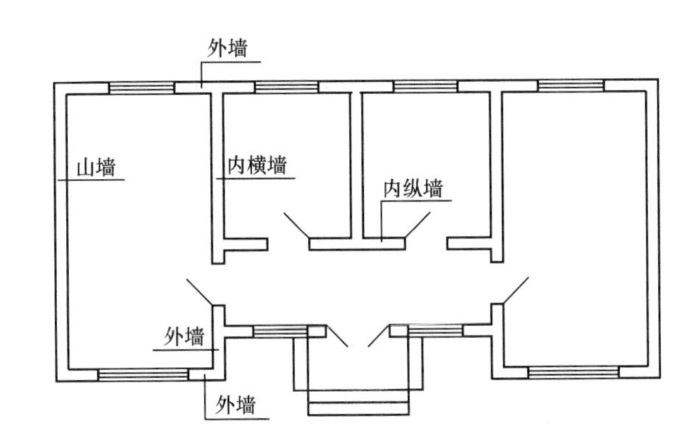

图 2-2　墙体各部分名称

二、墙体的设计要求

墙体在建筑中主要起承重、围护、分隔作用，在选择墙体材料和确定构造方案时，应根据墙体的作用，满足以下要求：

(1)具有足够的强度和稳定性。墙体的强度与构成墙体的材料有关，在确定墙体材料的基础上应通过结构计算来确定墙体的厚度，以满足强度的要求。

墙体的稳定性也是关系到墙体正常使用的重要因素。墙体的稳定性与墙体的长度、高度、厚度有关，在墙体的长度和高度确定之后，一般可以采用增加墙体厚度、设置刚性横墙、加设圈梁、壁柱、墙垛的方法增强墙体的稳定性。

(2)满足热工方面的要求。外墙是建筑围护结构的主体，其热工性能的好坏会对建筑的使用及能耗带来直接的影响。不同地区、不同季节对墙体有保温或隔热的要求，保温与隔热概念相反，措施也不同，但增加墙体厚度和选择导热系数小的材料都有利于保温和隔热。

按照《民用建筑热工设计规范》(GB 50176—1993)的规定，我国将热工设计分区划分为五个：严寒地区，最冷月平均温度小于或等于－10℃的地区；寒冷地区，最冷月平均温度在0℃～10℃的地区；夏热冬冷地区，最冷月平均温度 0℃～10℃，最热月平均温度 25℃～30℃的地区；夏热冬暖地区，最冷月平均温度大于 10℃，最热月平均温度 25℃～29℃的地区；温和地区，最冷月平均温度 0℃～13℃，最热月平均温度 18℃～25℃的地区。

(3)满足防火的要求。建筑墙体所采用的材料及厚度，应满足有关防火规范的要求。当建筑的单层建筑面积或长度达到一定指标时(表 2-2、表 2-3)，应设置防火墙或划分防火分区，以防止火灾蔓延。防火分区一般利用防火墙进行分隔。

表 2-2　民用建筑的耐火等级、层数、长度和面积

耐火等级	最多允许层数	防火分区间		备　　注
		最大允许长度/m	每层最大允许建筑面积/m²	
一、二级		150	2 500	1. 体育馆、剧院等的长度及面积可以放宽； 2. 托儿所、幼儿园的儿童用房不应设在四层及四层以上
三级	5 层	100	1 200	1. 托儿所、幼儿园的儿童用房不应设在三层及三层以上； 2. 电影院、剧院、礼堂、食堂不应超过二层； 3. 医院、疗养院不应超过三层
四级	2 层	60	600	学校、食堂、菜市场、托儿所、幼儿园、医院等不应超过一层

注：1. 重要的公共建筑应采用一、二级耐火等级的建筑。商店、食堂、菜市场如采用一、二级耐火等级的建筑有困难，可采用三级耐火等级的建筑。
2. 建筑物的长度，系指建筑物各分段中线长度的总和。如遇有不规则的平面而有各种不同量法时，应用较大值。

表 2-3　最高建筑每个防火分区允许最大建筑面积

建筑类别	每个防火分区建筑面积/m²
一类建筑	1 000
二类建筑	1 500
地下室	500

注：1. 设有自动灭火系统的防火分区，其允许最大建筑面积可按本表增加 1.00 倍。当局部设置自动灭火系统时，增加面积可按局部面积的 1.00 倍计算。
2. 一类建筑的电信楼，其防火分区允许最大建筑面积可按本表增加 50%。

(4)满足隔声的要求。为了获得安静的工作和休息环境，就须防止室外及邻室传来的噪声影响，因而墙体应具有一定的隔声能力，并应符合国家有关隔声标准的要求。墙体应采用密实、密度大或空心、多孔的墙体材料，采用内外抹灰等方法也有助于提高墙体的隔声能力。采用吸声材料做墙面、设置中空墙体等，都能提高墙体的吸声性能，从而有利于隔声。

(5)减轻自重。墙体所用的材料，在满足以上各项要求时，应力求采用轻质材料，这样不仅能够减轻墙体自重，还能节省运输费用，降低建筑造价。

(6)适应建筑工业化的要求。墙体要采用新型墙砖或预制装配式墙体材料和构造方案，为机械化施工创造条件，适应现代化建设、可持续发展及环境保护的需要。

三、墙体承重方案

根据墙体与上部水平承重构件(包括楼板、屋面板、梁)的关系，墙体承重方案主要有横墙承重、纵墙承重、纵横墙混合承重、墙与柱混合承重四种，如图 2-3 所示。

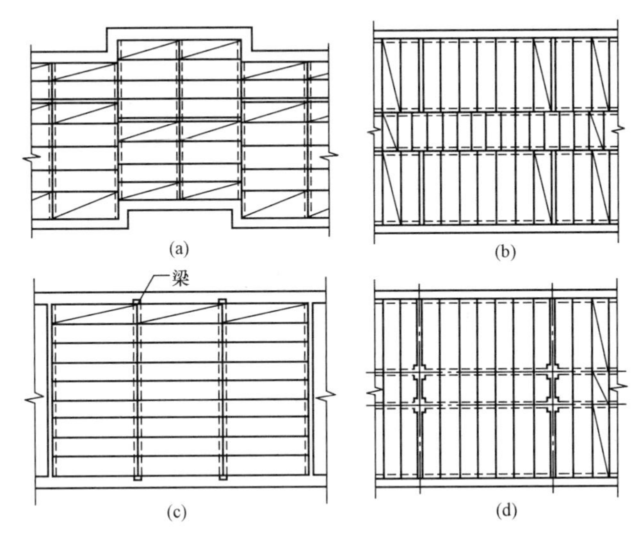

图 2-3　墙体的承重方案

(a)横墙承重；(b)纵墙承重；(c)纵横墙混合承重；(d)墙与柱混合承重

1. 横墙承重

横墙承重是将建筑的水平承重构件搁置在横墙上，即由横墙承担楼面及屋面荷载，如图 2-3(a)所示。

通常，建筑的横墙间距要小于纵墙间距，因此搁置在横墙上的水平承重构件的跨度小，其截面高度也小，可以增加室内的净空高度。由于横墙是承重墙，具有足够的厚度，而且间距不大，所以能有效地增加建筑的刚度，提高建筑抵抗水平荷载的能力。由于内纵墙与上部水平承重构件之间没有传力的关系，因此内纵墙可以自由布置，在纵墙中开设门窗洞口也比较灵活。但是，横墙间距要受到水平承重构件跨度和规格的限制，建筑开间尺寸变化不灵活，不易形成较大的室内空间。此外，由于墙体所占的面积较大，在建筑面积相同的情况下，使用面积相对较小，建筑的经济性较差。横墙承重主要适用于房间开间不大、房间面积较小、尺寸变化不多的建筑，如宿舍、旅馆、办公楼等。

2. 纵墙承重

纵墙承重是将建筑的水平承重构件搁置在纵墙上，即由纵墙承担楼面及屋面荷载，如图 2-3(b)所示。

通常，建筑进深方向尺寸变化较小，因此搁置在纵墙上的水平承重构件的规格少，有利于施工，可以提高施工效率。横墙与上部水平承重构件之间没有传力关系，可以灵活布置，易于形成较大的房间。在纵墙承重方案中，墙体所占面积小，使用面积相对较大；在严寒和寒冷地区，为满足热工要求，外墙的厚度往往比较大，可以充分发挥外纵墙的承重潜力。

在纵墙承重方案中，水平承重构件的跨度较大，强度要求较高。由于横墙不承重，起不到抵抗水平荷载的作用，因此建筑的整体刚度较差。为了保证纵墙的强度要求，在纵墙中开设门窗洞口就受到了一定的限制，设置不够灵活。

纵墙承重方案适用于进深方向尺寸变化较小，内部房间较大的建筑，如住宅、办公楼、教学楼等。

3. 纵横墙混合承重

纵横墙混合承重建筑的横墙和纵墙都是承重墙，简称混合承重，如图 2-3(c)所示。纵横墙混合承重综合了横墙承重和纵墙承重的优点，适用性较强。但其水平承重构件的类型多，梁占空间大，施工较复杂，墙体所占面积大，耗费材料较多，适用于开间和进深尺寸较大、平面复杂的建筑，如教学楼、医院、托幼建筑等。

4. 墙与柱混合承重

墙与柱混合承重建筑的水平承重构件的一端搁置在墙体上，另一端搁置在柱子上，由墙体和柱子共同承担水平承重构件传来的荷载，又称内框架结构，如图 2-3(d)所示。其主要适用于室内布置有较大空间的建筑，如餐厅、商店、阅览室等。

在一幢建筑中往往会出现几种不同的承重方案，应根据建筑的平面空间布局、使用要求及工程所在地预制构件的加工能力和施工水平合理地进行选择。

第三节　墙体构造设计指导

一、窗台与过梁设计指导

(一)窗台

窗台是窗洞下部的构造，用来排除窗外侧流下的雨水和内侧的冷凝水，并起一定的装饰作用。当墙很薄时，窗台又可分为内窗台和外窗台。窗框沿墙内缘安装时，可不设内窗台。

1. 外窗台

外窗台面一般应低于内窗台面，并应形成 5%的外倾坡度以利排水。外窗台的构造有悬挑窗台和不悬挑窗台两种。悬挑窗台常用砖平砌或侧砌挑出 60 mm，窗台表面的坡度可由斜砌的砖形成或用 1∶2.5 水泥砂浆抹出，并在挑砖下缘前端抹出滴水槽或滴水线。

2. 内窗台

内窗台可直接抹 1∶2 水泥砂浆形成面层。墙体厚度较大时，常在内窗台下留置暖气槽，这时内窗台可采用预制水磨石或木窗台板。

窗台的构造如图 2-4 所示。

(二)过梁

过梁设置在门窗洞口上部，按过梁采用的材料和构造分类，常用的有砖拱过梁、钢筋砖过梁和钢筋混凝土过梁。

1. 砖拱过梁

砖拱过梁有平拱和弧拱两种，一般多采用平拱。平拱砖过梁由普通砖侧砌和立砌形成，

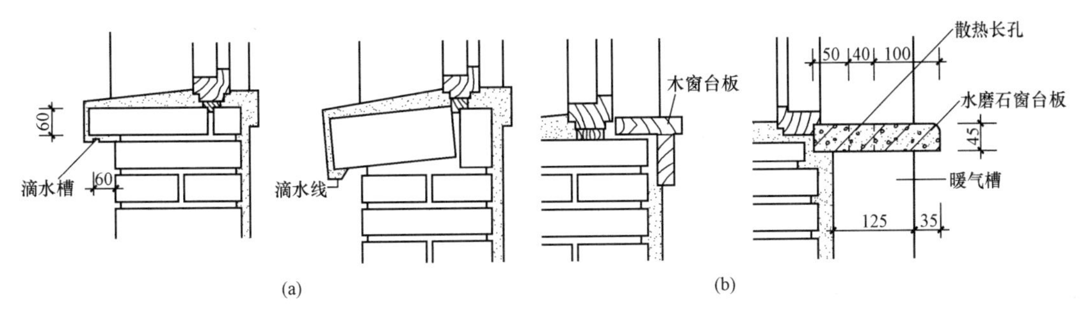

图 2-4　窗台构造

(a)外窗台；(b)内窗台

砖应为单数并对称于中心向两边倾斜。灰缝呈上宽（不大于 15 mm）下窄（不小于 5 mm）的楔形。

平拱砖过梁的跨度不应超过 1.2 m。它可节约钢材和水泥，但施工麻烦，整体性差，不宜用于上部有集中荷载、有较大振动荷载或可能产生不均匀沉降的建筑。

2. 钢筋砖过梁

钢筋砖过梁的高度应经计算确定，一般不少于 5 皮砖高度，且不少于洞口跨度的 1/5。过梁范围内应用不低于 MU7.5 的砖和不低于 M2.5 的砂浆砌筑，砌法与砖墙一样，在第一皮砖下设置不小于 30 mm 厚的砂浆层，并在其中放置钢筋，钢筋的数量为每 120 mm 墙厚不少于 1Φ6。钢筋两端伸入墙内 250 mm，并在端部做 60 mm 高的垂直弯钩。

钢筋砖过梁适用于跨度不超过 1.5 m、上部无集中荷载的洞口。

3. 钢筋混凝土过梁

当门窗洞口跨度超过 2 m 或上部有集中荷载时，需采用钢筋混凝土过梁。钢筋混凝土过梁有现浇和预制两种。

钢筋混凝土过梁的截面尺寸及配筋应经计算确定，并应是砖厚的整倍数，宽度等于墙厚，两端伸入墙内不小于 240 mm。

钢筋混凝土过梁的截面形状有矩形和 L 形。矩形多用于内墙和外混水墙中，L 形多用于外清水墙和有保温要求的墙体中，此时应注意 L 口朝向室外，如图 2-5 所示。

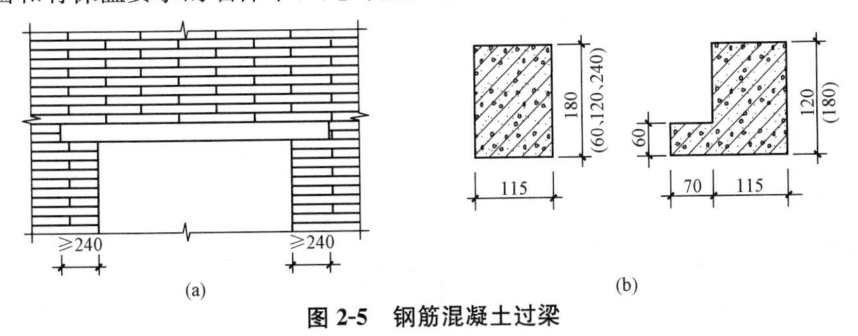

图 2-5　钢筋混凝土过梁

(a)过梁立面；(b)过梁的断面形状和尺寸

二、墙身防潮设计指导

防潮层是为了保证室内干燥、卫生而在墙身中设置的，一般有水平防潮层和垂直防潮层两种。

1. 水平防潮层

墙身水平防潮层应沿着建筑物内、外墙连续交圈设置，位于室内地坪以下 60 mm 处，其做法有如下四种：

(1)油毡防潮。在防潮层部位抹 20 mm 厚 1∶3 水泥砂浆找平层，然后在找平层上干铺一层油毡或做一毡二油，即先浇热沥青，再铺油毡，最后再浇热沥青。为了确保防潮效果，油毡的宽度应比墙宽 20 mm，油毡搭接应不小于 100 mm。

(2)防水砂浆防潮。在防潮层部位抹 25 mm 厚 1∶2 的防水砂浆。防水砂浆是在水泥砂浆中掺入了水泥重量 5%的防水剂，防水剂与水泥混合粘结，能填充微小孔隙和堵塞、封闭毛细孔，从而阻断毛细水。

(3)防水砂浆砌砖防潮。在防潮层部位用防水砂浆砌筑 3～5 皮砖。

(4)细石混凝土防潮。在防潮层部位浇筑 60 mm 厚与墙等宽的细石混凝土带，内配 3Φ6 或 3Φ8 钢筋。这种防潮层的抗裂性好，且能与砌体结合成一体，特别适用于刚度要求较高的建筑。

2. 垂直防潮层

若室内地坪出现高差或低于室外地坪时，除了在相应位置设水平防潮层外，还应在两道水平防潮层之间靠土壤的垂直墙面上设置垂直防潮层。其具体做法是：先用水泥砂浆将墙面抹平，再涂一道冷底子油(指用汽油、煤油等溶解后的沥青溶液)、两道热沥青(或做一毡二油)，如图 2-6 所示。

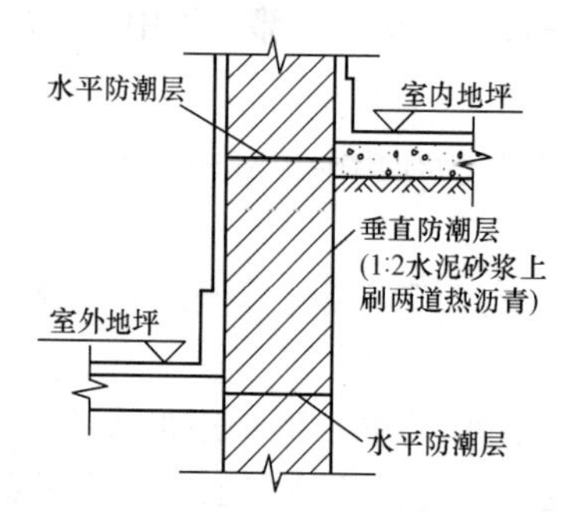

图 2-6　垂直防潮层的构造

三、墙体变形缝设计指导

1. 伸缩缝

根据墙体厚度和所用材料的不同，伸缩缝可做成平缝、高低缝和企口缝等形式。伸缩缝的宽度一般为 20～30 mm，外侧缝口用镀锌薄钢板盖缝或用铝合金片盖缝；内侧缝口一般用木盖缝条盖缝，如图 2-7 所示。

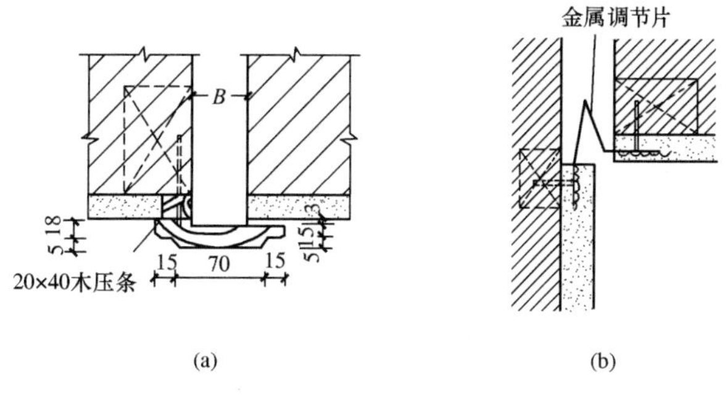

图 2-7　伸缩缝构造

(a)内墙面伸缩缝构造；(b)外墙面伸缩缝构造

2. 沉降缝

常见的基础沉降缝有悬挑式基础和双墙式基础两种类型，在构造上需要进行特殊的处理。为了保证沉降缝两侧的建筑能够各自成独立的单元，应自基础开始在结构及构造上将其完全断开。沉降缝的宽度一般应为 50～70 mm，它可兼起伸缩缝的作用，缝的形式与伸缩缝的基本相同，只是盖缝板在构造上应保证两侧单元在竖向能自由沉降，如图 2-8 所示。

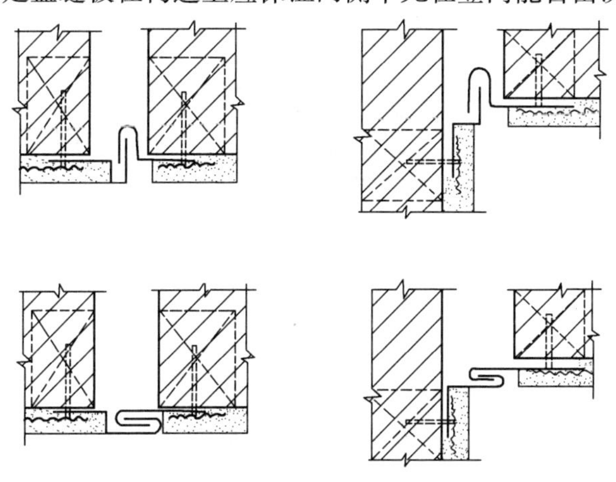

图 2-8　沉降缝构造

3. 防震缝

防震缝处应用双墙使缝两侧的结构封闭，其宽度一般为 50～100 mm，构造要求与伸缩缝的相同，但不应做错口缝和企口缝，缝内不填任何材料。由于防震缝的宽度较大，构造上更应注意盖缝的牢固、防风沙、防水和保温等问题，如图 2-9 所示。

四、散水、明沟及勒脚设计指导

1. 散水

散水用于排水护坡，位于建筑物外墙四周，一般坡度为 3%～5%，宽度不小于 600 mm，且应大于屋檐挑出。

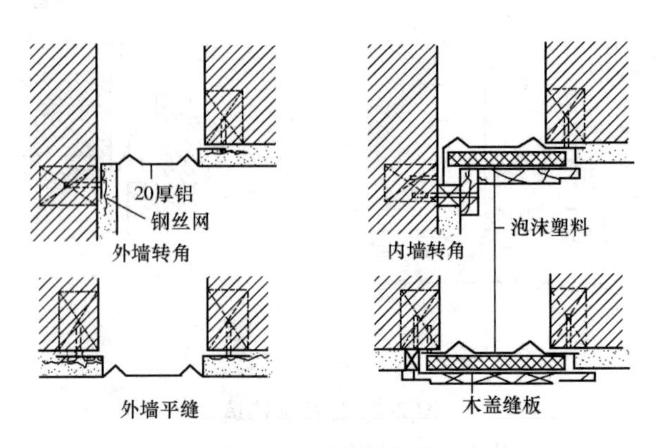

图 2-9　防震缝构造

2. 明沟

在降水量较大的地区，需在散水的外缘或建筑物外墙根部设置排水沟，即明沟。明沟通常用混凝土浇筑成宽 180 mm、深 150 mm 的沟槽，也可用砖、石砌筑，沟底应有不小于 1%的纵向排水坡度，具体构造如图 2-10 所示。

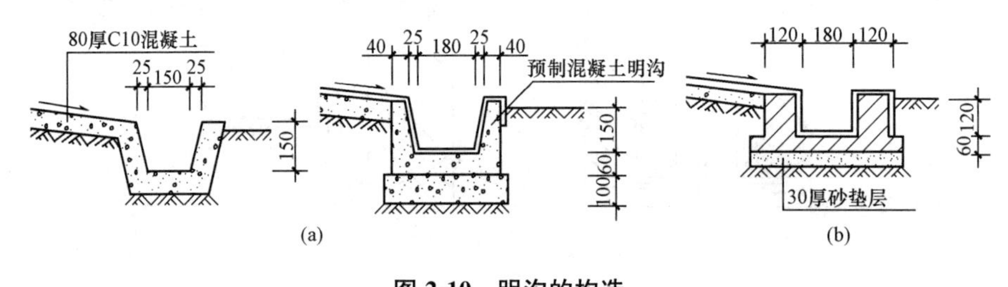

图 2-10　明沟的构造

(a)混凝土明沟；(b)砖砌明沟

3. 勒脚

由于勒脚具有加固墙身，防止因外界机械碰撞而使墙身受损；保护近地墙身，避免受雨雪直接侵蚀、受冻以致破坏；装饰立面等作用，所以勒脚需坚固、防水且美观。其设计构造一般做法如下：

(1)在勒脚部位抹 20～30 mm 厚 1∶2 或 1∶2.5 的水泥砂浆，也可以做水刷石、斩假石等，如图 2-11(a)所示。

(2)在勒脚部位将墙加厚 60～120 mm，再用水泥砂浆或水刷石等罩面。

(3)在勒脚部位镶贴防水性能好的材料，如大理石板、花岗石板、水磨石板、面砖等，如图 2-11(b)所示。

(4)用天然石材砌筑勒脚，如图 2-11(c)所示。

勒脚的高度一般不应低于 500 mm，考虑立面美观，应与建筑物的整体形象结合而设计其具体构造。

五、墙中的竖向孔道设计指导

砖墙中的竖向孔道主要有通风道、烟道及垃圾管道。

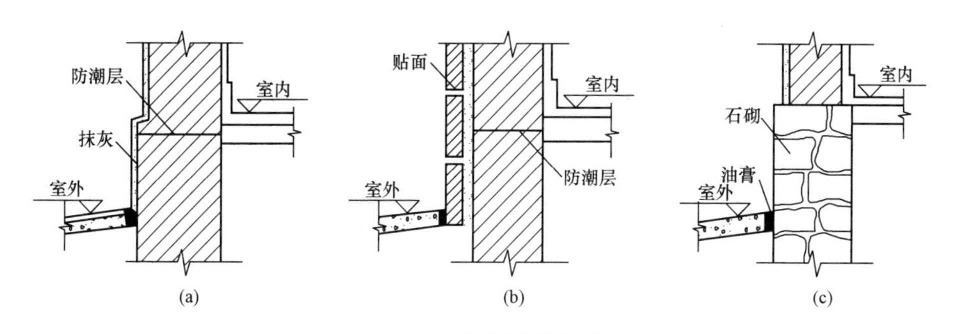

图 2-11　勒脚的构造做法

(a)抹灰；(b)贴面；(c)石材砌筑

1. 通风道

通风道是墙体中常见的竖向孔道，其作用是排除房间内部的污浊空气和不良气味。在人数较多及产生烟气和空气污浊的房间，如会议室、厨房、卫生间和厕所等，均应设置通风道。但是，同层房间不应共用同一个通风道。

通风道的墙上开口应距顶棚较近，一般为 300 mm；其出屋面部分应高于女儿墙或屋脊。北方地区建筑的通风道应设在内墙中，如必须设在外墙，通风道的边缘距外墙边缘应大于370 mm。通风道的布置形式较多，主要有每层独用、隔层共用、子母式三种，其中，以子母式通风道的应用居多。

在砖砌子母式通风道中，母通风道的截面尺寸是 260 mm×135 mm，子通风道的截面尺寸是 135 mm×135 mm，其构造如图 2-12 所示。设置子母式通风道处的墙体厚度应不小于370 mm，当墙体的承重要求不高或不承重时，可以只把通风道所占区域内的墙体加厚至370 mm，以节省室内面积。由于砖砌通风道占用面积较多，施工复杂，目前工程中多采用预制装配式通风道。预制装配式通风道用钢丝网水泥或不燃材料制作，有双孔和三孔两种结构形式，各种结构形式又有不同的截面尺寸，以满足各种使用要求。

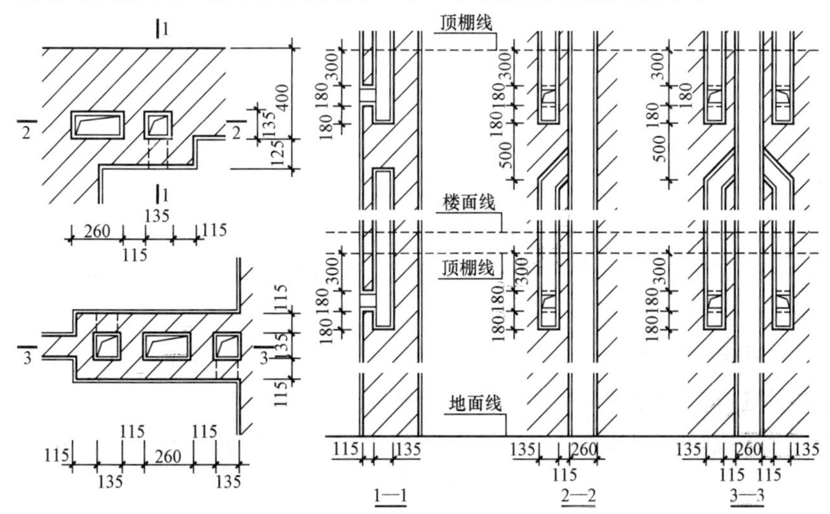

图 2-12　砖砌子母式通风道

2. 烟道

在设有燃煤炉灶的建筑中，为了排除炉灶内的煤烟，常在墙内设置烟道。在寒冷地区，烟道一般应设在内墙中，若必须设在外墙内时，烟道边缘与墙外缘的距离不宜小于370 mm。烟道有砖砌和预制拼装两种做法。

在多层建筑中，很难做到每个炉灶都有独立的烟道，通常把烟道设置成子母烟道，以避免相互窜烟，其构造如图 2-13 所示。烟道应砌筑密实，并随砌随用砂浆将内壁抹平，上端应高出屋面，避免被雪掩埋或受风压影响而使排气不畅。母烟道下部靠近地面处设有出灰口，平时用砖堵住。

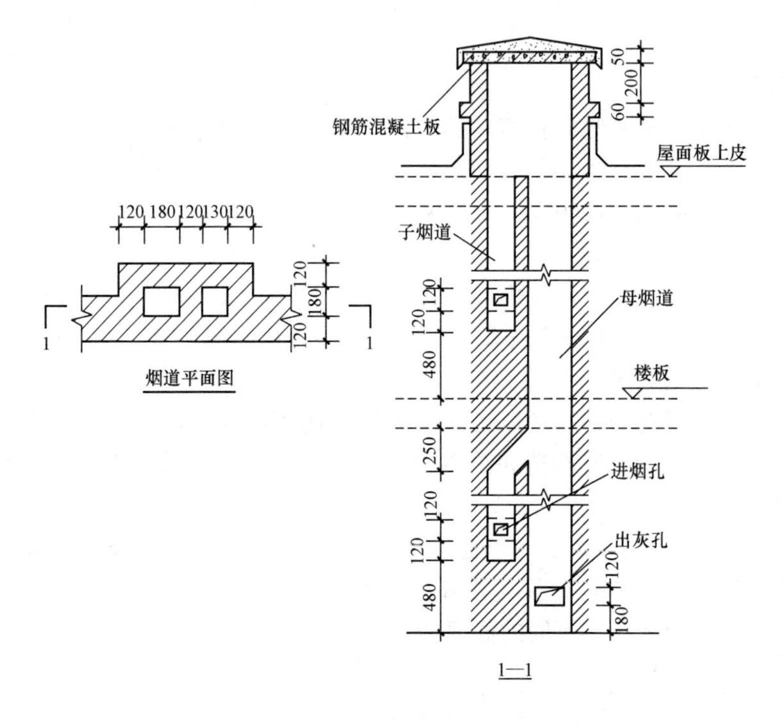

图 2-13 砖砌烟道的构造

3. 垃圾管道

垃圾管道是为了便于使用者倾倒垃圾而设置的管道。在多层和高层建筑中，为了排除垃圾，有时需设垃圾管道。垃圾道一般布置在楼梯间靠外墙附近或在走道的尽端，有砖砌垃圾道和混凝土垃圾道两种。

垃圾管道由孔道、垃圾进口及垃圾斗、通气孔和垃圾出口组成，如图 2-14 所示。一般每层都应设垃圾进口，垃圾进口要设置在建筑的公共区域或独立的垃圾间中，垃圾出口与底层外侧的垃圾箱或垃圾间相连。通气孔位于垃圾道上部，与室外连通。

随着人们环保意识的加强，这种每座楼均设垃圾道的做法已越来越少，转而集中设垃圾箱的做法，以使垃圾能集中、分类管理。

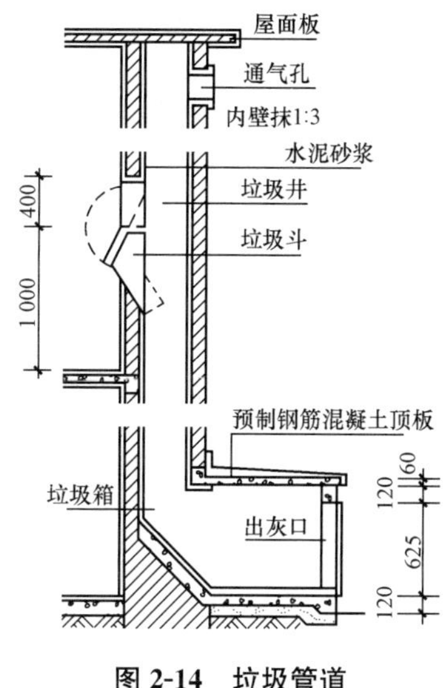

图 2-14　垃圾管道

六、复合墙体设计指导

在保证墙体承重能力的情况下，为改善墙体的热工性能，砖混结构建筑中常采用复合外墙。复合外墙主要有中填保温材料外墙、外保温外墙和内保温外墙三种，其构造如图 2-15所示。目前，在工程中应用较多的复合墙体保温材料有岩棉、聚苯板、泡沫混凝土或加气混凝土等。

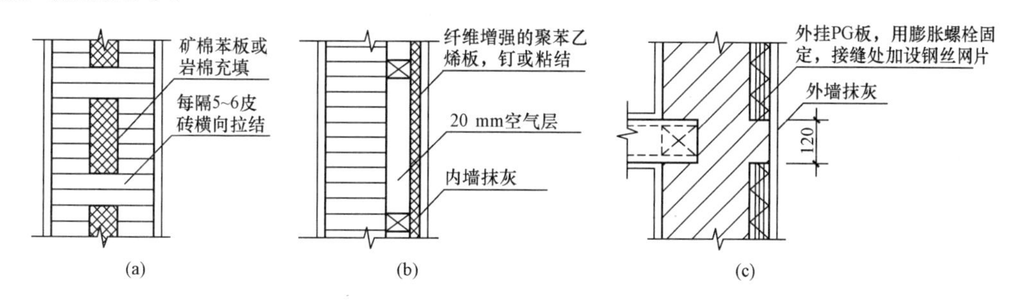

图 2-15　复合墙体的构造

(a)中填保温材料外墙；(b)内保温外墙；(c)外保温外墙

第四节　墙体设计步骤与方法

一、熟悉设计任务书

熟悉设计任务书是做好建筑设计的首要步骤。具体要搞清楚需要完成哪些任务，做到心中有数，并合理安排自学时间，及时完成设计。

二、底层局部平面图设计

1. 确定门窗洞口大小

窗洞的大小可先按采光系数计算，教室、办公室的采光面积比控制在1/4～1/6。确定窗洞面积后，窗洞的高和宽可根据采光、建筑立面等因素确定。

2. 确定各墙段尺寸

各墙段尺寸的确定原则为各墙段都要符合砖模数，即($n\times115-10$)的倍数，式中n为墙段内包含的半砖数，115 mm是半砖的尺寸，10 mm是标准灰缝的大小。当墙段长度较小时，要注意采取调整砖墙灰缝厚度的办法，使墙段长度尽可能符合建筑模数协调统一标准和要求；若调整不开，则只有满足砖模数的要求。

三、墙体结点详图设计

墙体结点详图设计应和底层局部平面图结合布图，使整个图面布图合理而局促。布图时应注意平面图和三个结点详图要布置均匀，不要出现疏密悬殊的情况，以免影响图面美观。具体做法是先用很轻的线将四个图全部画好，反复检查无误后再加重。要注意线型，平面图被剖部分用粗实线，其余为细实线；三个结点详图被剖的砖墙和过梁等用粗实线，被剖的散水、混凝土垫层、窗框、楼板等用中粗线，其余线条可用细实线。注意以上三种线条的对比度要分明。

第五节　墙体设计参考资料

一、门与窗的构造

1. 门、窗洞参考尺寸

门、窗洞参考尺寸见表2-4。

表2-4　门、窗洞参考尺寸　　mm

序号	项目	内　　容
1	窗洞宽	600、1 000、1 200、1 500、1 800、2 100、2 400、3 000、3 300
2	窗洞高	700、1 000、1 200、1 500、1 800、2 100、2 400、3 000
3	门洞宽	700、800、900、1 000、1 200、1 500、1 800、2 400、3 000、3 300
4	门洞高	2 000、2 400、2 700、3 000

2. 门框的断面形式与尺寸

门框的断面形式与尺寸如图2-16所示。

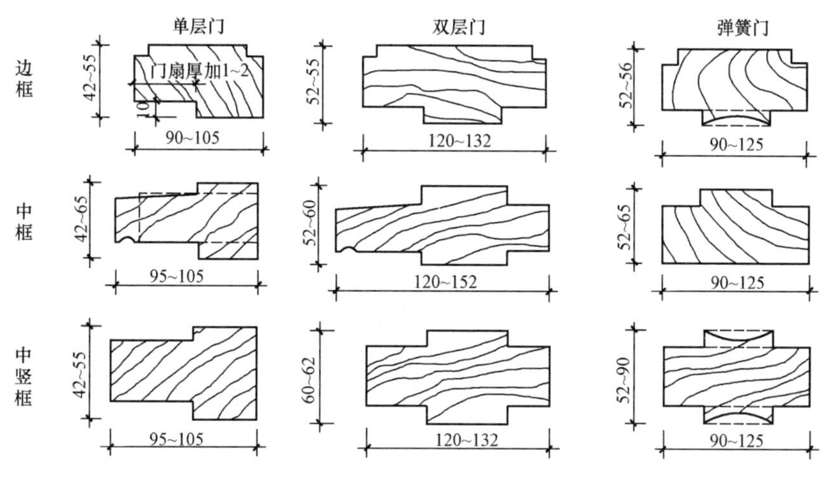

图 2-16　门框的断面形式与尺寸

3. 门框在墙中的位置

门框在墙中的位置如图 2-17 所示。

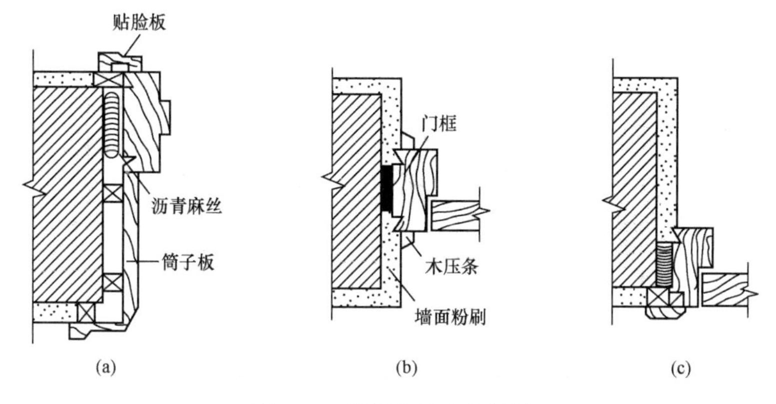

图 2-17　门框在墙中的位置

(a)外平；(b)立中；(c)内平

4. 窗框与墙体的构造缝处理

窗框与墙体的构造缝处理如图 2-18 所示。

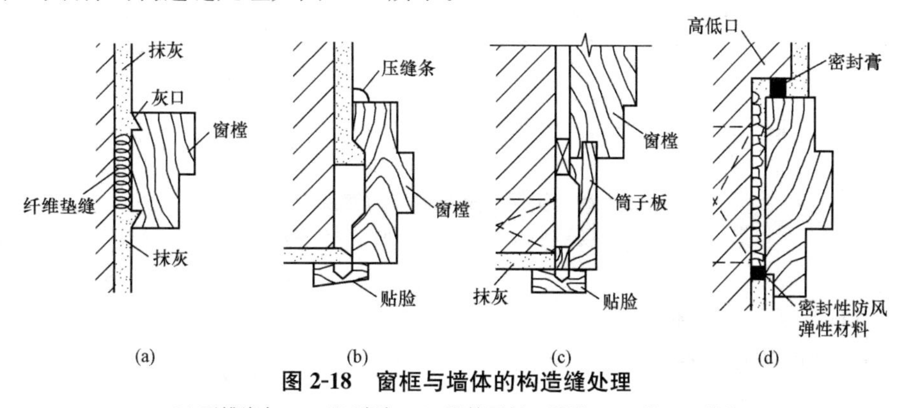

图 2-18　窗框与墙体的构造缝处理

(a)开槽嵌灰口；(b)贴脸；(c)设筒子板、贴脸；(d)错口、填缝

5. 窗框在墙洞中的位置

窗框在墙洞中的位置如图 2-19 所示。

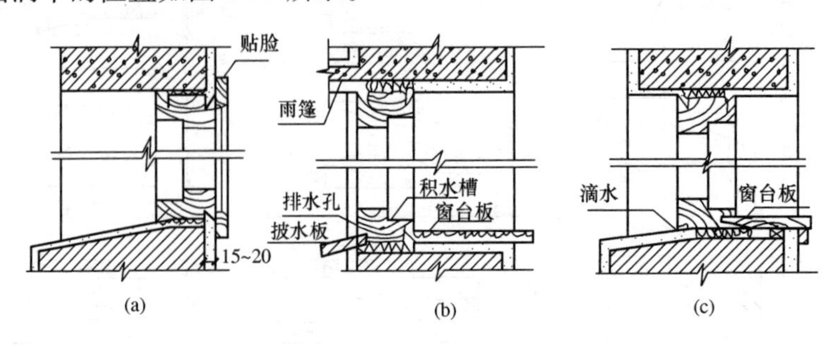

图 2-19　窗框在墙洞中的位置

(a)窗框内平；(b)窗框外平；(c)窗框居中

6. 塑钢窗框与墙体的连接构造

塑钢窗框与墙体的连接构造如图 2-20 所示。

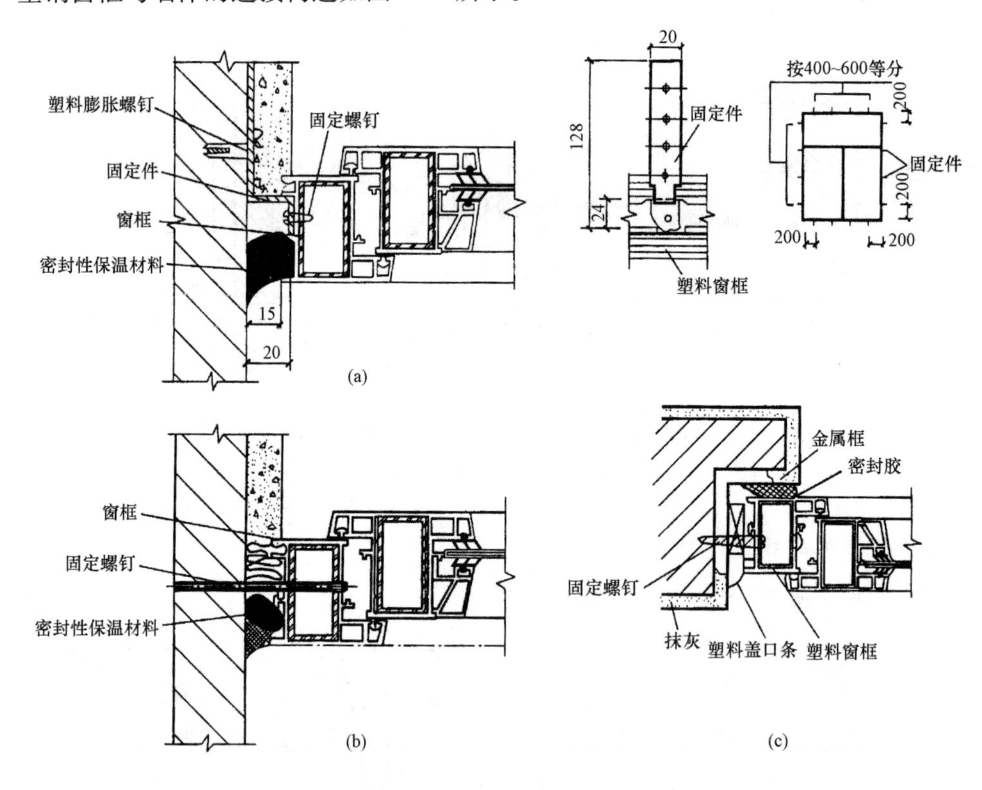

图 2-20　塑钢窗框与墙体的连接构造

(a)连接件法；(b)直接固定法；(c)假框法

7. 钢门窗与墙的连接构造

钢门窗与墙的连接构造如图 2-21 所示。

8. 带副框彩板平开窗安装构造

带副框彩板平开窗安装构造如图 2-22 所示。

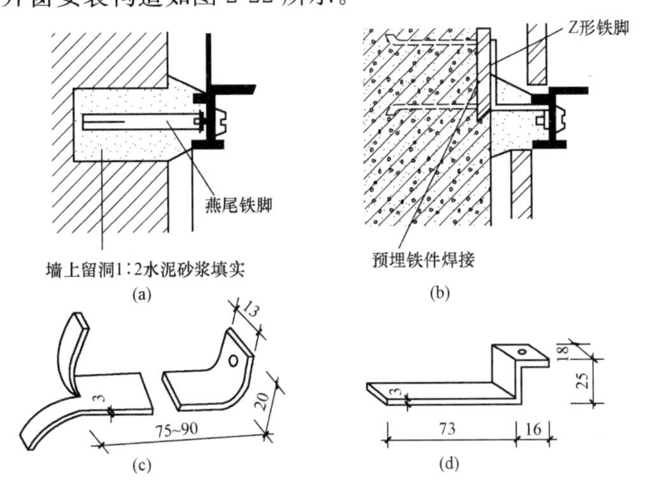

图 2-21　钢门窗与墙的连接构造

(a)与砖墙连接；(b)与混凝土连接；(c)燕尾铁脚；(d)Z 形铁脚

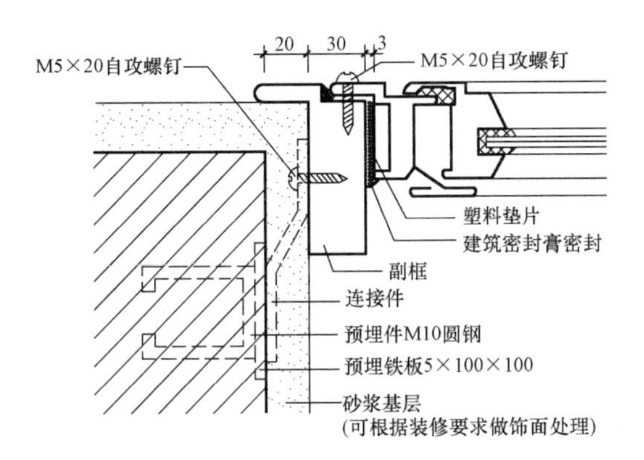

图 2-22　带副框彩板平开窗安装构造

9. 不带副框彩板平开窗安装构造

不带副框彩板平开窗安装构造如图 2-23 所示。

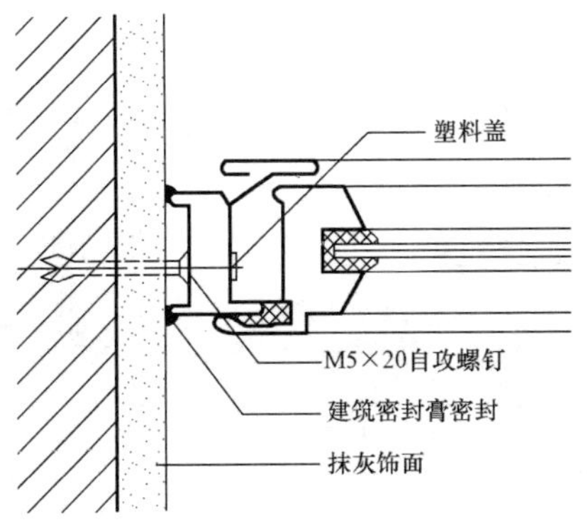

图 2-23　不带副框彩板平开窗安装构造

10. 门窗与砖墙和混凝土墙体的连接

门窗与砖墙和混凝土墙体的连接如图 2-24 所示。

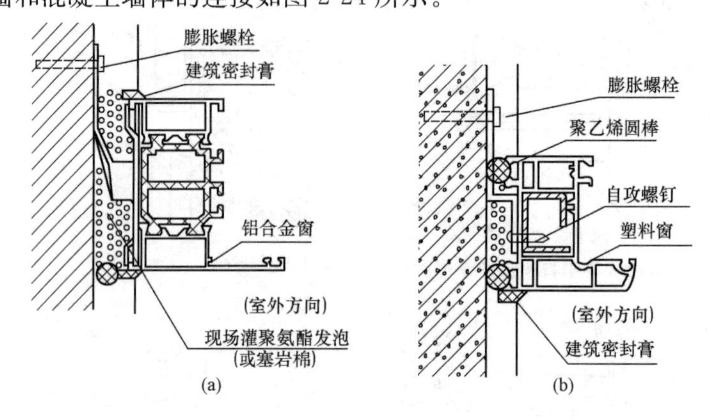

图 2-24　门窗与砖墙和混凝土墙体的连接

11. 门窗与钢结构墙体的连接

门窗与钢结构墙体的连接如图 2-25 所示。

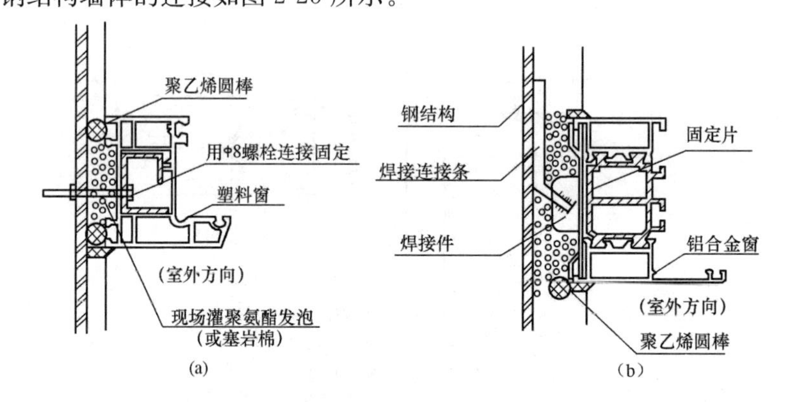

图 2-25　门窗与钢结构墙体的连接

12. 门窗与轻质墙体的连接

门窗与轻质墙体的连接如图 2-26 所示。

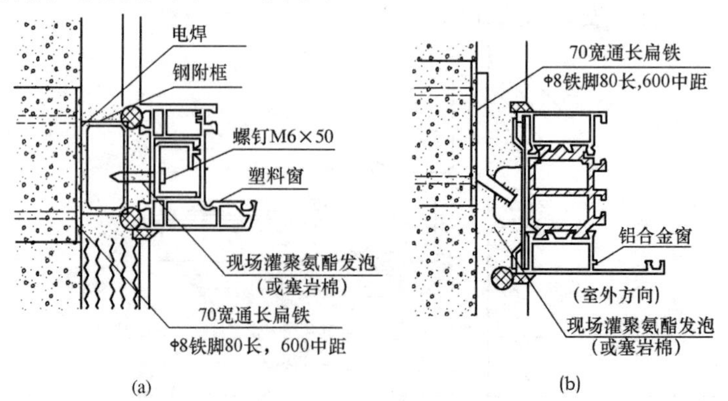

图 2-26　门窗与轻质墙体的连接

二、常见的墙体工程做法

(1)常见的外墙面装修工程做法见表 2-5。

表 2-5　常见的外墙面装修工程做法

名称	图例	工程做法	厚度	说明
石灰砂浆墙面		1.6 厚 1∶1∶4 水泥石灰砂浆抹面； 2.12 厚 1∶1∶6 水泥石灰砂浆打底扫毛； 3. 砖墙面清扫集灰，适量洇水	18	仿古庭园建筑的局部适用
水泥砂浆墙面		1.8 厚 1∶2.5 水泥砂浆抹面； 2.12 厚 1∶3 水泥砂浆打底扫毛； 3. 砖墙面清扫集灰，适量洇水	20	立面分格由设计人定
水刷石墙面		1.8 厚 1∶1.5 水泥石子(小八厘)罩面，水刷露出石子； 2. 刷素水泥浆一道； 3.12 厚 1∶3 水泥砂浆打底扫毛； 4. 砖墙面清扫集灰，适量洇水	20	1. 立面分格由设计人定； 2. 水泥分青水泥和白水泥，由设计人定
斩假石(剁斧石)墙面		1. 剁斧斩毛两遍成活； 2.10 厚 1∶1.25 水泥石子(米粒石内掺 30%石屑)抹平； 3. 刷素水泥浆一道； 4.10 厚 1∶3 水泥砂浆打底扫毛或划纹； 5. 砖墙面清扫集灰，适量洇水	20	1. 水泥分青水泥和白水泥，由设计人定； 2. 立面图中绘出分格线
喷(刷)涂料墙面		1. 喷(刷)外墙涂料； 2.6 厚 1∶2.5 水泥砂浆找平； 3.10 厚 1∶3 水泥砂浆打底扫毛或划道； 4. 砖墙面清扫集灰，适量洇水	18	涂料颜色、品种由设计人定，并在施工图中注明
贴锦砖(马赛克)墙面		1. 水泥擦缝； 2. 贴 5 厚锦砖(在砖粘结面上随贴随涂刷一道混凝土界面处理剂，增强粘结力)； 3.5 厚 1∶1 水泥砂浆粘结层； 4.10 厚 1∶3 水泥砂浆打底； 5. 砖墙面清扫集灰，适量洇水	20	1. 锦砖规格、颜色由设计人定； 2. 设计时应在立面图中绘出分格线，并注明缝宽及颜色
贴面砖墙面		1.1∶1 水泥砂浆(细砂)勾缝； 2. 贴 6～12 厚面砖(在砖粘结面上涂抹专用粘结剂，然后粘结)； 3.6 厚 1∶0.2∶2.5 水泥石膏砂浆找平； 4.10 厚 1∶3 水泥砂浆打底扫毛	20	1. 锦砖规格、颜色由设计人定； 2. 设计时应在立面图中绘出分格线，并注明缝宽及颜色； 3. 首层以上不宜用大于 9 厚或尺寸较大的面砖

续表

名称	图例	工程做法	厚度	说明
粘贴花岗石墙面		1. 稀水泥浆擦缝； 2. 贴20～25厚花岗石板（在板背面涂抹专用胶粘剂，然后粘贴）； 3. 6厚1∶2.5水泥砂浆找平层； 4. 10层1∶3水泥砂浆打底扫毛； 5. 砖墙面清扫集灰，适量洇水	36	1. 花岗石板颜色、规格由设计人定； 2. 花岗石面分磨光面、粗毛麻面和粗凹凸面，由设计人定； 3. 宜在首层使用

（2）常见的内墙面装修工程做法见表2-6。

表2-6　常见的内墙面装修工程做法

名称	图例	工程做法	厚度	说明
刷浆墙面		1. 刷（喷）石灰浆两道； 2. 清水砖墙缝原浆刮平		石灰浆重量配合比为石灰∶工业盐＝100∶7
水泥砂浆墙面		1. 刷（喷）内墙涂料； 2. 5厚1∶2.5水泥石灰砂浆抹面，压实赶光； 3. 13厚1∶3水泥砂浆打底	18	涂料品种、颜色由设计人定
纸筋（麻刀）灰墙面		1. 刷（喷）内墙涂料； 2. 2厚纸筋麻刀灰抹面； 3. 14厚1∶3石灰膏砂浆打底	16	
纸筋（麻刀）灰墙面		1. 刷（喷）内墙涂料； 2. 2厚纸筋麻刀灰抹面； 3. 6厚1∶3石灰膏砂浆； 4. 10厚1∶2∶9水泥石灰膏砂浆打底	18	
水泥珍珠岩保温砂浆墙面		1. 喷内墙涂料； 2. 2厚纸筋麻刀灰抹面； 3. 12厚1∶8水泥珍珠岩浆； 4. 12～16厚1∶8水泥珍珠岩浆打底扫毛	26	1. 用于有保温要求的墙体； 2. 保温砂浆厚度由工程设计定； 3. 涂料品种、颜色由设计人定
油漆、乳胶漆墙面		1. 刷无光油漆或乳胶漆； 2. 5厚1∶0.3∶2.5水泥石灰膏砂浆抹面压实抹光； 3. 12厚1∶1∶6水泥石灰膏砂浆打底扫毛	17	油漆品种、颜色由设计人定
釉面砖（瓷砖）墙面		1. 白水泥擦缝； 2. 贴5厚釉面砖（在釉面砖粘贴面上随贴随刷一道混凝土界面处理剂，增强粘结力或者在釉面砖粘贴面上涂专用胶粘剂，然后粘贴）； 3. 8厚1∶0.1∶2.5水泥石灰膏砂浆粘结层； 4. 12厚1∶3水泥砂浆打底扫毛或划纹	25	釉面砖品种、颜色由设计人定

三、墙身细部构造图例

1. 窗台构造做法

窗台构造做法如图 2-27 所示。

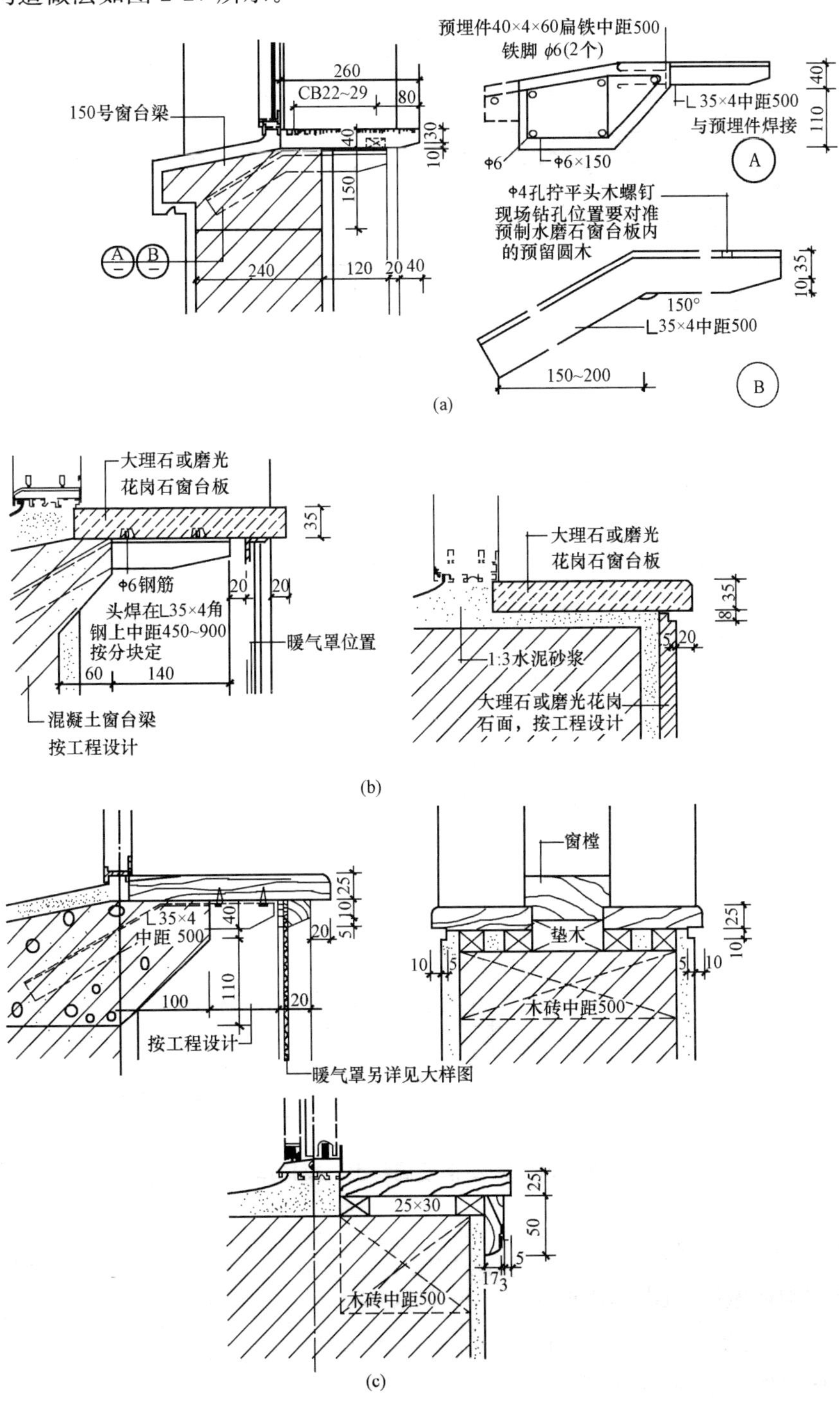

图 2-27　窗台的构造

(a)预制水磨石窗台；(b)大理石、磨光花岗石窗台；(c)木窗台

2. 钢筋砖过梁构造做法

钢筋砖过梁构造做法如图 2-28 所示。

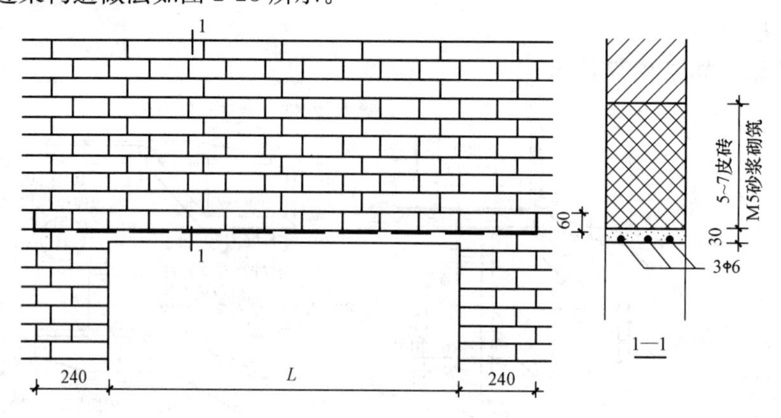

图 2-28　钢筋砖过梁构造

3. 钢筋混凝土过梁构造做法

钢筋混凝土过梁构造做法如图 2-29、图 2-30 所示。

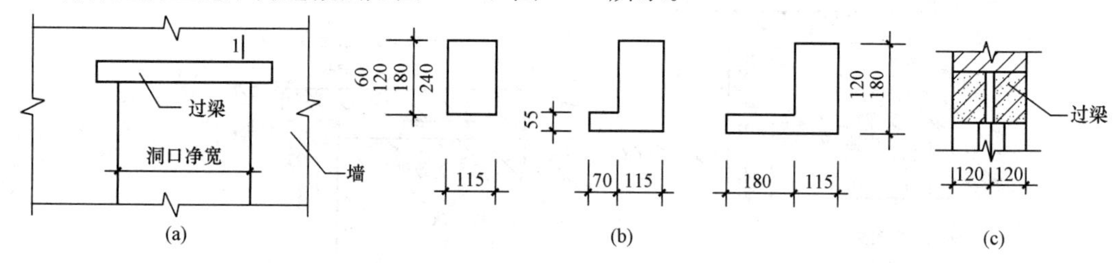

图 2-29　预制钢筋混凝土过梁构造

(a)过梁立面体；(b)过梁截面形状及尺寸；(c)墙内预制过梁

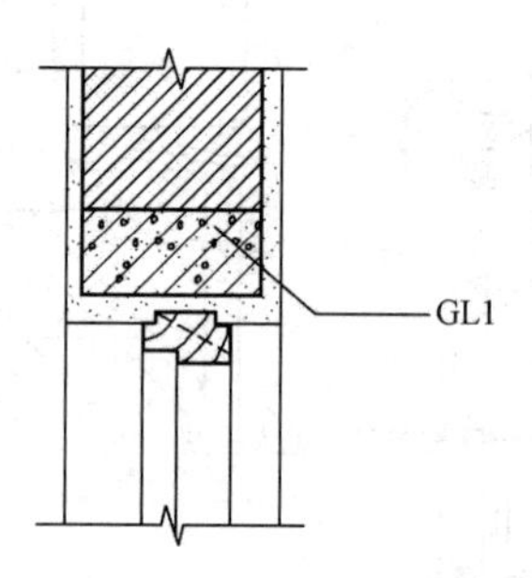

图 2-30　现浇钢筋混凝土过梁构造

4. 墙身防潮构造做法

墙身防潮构造做法如图 2-31 所示。

5. 变形缝构造做法

变形缝构造做法如图 2-32 所示。

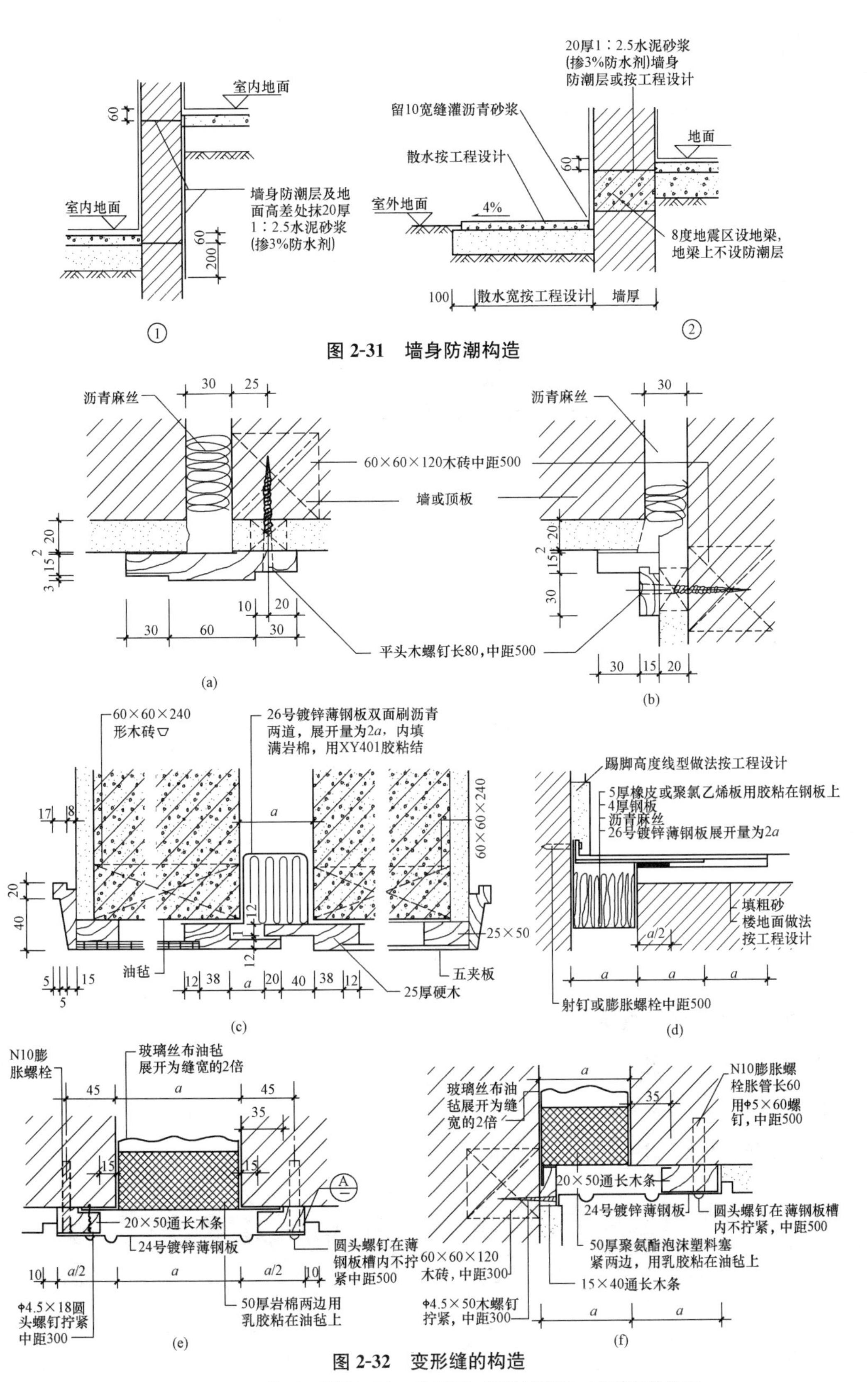

图 2-31　墙身防潮构造

图 2-32　变形缝的构造

(a)、(c)、(e)墙面、顶棚；(b)、(f)墙面、顶棚与墙面；(d)墙与楼地面

6. 伸缩缝基础构造处理

伸缩缝基础构造处理如图 2-33 所示。

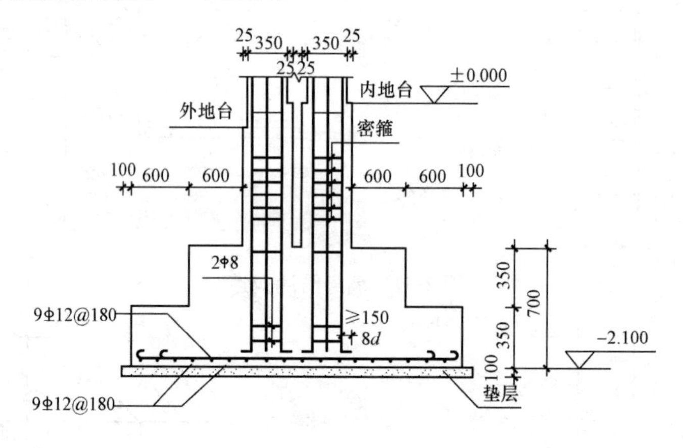

图 2-33　伸缩缝基础构造处理

7. 砖墙伸缩缝的截面形式

砖墙伸缩缝的截面形式如图 2-34 所示。

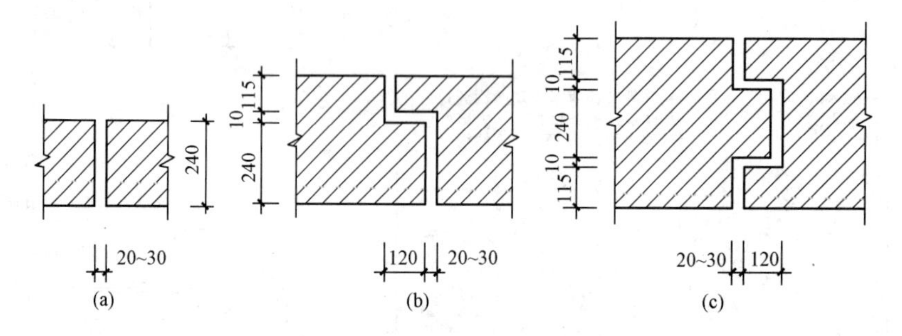

图 2-34　砖墙伸缩缝的截面形式

(a)平缝；(b)错口缝；(c)企口缝

8. 明沟与散水构造做法

明沟与散水构造做法如图 2-35 所示。

9. 暖气槽墙体构造做法

暖气槽墙体构造做法如图 2-36 所示。

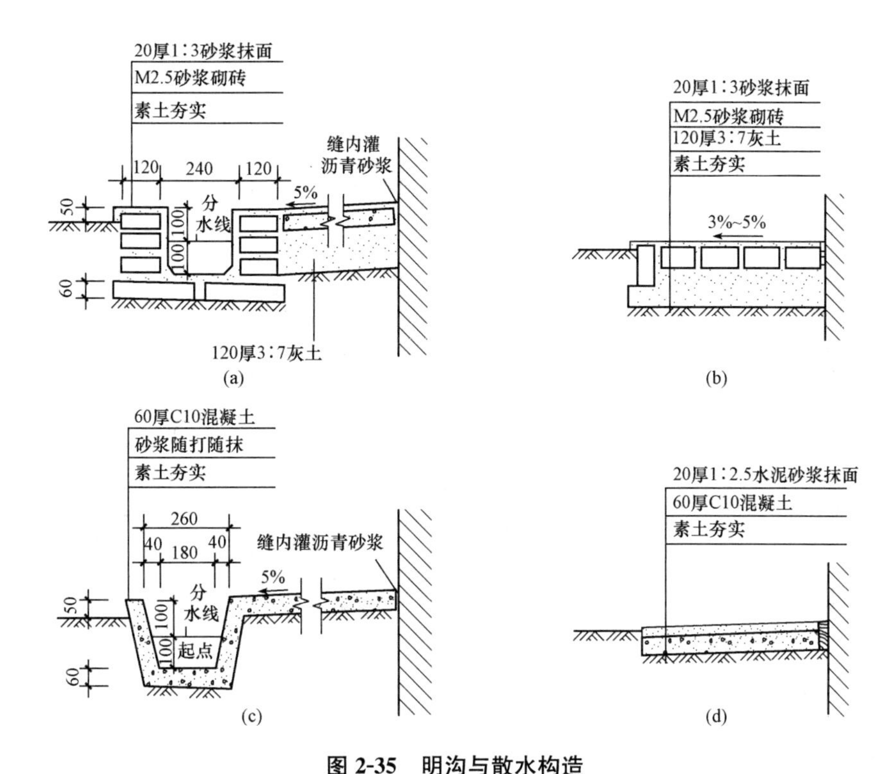

图 2-35　明沟与散水构造

(a)砖砌明沟；(b)砖铺散水；(c)混凝土明沟；(d)混凝土散水

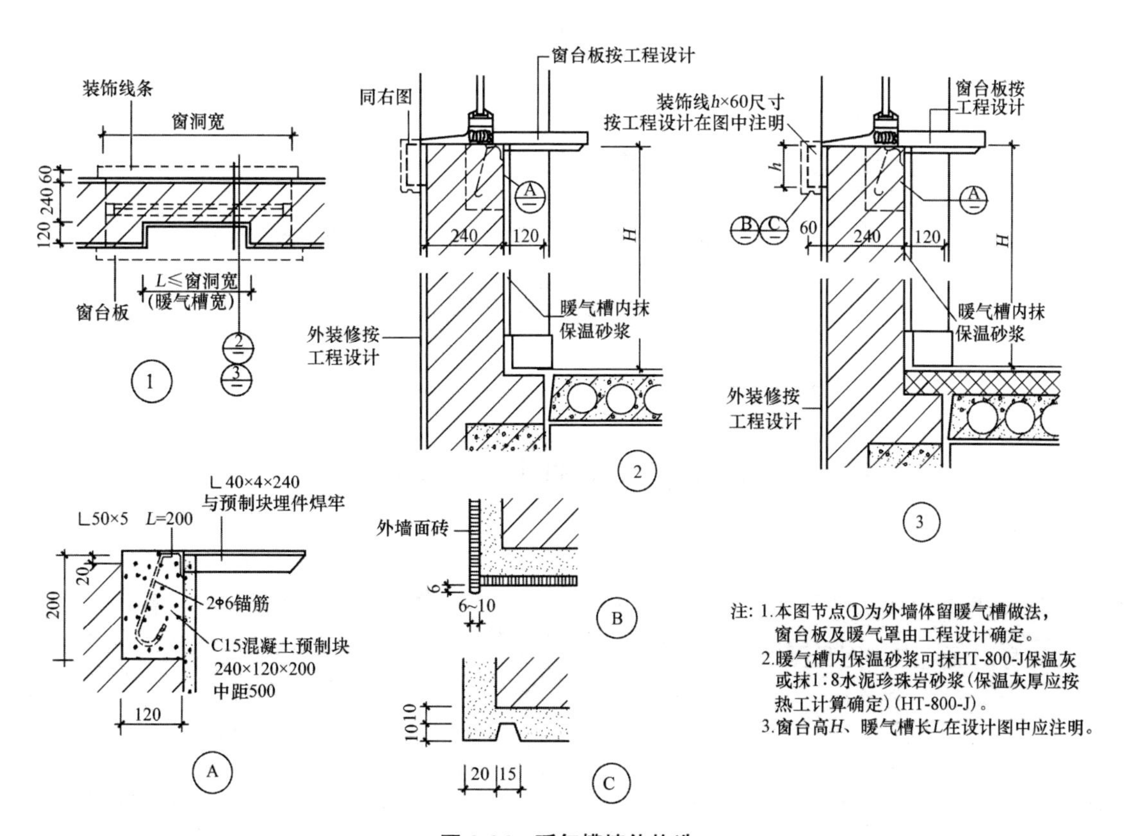

注：1.本图节点①为外墙体留暖气槽做法，窗台板及暖气罩由工程设计确定。
2.暖气槽内保温砂浆可抹HT-800-J保温灰或抹1∶8水泥珍珠岩砂浆（保温灰厚应按热工计算确定）(HT-800-J)。
3.窗台高H、暖气槽长L在设计图中应注明。

图 2-36　暖气槽墙体构造

10. 常见踢脚做法

常见踢脚做法如图 2-37 所示。

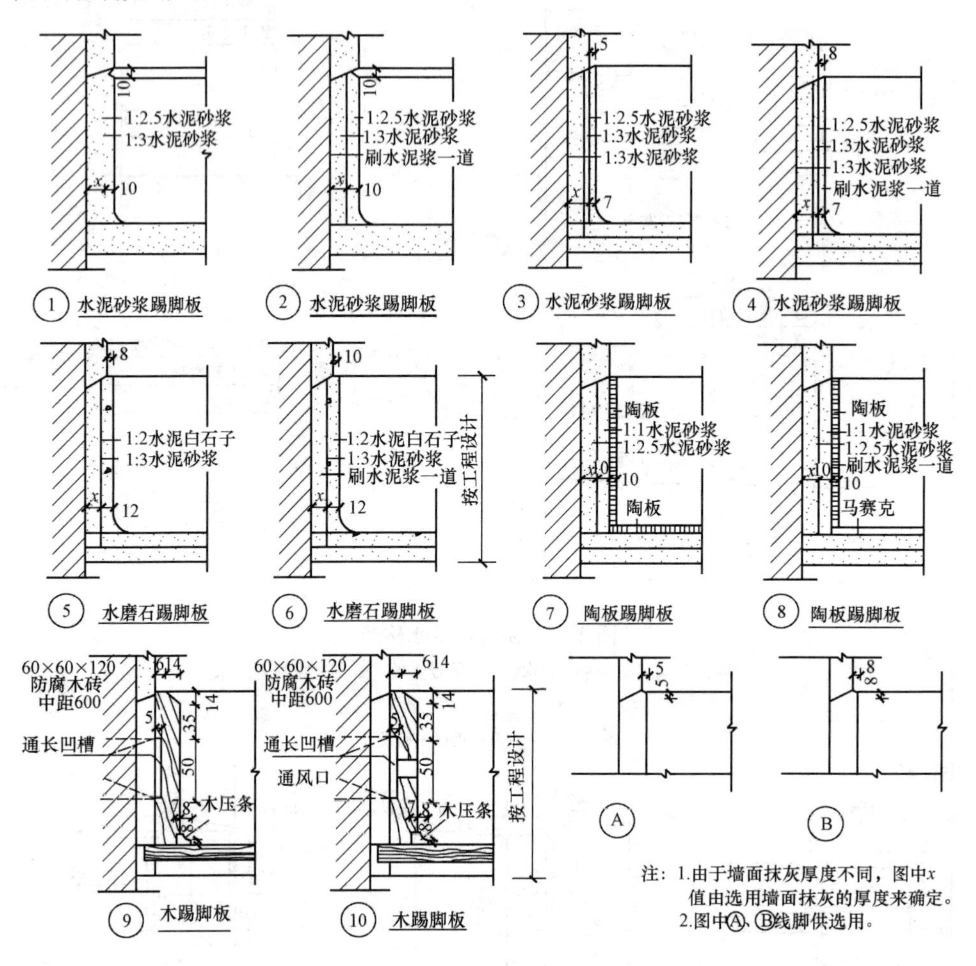

图 2-37 常见的踢脚做法

第六节 墙体设计实例

1. 墙身剖面结点详图

墙身剖面结点详图见图 2-38。

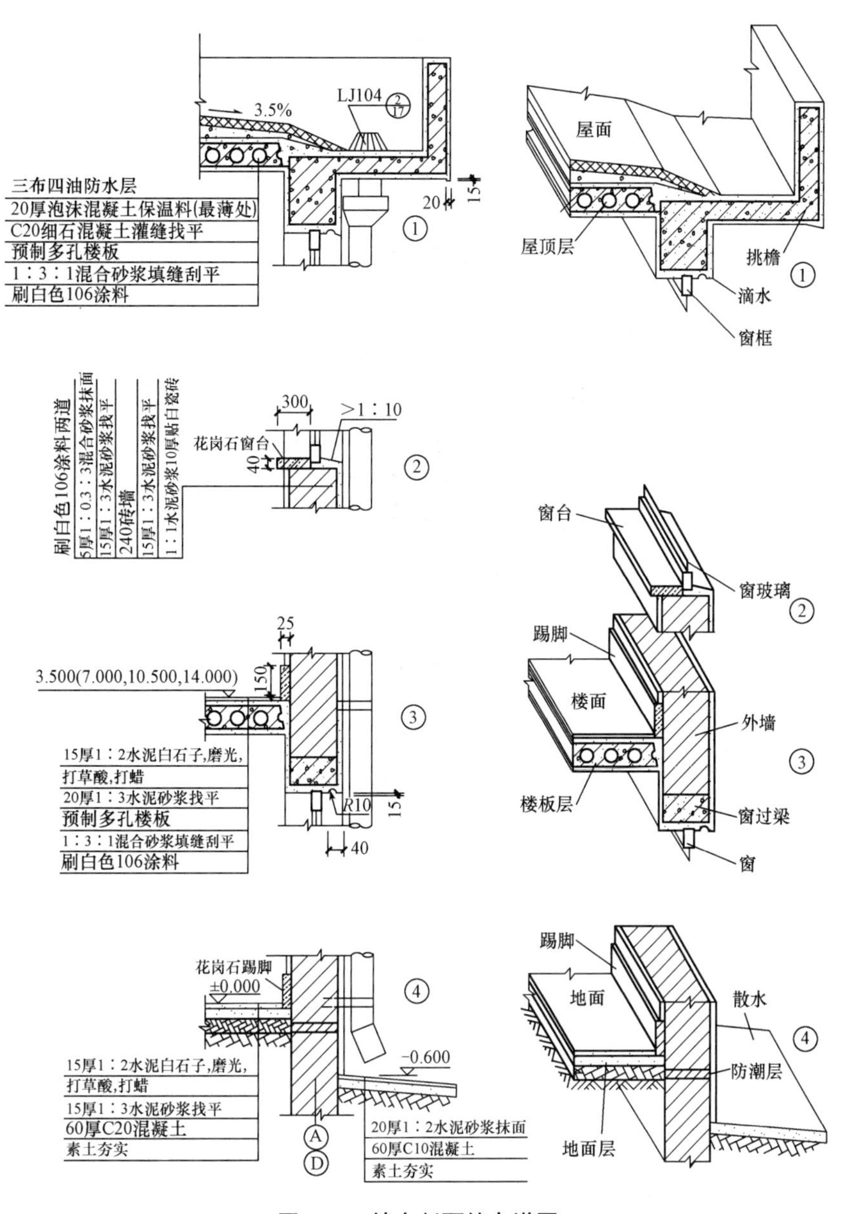

图 2-38　墙身剖面结点详图

2. 外墙墙身详图

外墙墙身详图见图 2-39。

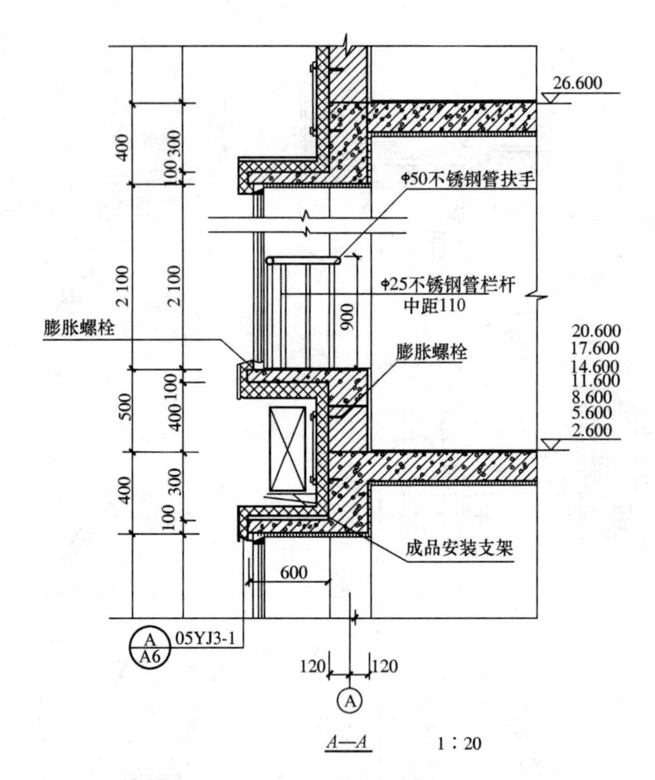
26.600
400
100
300
Φ50不锈钢管扶手
2 100
2 100
Φ25不锈钢管栏杆
中距110
900
膨胀螺栓
膨胀螺栓
20.600
17.600
14.600
11.600
8.600
5.600
2.600
500
100
400
400
300
100
成品安装支架
600
A
A6
05YJ3-1
120
120
A
A—A
1∶20

图 2-39　外墙墙身详图

第三章　楼板构造设计

第一节　楼板构造设计任务书

一、设计题目

某建筑物楼板构造设计。

二、目的及要求

通过本次设计，学生能够掌握楼板中的各结点(如墙与楼板连接处等)的设计方法，进一步理解建筑设计的基本原理，了解初步设计的步骤和方法。

三、设计条件

采用第二章的设计条件。

四、设计内容及图纸要求

画出墙身、内外墙楼板层和踢脚板等；表示清楚标注尺寸；用多层构造引出线注明楼板层做法；表示清楚楼板的形式以及板与墙的相互关系。

第二节　楼板层设计基本知识

一、楼板层的构成

楼板层是用来分隔建筑空间的水平承重构件，它将建筑物竖向分成许多个楼层。楼板层一般由面层、结构层和顶棚层等几个基本层组成，当房间对楼板层有特殊要求时，可加设相应的附加层(如防水层、防潮层、隔声层、隔热层等)，如图 3-1 所示。

1. *面层*

面层又称楼面，是楼板层上表面的构造层，也是室内空间下部的装修层。面层对结构层起着保护作用，使结构层免受损坏，同时也起装饰室内的作用。根据各房间的功能要求不同，面层有多种不同的做法。

2. *结构层*

结构层通常称为楼板，位于面层和顶棚层之间，是楼板层的承重部分，包括板、梁等

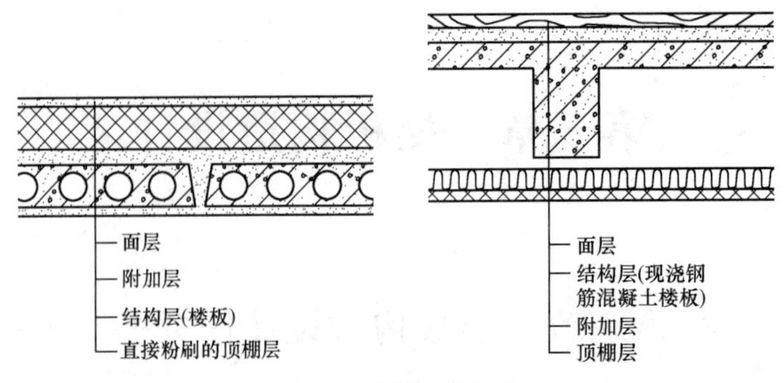

图 3-1　楼板层的组成

构件。结构层承受整个楼板层的全部荷载，并对楼板层的隔声、防火等起主要作用。

3. 顶棚层

顶棚层是楼板层下表面的构造层，也是室内空间上部的装修层。顶棚的主要功能是保护楼板、用于安装灯具、装饰室内空间以及满足室内的特殊使用要求。

4. 附加层

附加层通常设置在面层和结构层之间，有时也布置在结构层和顶棚层之间，主要有管线敷设层、隔声层、防水层、保温或隔热层等。管线敷设层是用来敷设水平设备暗管线的构造层；隔声层是为隔绝撞击声而设的构造层；防水层是用来防止水渗透的构造层；保温或隔热层是改善热工性能的构造层。

二、楼板的类型及特点

楼板是楼板层的结构层，可将其承受的楼面传来的荷载连同其自重有效地传递给其他的支撑构件，即墙或柱，再由墙或柱传递给基础；在砖混结构建筑中，楼板还对墙体起着水平支撑作用，以增加建筑物的整体刚度。因此，楼板要有足够的强度和刚度，并符合隔声、防火要求。按所使用材料的不同，楼板可分为木楼板、砖拱楼板、钢筋混凝土楼板、压型钢板组合楼板等类型，如图 3-2 所示。

1. 木楼板

木楼板是我国的传统做法，它是在木搁栅之间设置剪刀撑，形成有足够整体性和稳定性的骨架，并在木搁栅上下铺钉木板所形成的楼板。这种楼板具有自重轻、构造简单等优点，但其耐火性、耐久性、隔声能力较差，为节约木材，现在已很少采用。

2. 砖拱楼板

砖拱楼板是先在墙或柱上架设钢筋混凝土小梁，然后在钢筋混凝土小梁之间用砖砌成拱形结构所形成的楼板。这种楼板可以节约钢材、水泥，但自重较大，抗震性能差，而且楼板层厚度较大，施工复杂，目前也已很少使用。

3. 钢筋混凝土楼板

钢筋混凝土楼板的强度高、刚度好，具有较强的耐久性、防火性和良好的可塑性，便于工业化生产和机械化施工，是目前我国房屋建筑中广泛采用的一种楼板形式。

4. 压型钢板组合楼板

压型钢板组合楼板是在钢筋混凝土墙板基础上发展起来的，这种组合体系是利用凹凸

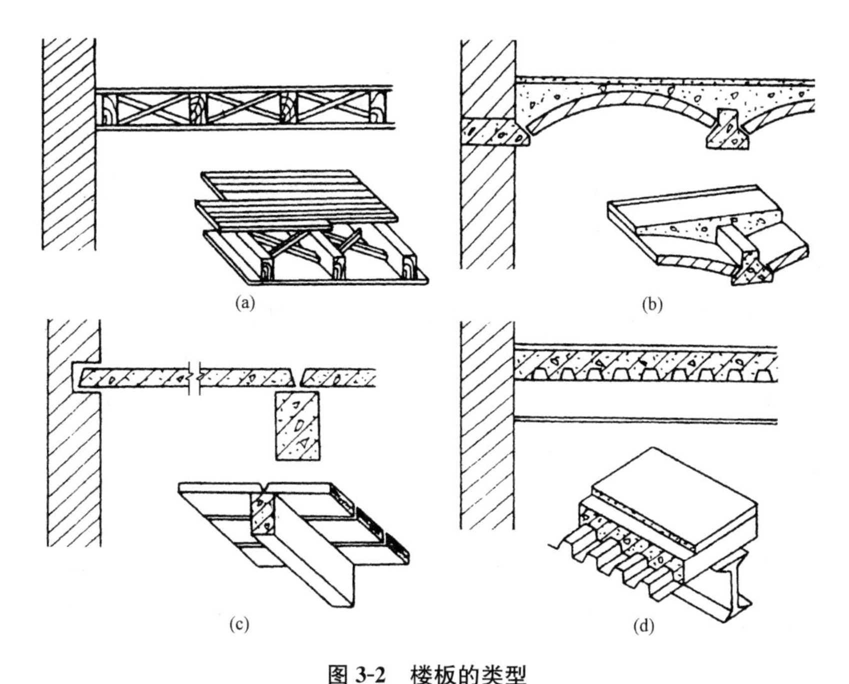

图 3-2　楼板的类型

(a)木楼板；(b)砖拱楼板；(c)钢筋混凝土楼板；(d)压型钢板组合楼板

相间的压型薄钢板做衬板，与现浇混凝土浇筑在一起而形成的钢衬板组合楼板。它既提高了楼板的强度和刚度，又加快了施工进度，近年来主要用于大空间、高层民用建筑和大跨度工业厂房中。

三、楼板的设计要求

楼板设计应满足以下要求：

(1)坚固要求。楼板应有足够的强度，能够承受自重和不同要求下的荷载。同时要求具有一定的刚度，即在荷载作用下，挠度变形不应超过规定数值。

(2)隔声要求。楼板的隔声包括隔绝空气传声和固体传声两个方面，楼板的隔声量一般在 40～50 dB。空气传声的隔绝可以采用空心构件，并通过铺垫焦渣等材料来达到。隔绝固体传声应通过减少对楼板的撞击来达到。在地面上铺设橡胶、地毯可以减少一些冲击量，达到满意的隔声效果。

(3)经济要求。一般楼板和地面占建筑物总造价 20％～30％，选用楼板时应考虑就地取材和提高装配化的程度。

(4)热工和防火要求。一般楼板有一定的蓄热性，即地面应有舒适性。防火要求应符合防火规范的规定。非预应力钢筋混凝土预制楼板耐火极限为 1.0 h，预应力钢筋混凝土楼板耐火极限为 0.5 h，现浇钢筋混凝土楼板为 1～2 h。

第三节　楼板层构造设计指导

钢筋混凝土楼板按施工方式不同，分为现浇式钢筋混凝土楼板、预制装配式钢筋混凝土楼板和装配整体式钢筋混凝土楼板三种类型。由于设计任务书要求为预制钢筋混凝土空心板，下面只介绍预制装配式钢筋混凝土楼板。

预制装配式钢筋混凝土楼板是指在预制构件加工厂或施工现场外预先制作，然后再运到施工现场装配而成的钢筋混凝土楼板。这种楼板可节省模板，减少施工工序，缩短工期，提高施工工业化的水平，但由于其整体性能差，所以近年来在实际工程中的应用逐渐减少。

一、预制板的类型

按楼板的构造形式，预制装配式钢筋混凝土楼板可分为实心平板、槽形板和空心板三种；按板的应力状况，又可分为预应力和非预应力两种。预应力构件与非预应力构件相比，可推迟裂缝的出现和限制裂缝的开展，并且可节省钢材 30%～50%，节约混凝土 10%～30%，减轻自重，降低造价。

1. 实心平板

预制实心平板的板面较平整，其跨度较小，一般不超过 2.4 m，板厚为 60～100 mm，宽度为 600～1 000 mm。由于板的厚度较小，且隔声效果较差，故一般不用作使用房间的楼板；两端常支承在墙或梁上，用作楼梯平台、走道板、隔板、阳台栏板、管沟盖板等，如图 3-3 所示。

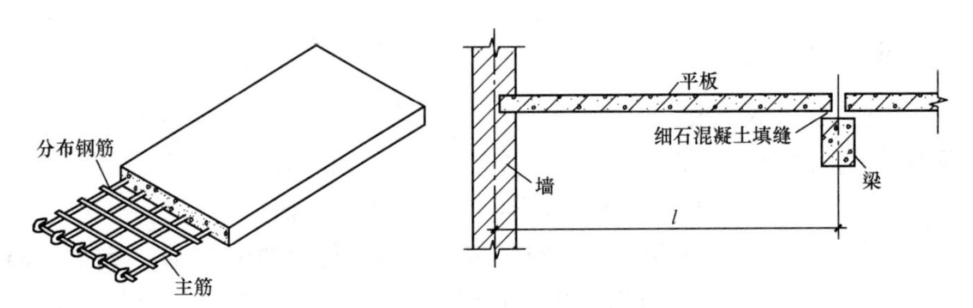

图 3-3　实心平板

2. 槽形板

槽形板是一种梁板结合构件，在板的两侧设有相当于小梁的肋，构成槽形断面，用以承受板的荷载。为便于搁置和提高板的刚度，在板的两端常设端肋封闭。对于跨度较大的板，为提高刚度，还应在板的中部增设横肋。槽形板有预应力和非预应力两种。

槽形板的跨度为 37.2 m，板宽为 600～1 200 mm，板肋高度一般为 150～300 mm。由于板肋形成了板的支点，板跨减小，所以板厚较小，只有 25～35 mm。为了提高槽形板的刚度和便于搁置，板的端部需设端肋与纵肋相连。当板的长度超过 6 m 时，需沿着板长每隔1 000～1 500 mm 增设横肋。

槽形板的搁置方式有两种，一种是正置，即肋向下搁置，如图 3-4(a)所示。这种搁置式板的受力合理，但板底不平，有碍观瞻，也不利于室内采光，因此可直接用于观瞻要求不高的房间。另一种是倒置，即肋向上搁置，如图 3-4(b)所示。这种搁置方式可使板底平整，但板受力不太合理，材料用量稍多，需要对楼面进行特别的处理。为提高板的隔声性能，可在槽内填充隔声材料。

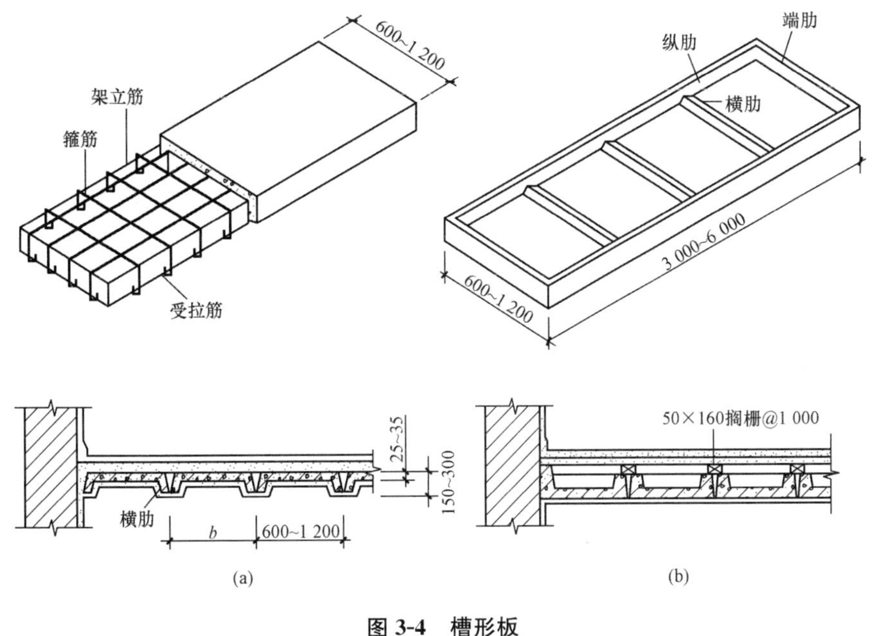

图 3-4　槽形板

(a)正置槽形板；(b)倒置槽形板

3. 空心板

空心板是将楼板中部沿纵向抽孔而形成中空的一种钢筋混凝土楼板，如图 3-5 所示。孔的断面形式有圆形、椭圆形、方形和长方形等，由于圆形孔制作时抽芯脱模方便且刚度好，故应用最普遍。空心板有预应力和非预应力之分，一般多采用预应力空心板。

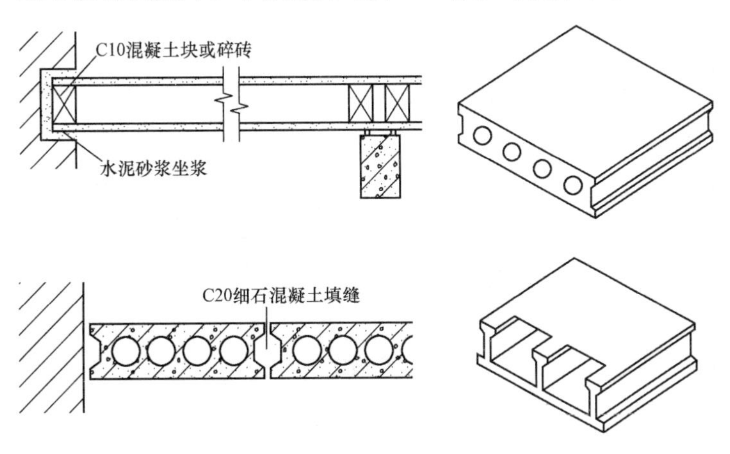

图 3-5　空心板

空心板的厚度一般为110～240 mm，视板的跨度而定，宽度为500～1 200 mm，跨度为2.4～7.2 m，较为经济的跨度为2.4～4.2 m。空心板侧缝的形式与生产预制板的侧模有关，一般有V形缝、U形缝和凹槽缝三种。空心板上下表面平整，隔声效果较实心平板和槽形板好，是预制板中应用最广泛的一种类型，但空心板不能任意开洞，故不宜用于管道穿越较多的房间。

二、预制板的布置

对预制板进行结构布置时，应根据房间的平面尺寸，并结合所选板的规格来定。板的布置方式有两种：一种是预制楼板直接搁置在承重墙上，形成板式结构布置，多用于横墙较密的住宅、宿舍、旅馆等建筑；另一种是预制楼板搁置在梁上，梁支承于墙或柱上，形成梁式结构布置，多用于教学楼、实验楼、办公楼等较大空间的建筑物，如图3-6所示。

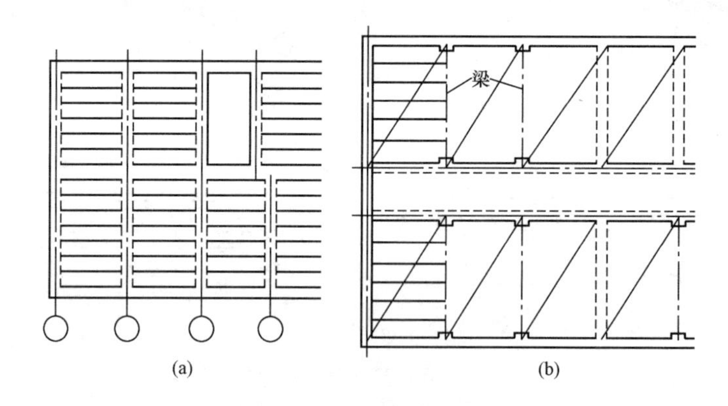

图3-6 板的结构布置

(a)板式结构布置；(b)梁式结构布置

在进行板的布置时，一般要求板的规格、类型越少越好，如果板的规格过多，不仅给板的制作增加麻烦，而且施工也较复杂，甚至容易搞错。为不改变板的受力状况，在板的布置时应尽量避免出现三边支承的情况，如图3-7所示。

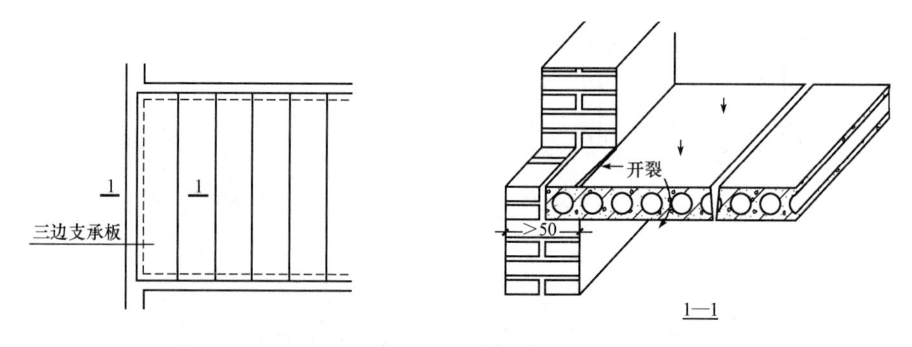

图3-7 三边支承的板

第四节　楼板层构造设计参考资料

一、锚固的做法

锚固的做法如图 3-8 所示。

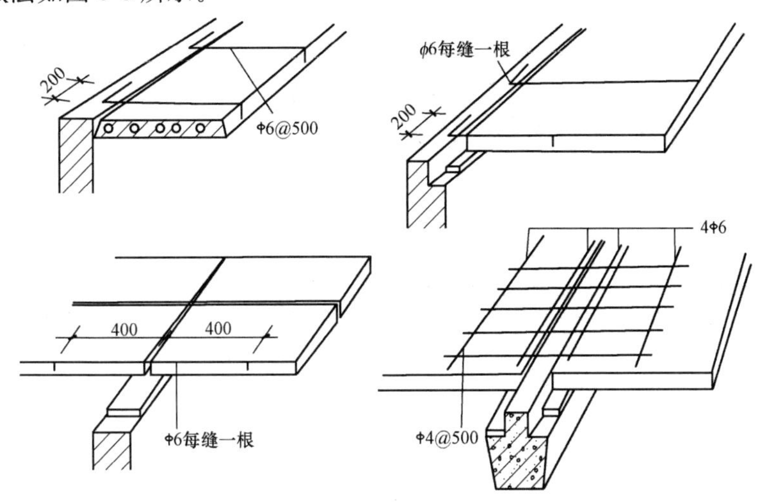

图 3-8　板的锚固

二、板搁置在梁上的构造

板搁置在梁上的构造如图 3-9 所示。

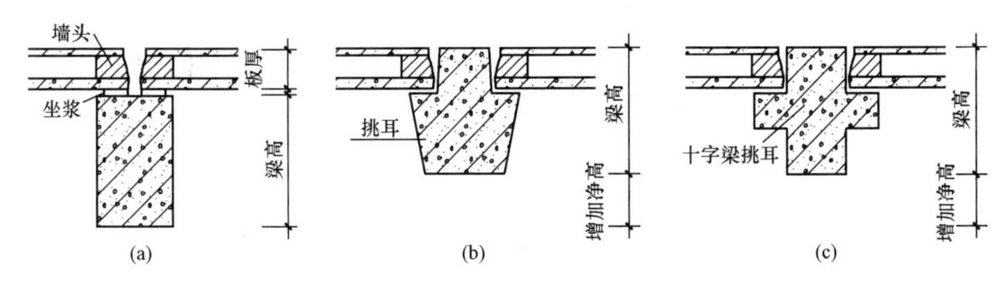

图 3-9　板在梁上的搁置

(a)板搁置在矩形梁顶上；(b)板搁置在花篮梁牛腿上；(c)板搁置在十字梁挑耳上

三、板的拉结构造

板的拉结构造如图 3-10 所示。

四、板缝的处理

板缝的处理如图 3-11 所示。

五、楼板侧缝接缝形式

楼板侧缝接缝形式如图 3-12 所示。

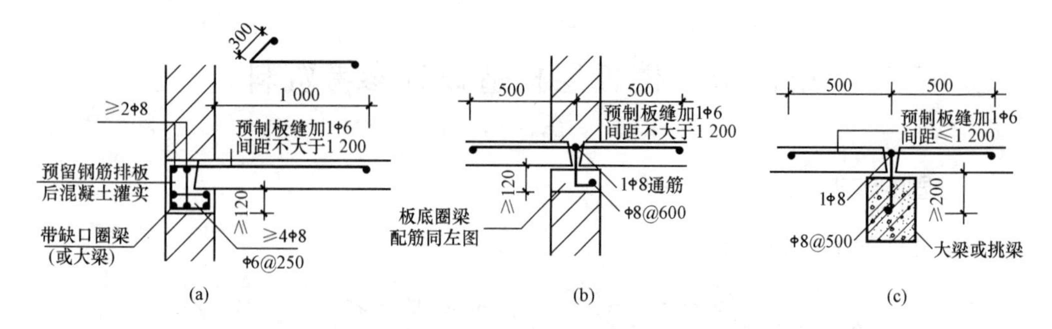

图 3-10　板的拉结构造

(a)预制板端搁置在外墙上；(b)预制板端搁置在内墙上；(c)预制板与大梁拉结

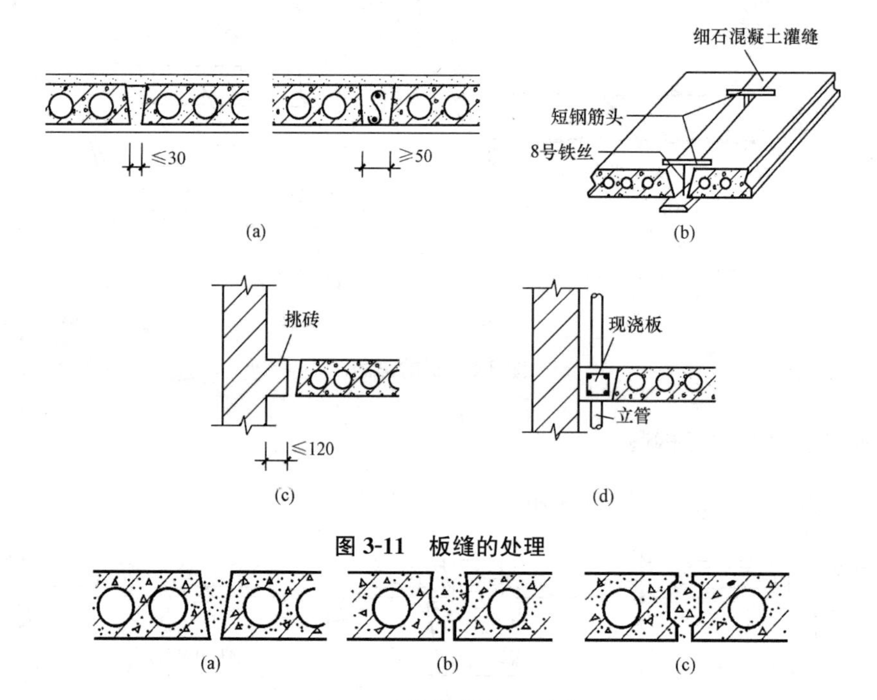

图 3-11　板缝的处理

图 3-12　楼板侧缝接缝形式

(a)V 形缝；(b)U 形缝；(c)凹形缝

六、板拉结筋设置

板拉结筋设置如图 3-13 所示。

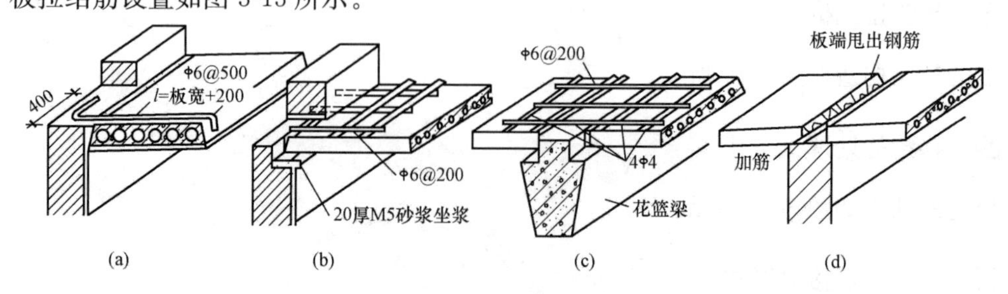

图 3-13　板拉接筋设置

(a)板侧锚固；(b)板端锚固；(c)花篮梁上锚固；(d)甩出钢筋锚固

七、楼地层变形缝的构造

楼地层变形缝的构造如图 3-14 所示。

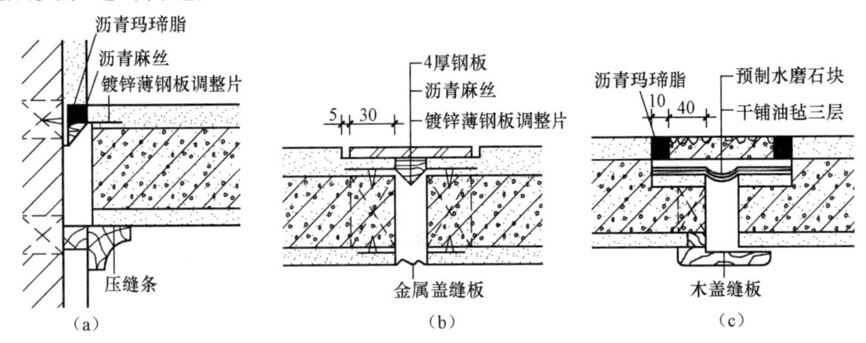

图 3-14　楼地层变形缝的构造

八、楼板上立隔墙的构造

楼板上立隔墙的构造如图 3-15 所示。

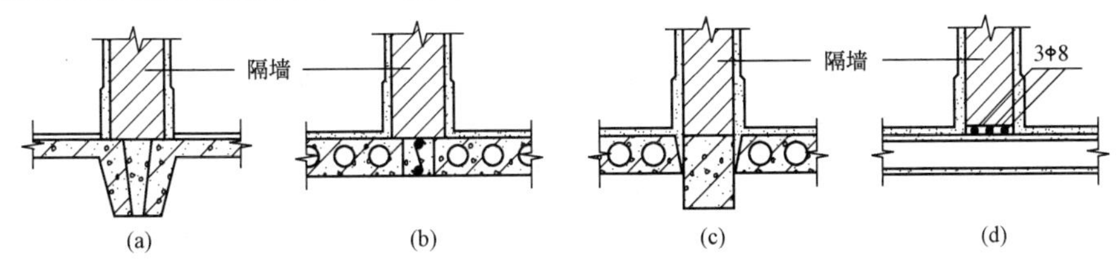

图 3-15　楼板上立隔墙的构造

九、阳台栏杆形式

阳台栏杆形式如图 3-16 所示。

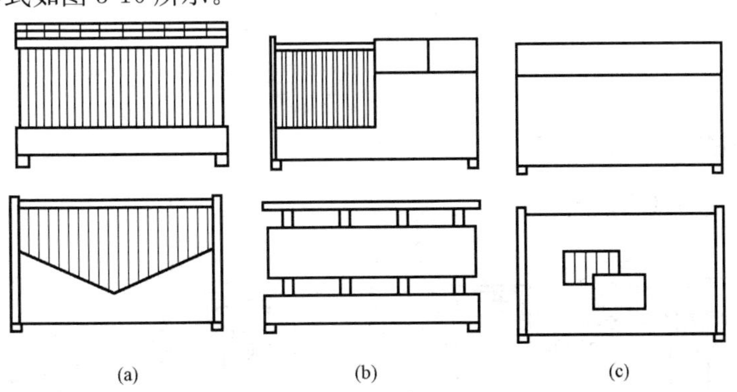

图 3-16　阳台栏杆形式

(a)空花式；(b)混合式；(c)实体式

十、阳台栏板、栏杆构造

阳台栏板、栏杆构造如图 3-17 所示。

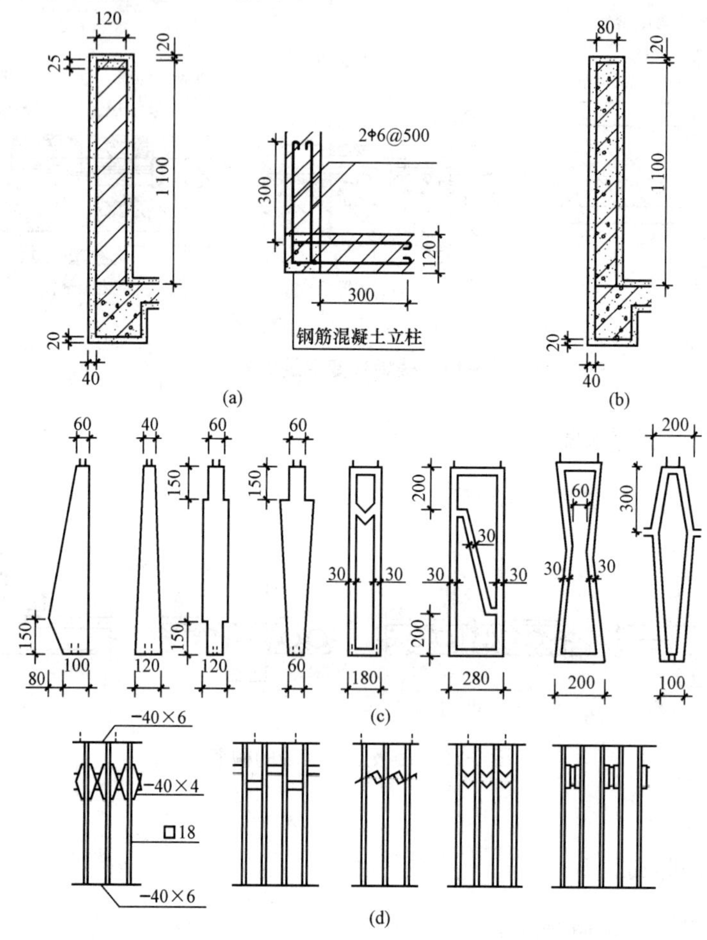

图 3-17　栏板、栏杆构造

(a)砖砌栏板；(b)混凝土栏板；(c)混凝土栏杆；(d)金属栏杆

十一、阳台栏杆压顶的做法

阳台栏杆压顶的做法如图 3-18 所示。

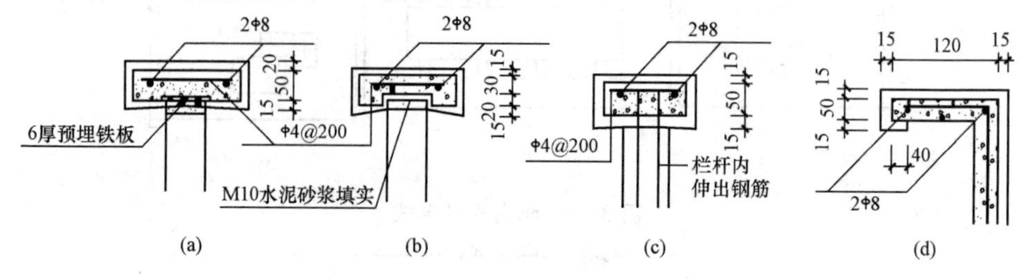

图 3-18　阳台栏杆压顶的做法

十二、阳台栏板拼接构造

阳台栏板拼接构造如图 3-19 所示。

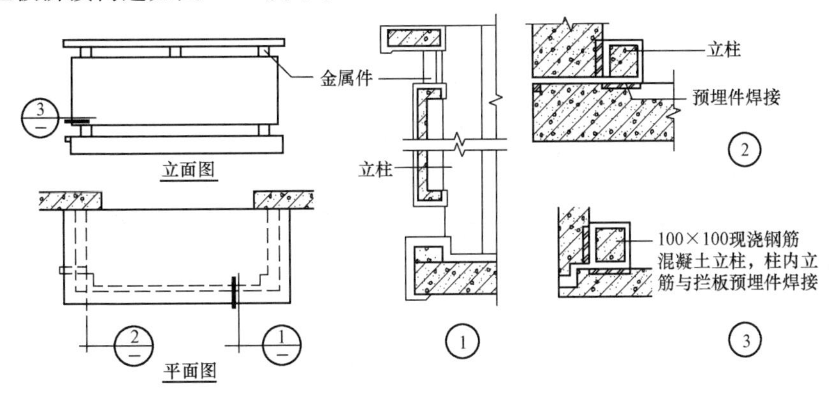

图 3-19　阳台栏板拼接构造

十三、阳台扶手构造

阳台扶手构造如图 3-20 所示。

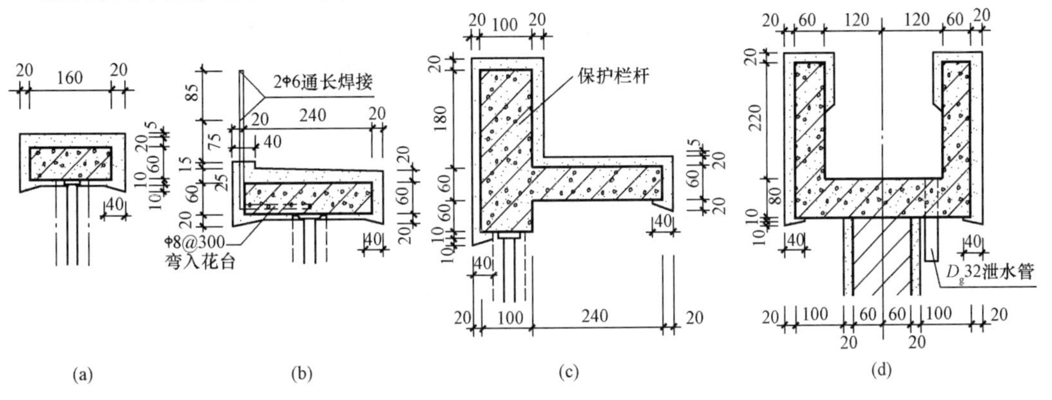

图 3-20　阳台扶手构造

(a)不带花台；(b)、(c)带花台；(d)带花池

十四、阳台栏杆与扶手的连接

阳台栏杆与扶手的连接如图 3-21 所示。

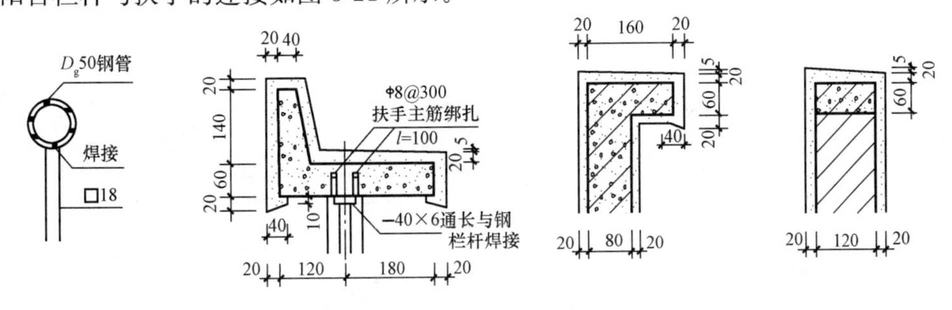

图 3-21　阳台栏杆与扶手的连接

十五、栏杆与面梁或阳台板的连接

栏杆与面梁或阳台板的连接如图 3-22 所示。

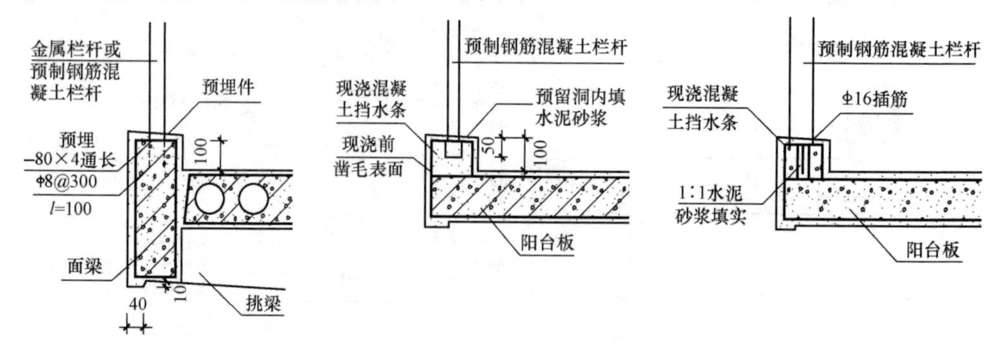

图 3-22 栏杆与面梁或阳台板的连接

十六、阳台扶手与墙体的连接

阳台扶手与墙体的连接如图 3-23 所示。

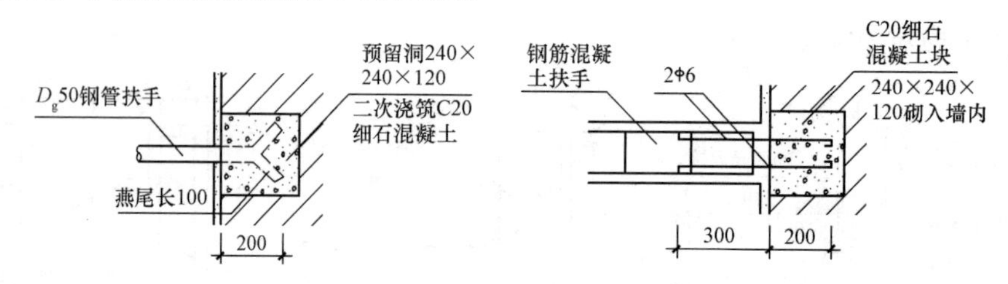

图 3-23 阳台扶手与墙体的连接

十七、阳台隔板构造

阳台隔板构造如图 3-24 所示。

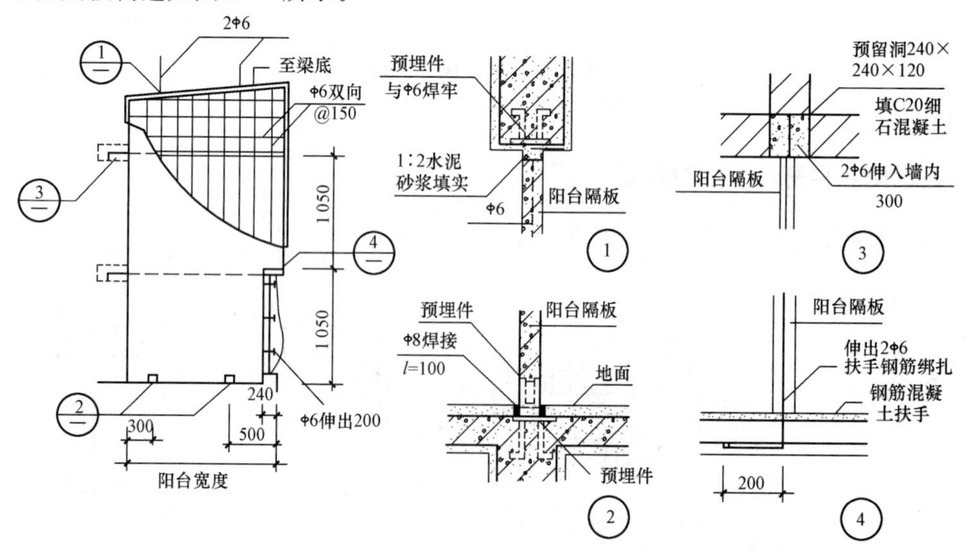

图 3-24 阳台隔板构造

十八、阳台排水构造

阳台排水构造如图 3-25 所示。

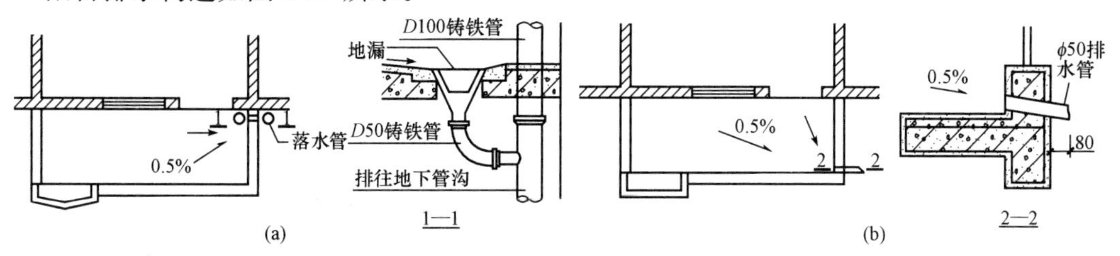

图 3-25 阳台排水构造

(a)落水管排水；(b)排水管排水

十九、雨篷构造

雨篷构造如图 3-26 所示。

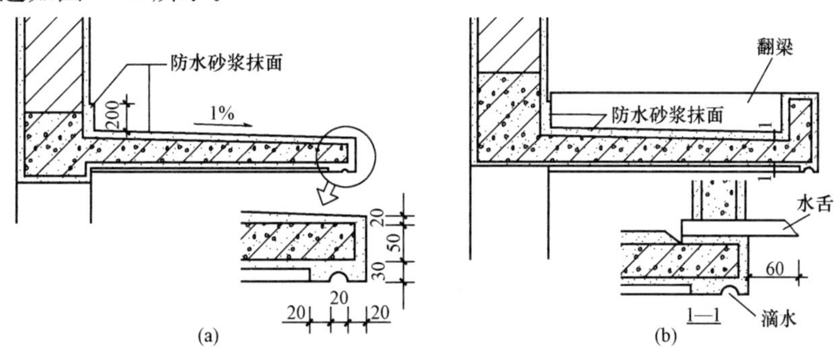

图 3-26 雨篷构造

(a)板式雨篷；(b)梁板式雨篷

第四章　楼梯构造设计

第一节　楼梯构造设计任务书

一、设计题目

楼梯构造设计。

二、目的及要求

通过楼梯构造设计，学生能够掌握楼梯布置的基本原则，楼梯方案的选择及楼梯细部构造的设计，具备绘制和识读楼梯建筑施工图的能力。

三、设计条件

(1)某办公楼为五层，层高为 2.8 m，室内外地面高差为 0.45 m。

(2)该办公楼的楼梯为平行双跑楼梯，楼梯间的开间为 3.00 m，进深为 5.70 m，楼梯底层中间平台下做通道，如图 4-1 所示。

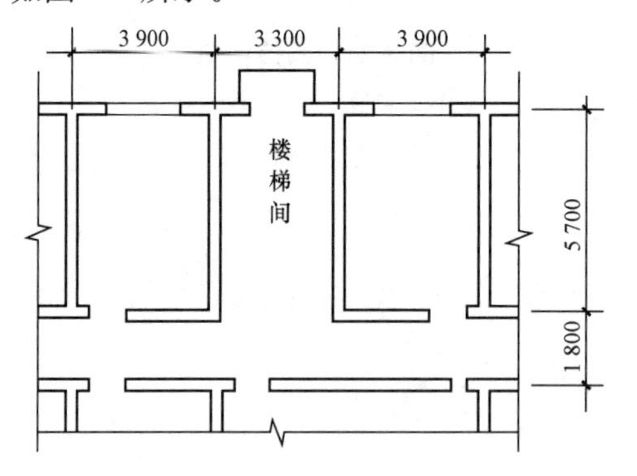

图 4-1　办公楼底层局部平面图

(3)楼梯间的墙体为砖墙。采用现浇整体式或预制装配式钢筋混凝土楼梯。

(4)楼梯的结构形式、栏杆扶手形式等由学生按当地习惯自定。

四、设计内容

(1)设计内容包括楼梯间平面图、楼梯间剖面图和结点详图。

(2)楼梯间平面图包括底层平面图、标准层平面图、顶层平面图；结点详图主要包括踏步详图、栏杆扶手详图等。

(3)楼梯间平面图和剖面图采用1∶50的比例，结点详图采用1∶10或1∶5的比例。

(4)本设计使用A2图纸，铅笔绘制，图中线条、材料符号等一律按建筑制图标准规定，要求字体工整，线条粗细分明，比例正确。

五、设计要求

1. 平面图

(1)画出楼梯间墙、门窗、踏步、平台及栏杆扶手等，底层平面图还应画出投影所见室外台阶或坡道、部分散水等。

(2)尺寸标注。

1)开间方向。

第一道：细部尺寸，包括梯段宽度、梯井宽度和墙内缘至轴线尺寸(门窗只按比例画出，不标注尺寸)。

第二道：轴线尺寸。

2)进深方向。

第一道：细部尺寸，包括梯段长度[标注形式为(踏步数量－1)×踏步宽度＝梯段长度]、平台深度和墙内缘至轴线尺寸。

第二道：轴线尺寸。

(3)内部标注楼面和中间平台面标高、室内外地面标高，标注楼梯上下行指示线，并注明踏步数量和踏步尺寸，注写图名和比例(1∶50)，底层平面图还应标注剖切符号。

2. 剖面图

(1)画出梯段、平台、栏杆扶手、室内外地坪、室外台阶或坡道、雨篷以及剖切到或投影所见的门窗、梯间墙等(可不画出屋顶，画至顶层水平栏杆扶手以上断开，断开处用折断线表示)，剖切到的部分用材料图例表示。

(2)尺寸标注。

1)水平方向：

第一道：细部尺寸，包括梯段长度、平台深度和墙内缘至轴线尺寸。

第二道：轴线尺寸。

2)垂直方向：

第一道：细部尺寸，包括室内外地面高差和各梯段高度(标注形式为踏步数量×踏步高度＝梯段高度)。

第二道：层高。

(3)标注室内外地面标高、各楼面和中间平台面标高、底层中间平台的平台梁底面标高以及栏杆扶手高度等尺寸，标注详图索引符号，注写图名和比例(1∶30)。

3. 结点详图

选2～4个结点作结点详图，比例由学生自选，要求表示清楚各部位的细部构造，注明构造做法，标注有关尺寸。

第二节　楼梯构造设计基本知识

一、楼梯的组成

楼梯一般由楼梯梯段、楼梯平台、栏杆(栏板)扶手三部分组成，如图 4-2 所示。

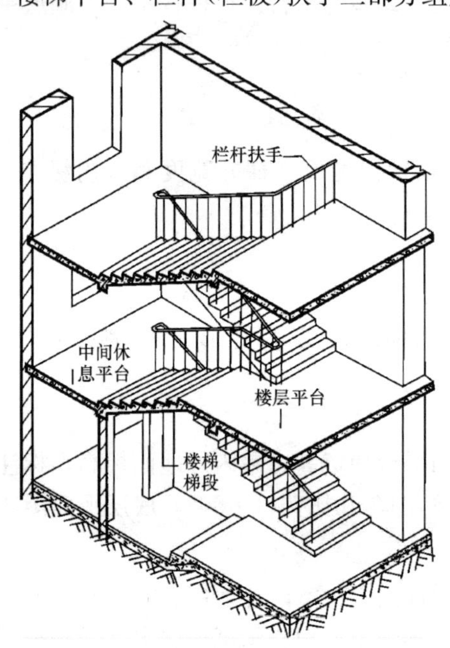

图 4-2　楼梯的组成

1. 楼梯梯段

楼梯梯段是两个平台之间若干连续踏步的组合。每个梯段的踏步数一般在 3～18 步之间。楼梯井是四周为梯段和平台内侧面围绕的空间。它是为楼梯施工方便而设置的，其宽度一般在 100 mm 左右，通常在 60～200 mm 之间。

2. 楼梯平台

楼梯平台用于解决楼梯段的转折和与楼层的连接问题，同时也让人们在连续上下楼时可在平台上稍加休息。其中，楼层平台是连接楼板层和梯段端部的水平构件，中间休息平台是位于两层楼面之间连接两梯段的水平构件。

3. 栏杆(栏板)扶手

栏杆(栏板)是布置在楼梯段和平台临空一侧边缘处，有一定刚度和安全度的围护构件。扶手位于栏杆(栏板)顶部供人们倚扶之用。

二、楼梯的形式

建筑中楼梯的形式多种多样，应当根据建筑及使用功能的不同进行选择。楼梯按照位置的不同，有室内楼梯和室外楼梯之分；按照材料的不同，可分为钢筋混凝土楼梯、钢楼梯、木楼梯及组合材料楼梯；按照使用性质的不同，可分为主要楼梯、辅助楼梯、疏散楼梯及消防楼梯。

工程中，常按楼梯的平面形式进行分类。根据平面形式的不同，楼梯可分为直行单跑楼梯、直行双跑楼梯、平行双跑楼梯、平行双分楼梯、平行双合楼梯、折行三跑楼梯、交叉跑(剪刀)楼梯、螺旋形楼梯、弧形楼梯等，如图 4-3 所示。

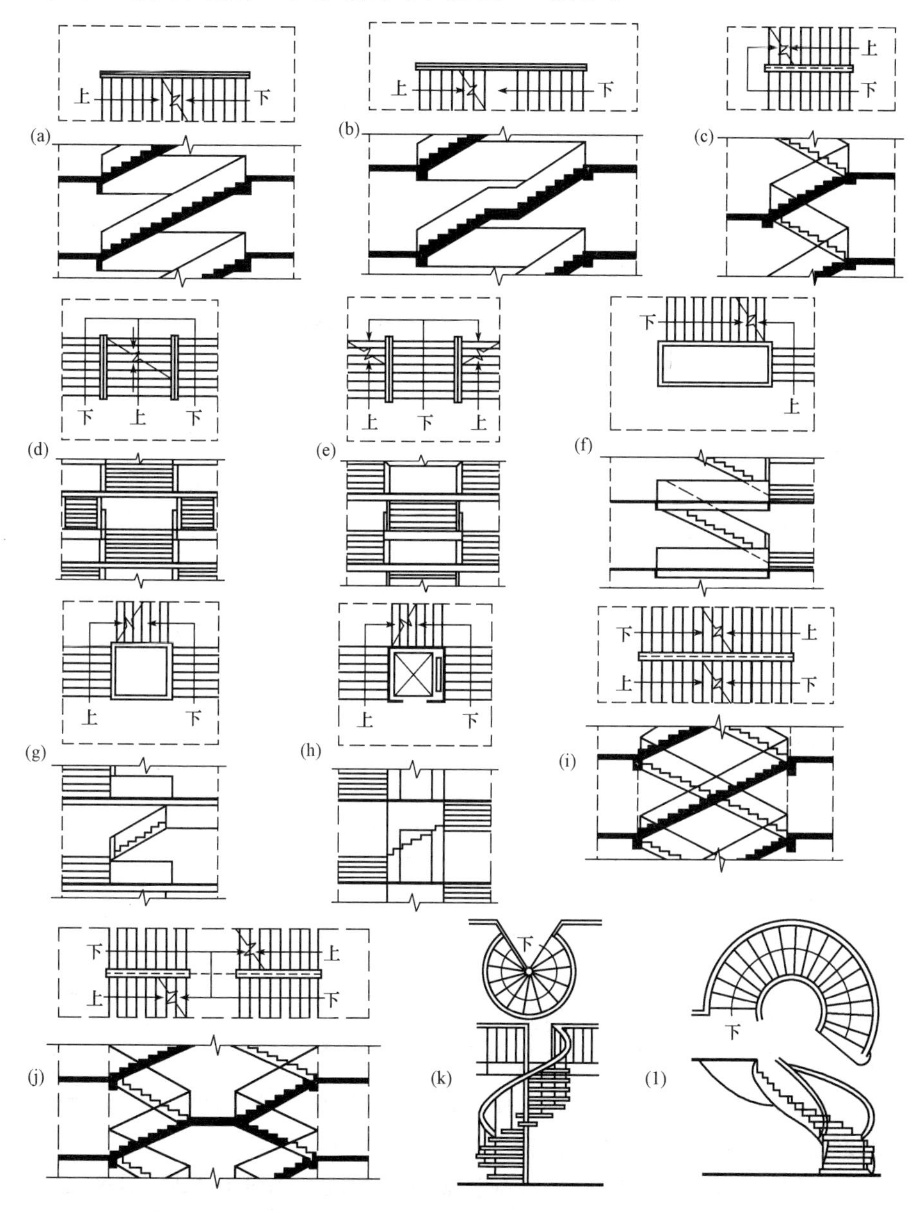

图 4-3　楼梯形式

(a)直行单跑楼梯；(b)直行多跑楼梯；(c)平行双跑楼梯；(d)平行双分楼梯；(e)平行双合楼梯；(f)折行双跑楼梯；(g)折行三跑楼梯；(h)设电梯的折行三跑楼梯；(i)、(j)交叉跑(剪刀)楼梯；(k)螺旋形楼梯；(l)弧形楼梯

第三节　楼梯构造设计指导

由于楼梯是建筑中重要的垂直交通设施，它对建筑的正常使用和安全性负有不可替代的责任。因此，建设管理部门、消防部门和设计者均对楼梯的设计给予了足够的重视。

一、楼梯的设置

楼梯在建筑中的位置应当标志明显、交通便利、方便使用，且应与建筑的出口关系紧密、连接方便。楼梯间的底层一般均应设置直接对外出口。当建筑中设置数部楼梯时，其分布应符合建筑内部人流的通行要求。

除个别的高层住宅之外，高层建筑中至少要设两部或两部以上的楼梯。普通公共建筑一般至少要设两部或两部以上的楼梯，如符合表 4-1 的规定，也可以只设一个楼梯。

表 4-1　设置一个疏散楼梯的条件

耐火等级	层　　数	每层最大建筑面积/m^2	人　　　数
一、二级	二、三层	500	第二、三层人数之和不超过 100 人
三级	二、三层	200	第二、三层人数之和不超过 50 人
四级	二层	200	第二层人数之和不超过 30 人
注：本表不适用于医院、疗养院、托儿所、幼儿园。			

设有不少于两个疏散楼梯的一、二级耐火等级的公共建筑，如顶层局部升高时，其高出部分的层数不超过两层，每层建筑面积不超过 200 m^2，人数之和不超过 50 人时，可设一个楼梯。但应另设一个直通平屋面的安全出口。

二、楼梯的坡度设计

楼梯的坡度即楼梯段的坡度，可以采用两种方法表示：一种是用楼梯段与水平面的夹角表示；另一种是用踏步的高宽比表示。普通楼梯的坡度范围一般在 20°～45°之间，合适的坡度一般为 30°左右，最佳坡度为 26°34′。当坡度小于 20°时，采用坡道；当坡度大于 45°时，采用爬梯。

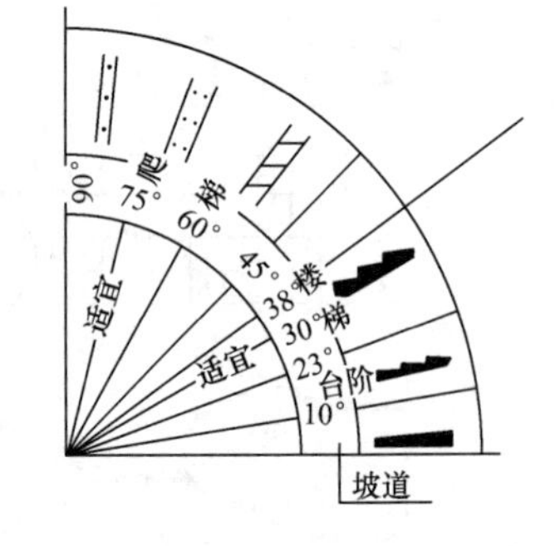

图 4-4　楼梯、爬梯、坡道的坡度

确定楼梯的坡度，应根据房屋的使用性质、行走方便和节约楼梯间的面积等多方面的因素综合考虑。楼梯、爬梯及坡道的坡度范围如图 4-4 所示。对于使用的人员情况复杂且使用较频繁的楼梯，其坡度应比较平缓，一般可采用1∶2的坡度，反之，坡度可以较大些，一般采用 1∶1.5 左右的坡度。

三、楼梯段及平台尺寸的设计

楼梯段和平台构成了楼梯的行走通道，是楼梯设计时需要重点解决的核心问题。由于楼梯的尺度比较精细，因此应当严格按设计意图进行施工。

1. 梯段尺度

梯段尺度分为梯段宽度和梯段长度。梯段宽度应根据紧急疏散时要求通过的人流股数的多少确定。作为主要通行用的楼梯，梯段宽度应至少满足两个人相对通行。计算通行量时，每股人流应按 0.55 m+(0～0.15)m 计算，其中 0～0.15 m 为人在行进中的摆幅；非主要通行的楼梯，应满足单人携带物品通过的需要。此时，梯段的净宽一般不应小于 900 mm，如图 4-5 所示。住宅套内楼梯的梯段净宽应满足以下规定：当梯段一侧临空时，不应小于 0.75 m；当梯段两侧有墙时，不应小于 0.9 m。

梯段长度 L 则是每一梯段水平投影长度，即 $L=b\times(N-1)$，其中 b 为踏面水平投影步宽，N 为梯段踏步数。

2. 平台宽度

平台宽度分为中间平台宽度和楼层平台宽度。平台宽度与梯段宽度的关系如图 4-6 所示。对于平行和折行多跑等类型楼梯，其转向后的中间平台宽度应不小于梯段宽度，以保证通行和梯段同股数人流；同时，应便于家具搬运，医院建筑还应保证担架在平台处能转向通行，其中间平台宽度应不小于 1 800 mm。对于直行多跑楼梯，其中间平台宽度等于梯段宽，或者不小于 1 000 mm。对于楼层平台宽度，则应比中间平台更宽松一些，以利于人流分配和停留。

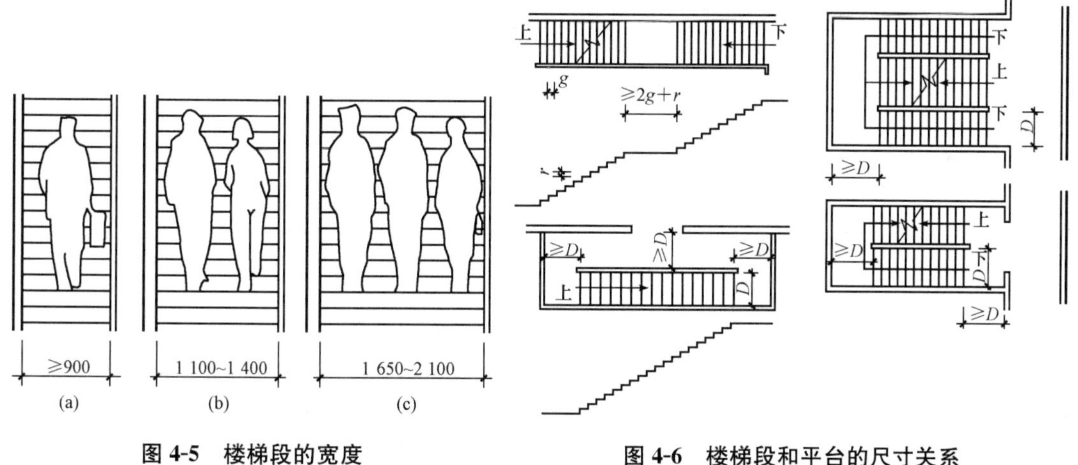

图 4-5　楼梯段的宽度

(a)单人通行；(b)双人通行；(c)三人通行

图 4-6　楼梯段和平台的尺寸关系

D—梯段净宽度；*g*—踏面尺寸；*r*—踢面尺寸

3. 楼梯井宽度

两段楼梯之间的空隙，称为楼梯井。楼梯井一般是为楼梯施工方便和安置栏杆扶手而设置的，其宽度一般在 100 mm 左右。但公共建筑楼梯井的净宽一般不应小于 150 mm。有儿童经常使用的楼梯，当楼梯井净宽大于 200 mm 时，必须采取安全措施，防止儿童坠落。

楼梯井从顶层到底层贯通，在平行多跑楼梯中，可无楼梯井，但为了楼梯段安装和平台转弯缓冲，也可设置楼梯井。为了安全起见，楼梯井宽度应小些。

四、踏步尺寸的设计

踏步是由踏面和踢面组成的，两者投影长度之比决定了楼梯的坡度。一般认为，踏面的宽度应大于成年男子脚的长度，使人们在上下楼梯时脚可以全部落在踏面上，以保证行走时的舒适度。踢面的高度取决于踏面的宽度，成人以 150 mm 左右较适宜，不应高于 175 mm。

通常，踏步尺寸按下列经验公式确定：

$$2h+b=600\sim620$$

或

$$h+b=450$$

式中 h——踏步高度，mm；

b——踏步宽度，mm。

踏步的尺寸应根据建筑的功能、楼梯的通行量及使用者的情况进行选择，具体规定见表 4-2。

表 4-2 常用适宜踏步尺寸 mm

名 称	住 宅	学校、办公楼	剧院、食堂	医院(病人用)	幼儿园
踏步高度	156～175	140～160	120～150	150	120～150
踏步宽度	250～300	280～340	300～350	300	260～300

由于踏步的宽度往往受到楼梯间进深的限制，可以在踏步的细部进行适当变化来增加踏面的有效尺寸，如采取加做踏步沿或使踢面倾斜，如图 4-7 所示。踏步沿的挑出尺寸一般为 20～30 mm，使踏步的实际宽度大于其水平投影宽度。楼梯踏步计算数值可按表 4-3 选用，表中粗线以下为坡度不超过 38°的数值，Q 为坡度角。

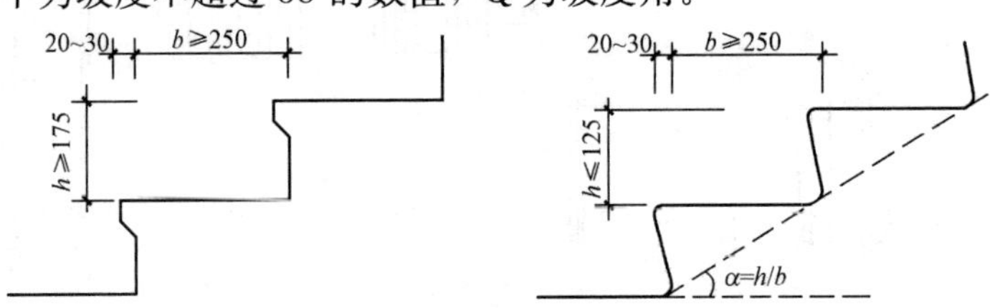

图 4-7 踏步挑出形式

表 4-3 楼梯踏步计算数值 mm

步数 N	层高 S																	
	2 800			2 900			3 000			3 100			3 200			3 300		
	r	g	Q	r	g	Q	r	g	Q	r	g	Q	r	g	Q	r	g	Q
14	200	220	42°16′															
15	187	240	37°52′	193	240	38°51′	200	220	42°16′									
		250	36°45′															
16	175	250	35°	181	240	37°4′	188	240	38°	194	240	38°55′	200	220	42°16′			
		260	33°57′		250	35°57′		250	36°32′									
		280	32°		260	34°53′												
17	165	280	30°28′	171	260	33°18′	176	250	35°13′	182	240	37°14′	188	240	38°6′	194	240	38°68′
		300	28°45′		280	31°21′		260	34°10′		250	36°6′						
											260	35°3′		250	36°59′			

续表

步数N	层高S																	
	2 800			2 900			3 000			3 100			3 200			3 300		
	r	*g*	*Q*	*r*	*g*	*Q*	*r*	*g*	*Q*	*r*	*g*	*Q*	*r*	*g*	*Q*	*r*	*g*	*Q*
18	156	300	27°24′	161	280	29°55′	161	280	30°48′	172	260	33°31′	178	250	35°25′	183	240	37°23′
					300	28°14′											250	36°15′
																	260	35°11′
											280	32°36′		260	34°22′			
19	147	320	24°44′	153	300	26°58′	150	300	27°46′	163	280	30°14′	168	280	31°2′	174	260	33°45′
					320	25°30′					300	28°32′					280	31°48′
20										155	300	27°19′	160	280	29°45′	165	280	30°31′
											320	25°51′		300	28°4′		300	28°49′
21										148	320	24°46′	152	300	26°56′	157	300	27°39′
														320	25°28′			
22										141	320	23°46′	145	320	24°27′	150	300	26°34′
																	320	25°7′
23																143	320	24°9′

螺旋楼梯的踏步平面通常是扇形的，对疏散不利。因此，螺旋楼梯不宜用于疏散。只有踏步上下两级所形成的平面角度不超过 10°，而且离扶手 0.25 m 处的踏步宽度超过0.22 m时，螺旋楼梯才可以用于疏散，如图 4-8 所示。

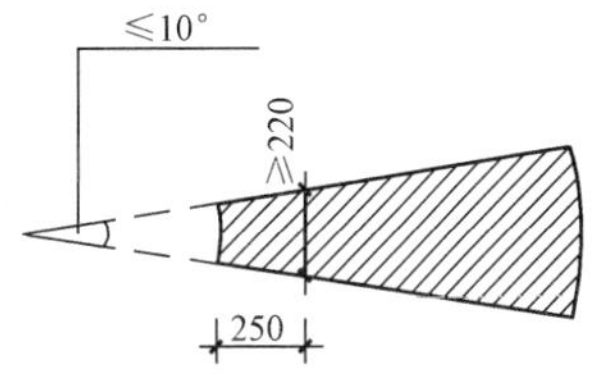

图 4-8　螺旋楼梯的踏步

五、楼梯净空高度的设计

1. 楼梯净空高度

楼梯的净空高度是指楼梯平台上部和下部过道处的净空高度，以及上下两层楼梯段间的净空高度。为保证人流通行和家具搬运，我国规定楼梯段之间的净高不应小于 2.2 m，平台过道处净高不应小于 2.0 m。起止踏步前缘与顶部凸出物内边缘线的水平距离不应小于 0.3 m，如图 4-9 所示。通常，楼梯段之间的净高与房间的净高相差不大，一般均可满足不小于 2.2 m 的要求。

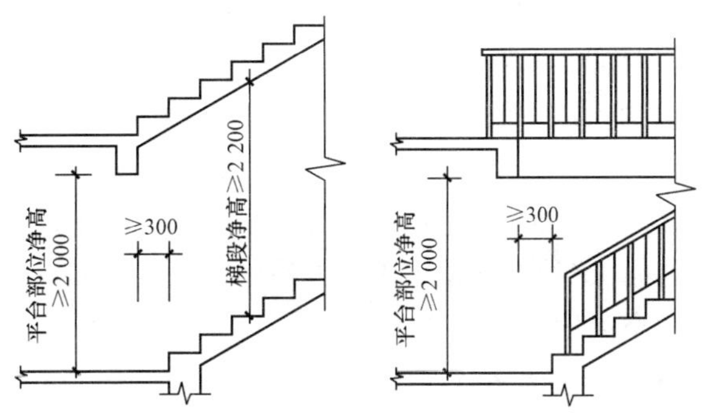

图 4-9　梯段及平台部位净高要求

2. 楼梯间入口处净空高度

当采用平行双跑楼梯且在底层中间平台下设置供人进出的出入口时，为保证中间平台下的净高，可采用以下措施加以解决：

(1)将底层第一楼梯段加长，第二楼梯段缩短，变成长短跑楼梯段。这种方法只在楼梯间进深较大时采用，但不能把第一楼梯加得过长，以免减少中间平台上部的净高，如图 4-10(a)所示。

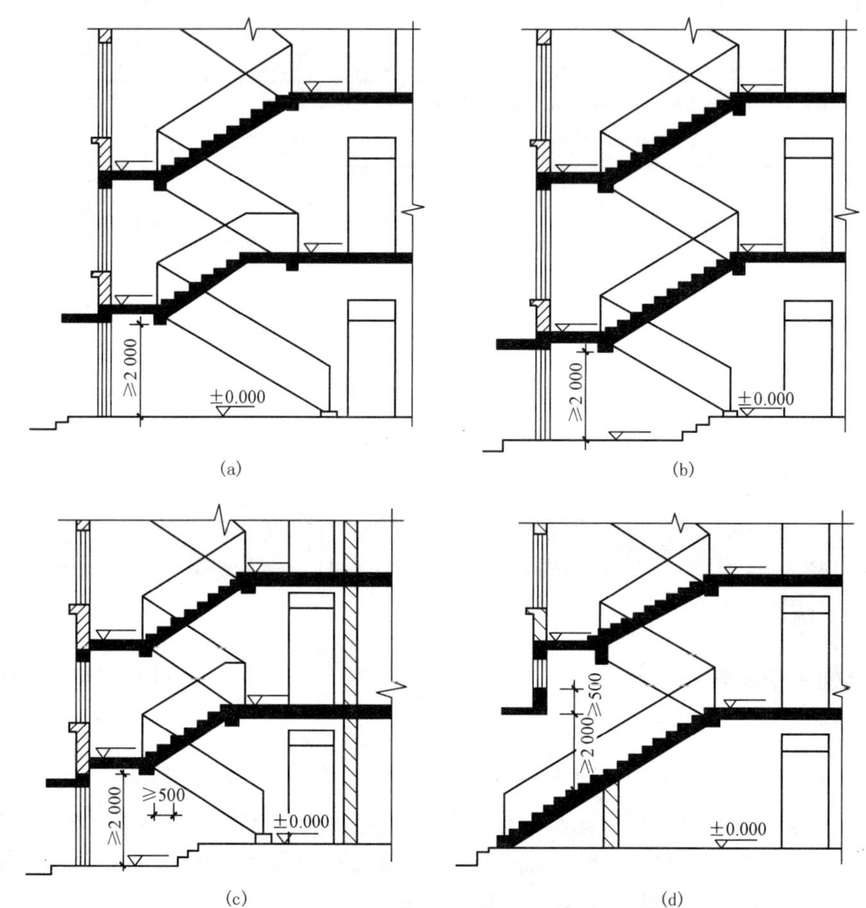

图 4-10　底层中间平台下做出入口时的处理方式

(a)底层长短跑；(b)局部降低地坪；(c)底层长短跑并局部降低地坪；(d)底层直跑

(2)将楼梯间地面标高降低。这种方法楼梯段长度保持不变，构造简单，但降低后的楼梯间地面标高应高于室外地坪标高 100 mm 以上，以保证室外雨水不致流入室内，如图 4-10(b)所示。

(3)将上述两种方法综合采用，可避免前两种方法的缺点，如图 4-10(c)所示。

(4)底层采用直跑楼梯。这种方法常用于南方地区的住宅建筑，此时应注意入口处雨篷底面标高的位置，保证净空高度在 2 m 以上，如图 4-10(d)所示。

六、栏杆与扶手的设置及高度的设计

楼梯栏杆是楼梯的安全设施。当楼梯段的垂直高度大于 1.0 m 时，应当在梯段的临空一侧设置栏杆。楼梯至少应在梯段临空一侧设置扶手，梯段净宽达三股人流时应两侧设扶手，四股人流时应加设中间扶手。

要合理确定栏杆的高度，即确定踏步前缘至上方扶手中心线的垂直距离。一般室内楼梯栏杆高度不应小于 0.9 m；室外楼梯栏杆高度不应小于 1.05 m；高层建筑室外楼梯栏杆高度不应小于 1.1 m。如果靠楼梯井一侧水平栏杆长度超过 0.5 m，其高度不应小于 1.0 m。

楼梯栏杆应用坚固、耐久的材料制作，并具有一定的强度和抵抗侧向推力的能力；同时，还应充分考虑到栏杆对建筑室内空间的装饰效果，应具有美观的形象。扶手应选用坚固、耐磨、光滑、美观的材料制作。

第四节　楼梯设计方法与步骤

一、确定踏步宽度和高度

初步确定踏步宽度和踏步高度，可根据经验公式：$b+h=450$ 或 $2h+b=600\sim620$ 计算，也可按表 4-4 选取。

表 4-4　常用适宜踏步尺寸　　mm

名　称	踏步高	踏步宽
住宅	156～175	250～300
学校、办公楼	140～160	280～340
剧院、会堂	120～150	300～350
医院(病人用)	150	300
幼儿园	120～150	260～300

二、确定梯段宽度和梯井宽度

梯段宽度应符合有关规定，多层住宅的公共楼梯梯段宽度不得小于 1 100 mm。梯井宽度一般在 100 mm 左右，当大于 200 mm 时，必须采取防止儿童攀滑的措施。楼梯扶手处理如图 4-11 所示。

三、确定踏步级数及踏步高度

用层高 H 除以踏步高 h，得踏步级数 n，当 n 为小数时，取整数。为使构件统一，以便简化结构和施工，平行双跑楼梯各层的踏步数量宜取偶数。设计时，踏步高的总和与层高误差不大于 5 mm 时，可在施工中调整。

四、确定楼梯平台的宽度

确定楼梯平台的宽度时，注意楼梯平台的宽度应大于或等于梯段宽度。

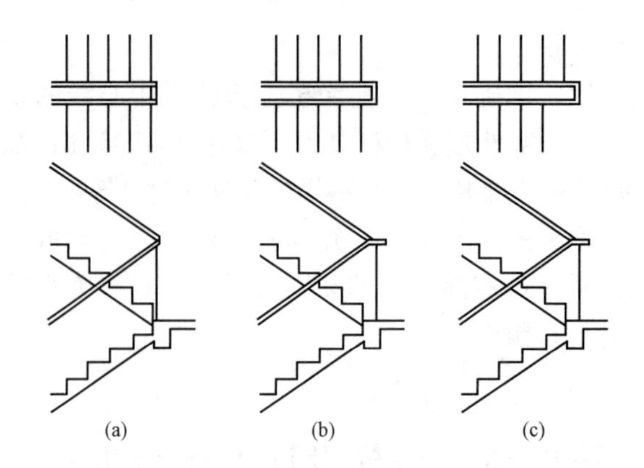

图 4-11　楼梯井与楼梯扶手处的处理

(a)设横向倾斜扶手；(b)栏杆外伸；(c)上下梯段错开一个踏步

五、确定梯段水平投影长

由踏步宽 b 及每梯段的级数 n' 来确定梯段的水平投影长度 L。即

$$L=b\times(n'-1)$$

式中　$n'-1$——n' 级踏步的踏面数。

六、确定楼梯形式和构造方案

当梯段跨度不大时(一般不超过 3 m)，可采用板式梯段；当梯段跨度或荷载较大时，宜采用梁式楼梯。若选用梁式楼梯，应确定梯梁的布置形式。

七、楼梯净空高度的验算

楼梯净空高度应符合梯段与梯段下部净空高度的要求，如图 4-9 所示。

八、绘制剖面图

(1)画出全部踏步的剖面轮廓线。

(2)按所选定的结构形式画出梯段板(梁)，平台梁及平台板，梯段与平台梁的连接方式等。

(3)画出端墙及墙上的门、窗、过梁等。

(4)根据剖面图调整好的尺寸对平面图进行调整，并按设计要求进行尺寸标注。

(5)选择有代表性的构造结点进行楼梯细部设计。

第五节　楼梯设计参考资料

一、楼梯栏杆形式

楼梯栏杆形式如图 4-12 所示。

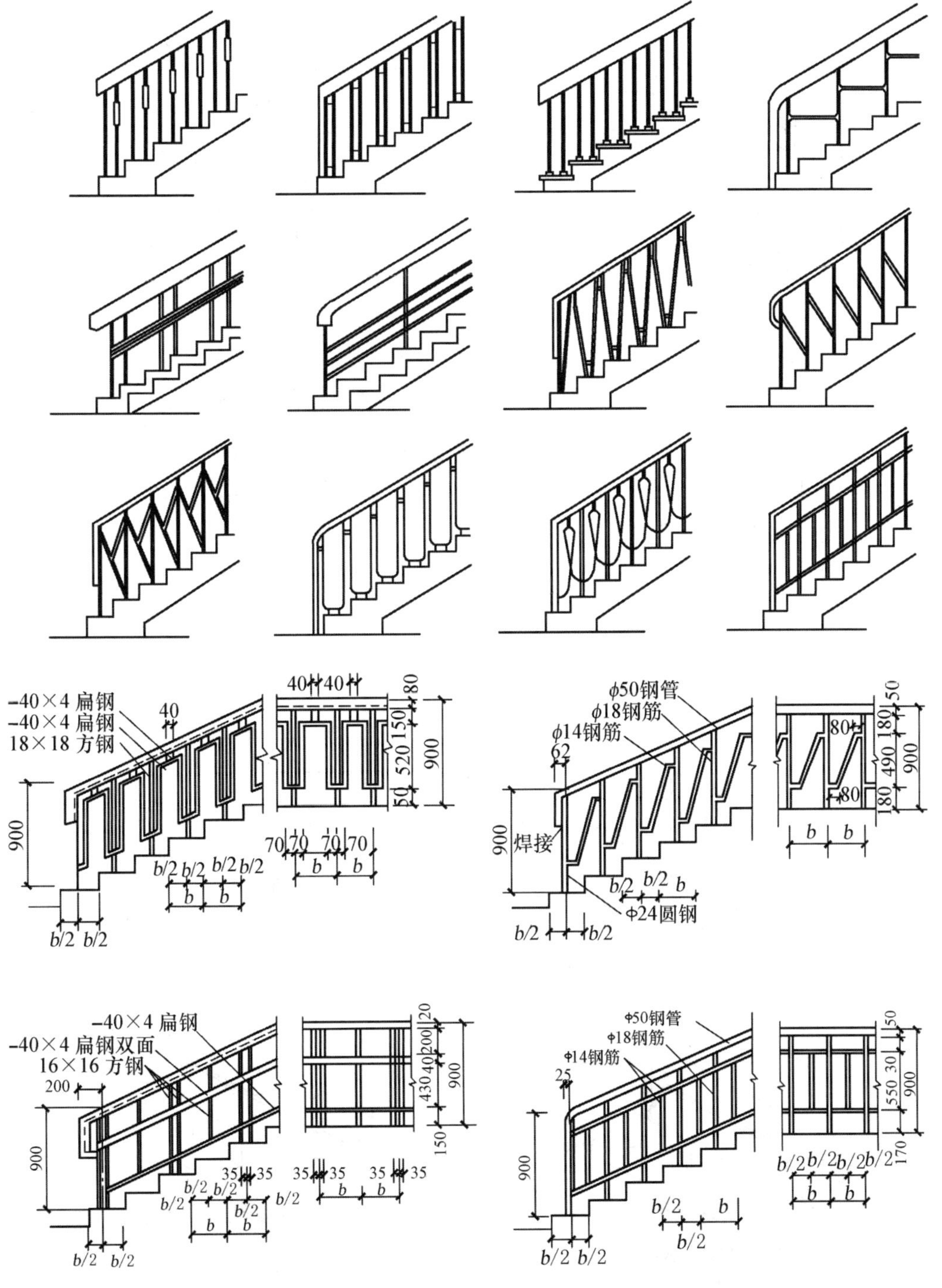

图 4-12　楼梯栏杆形式

二、钢筋混凝土栏板

钢筋混凝土栏板如图 4-13 所示。

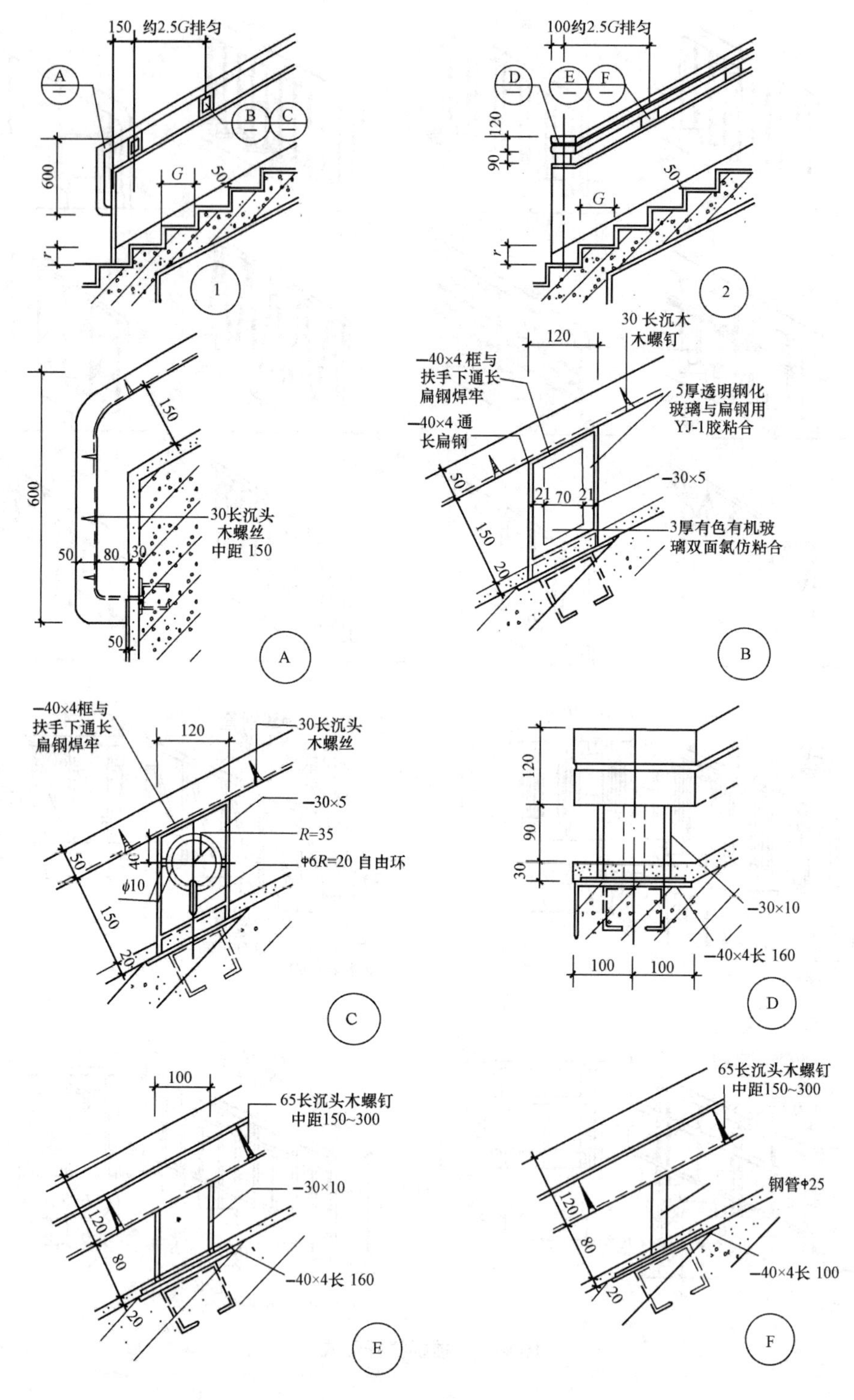

图 4-13　钢筋混凝土栏板

三、木扶手断面详图

木扶手断面详图如图 4-14 所示。

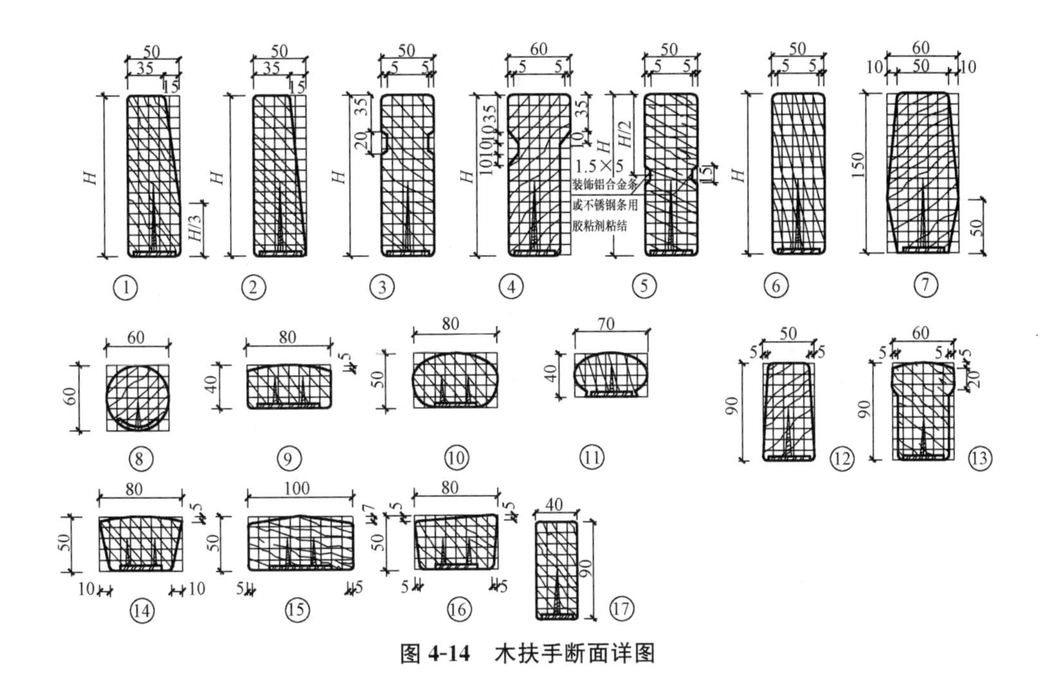

图 4-14　木扶手断面详图

四、塑料扶手断面形式

塑料扶手断面形式如图 4-15 所示。

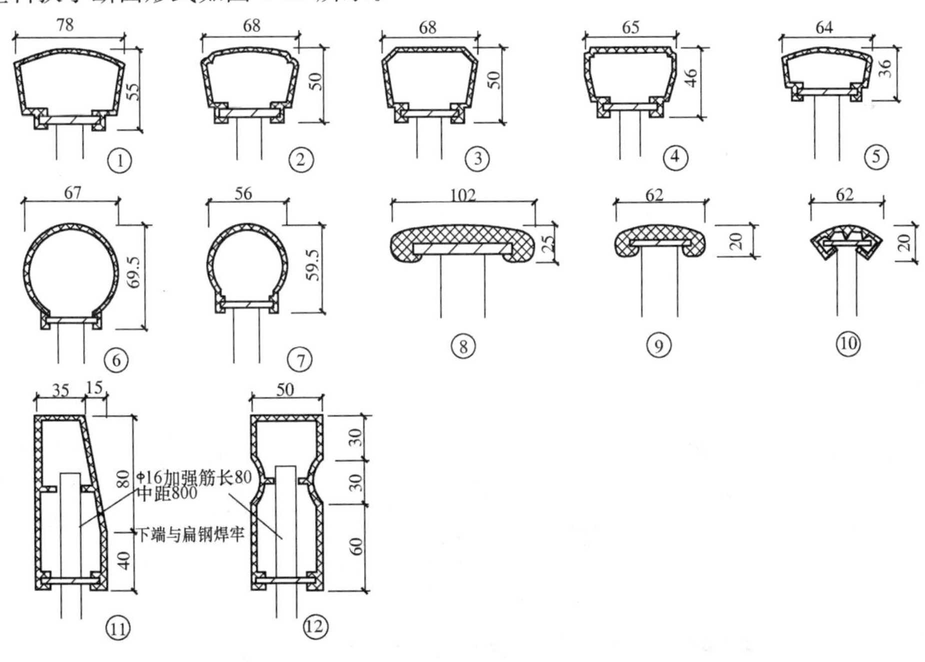

图 4-15　塑料扶手断面形式

五、楼梯踏步防滑条

楼梯踏步防滑条如图 4-16 所示。

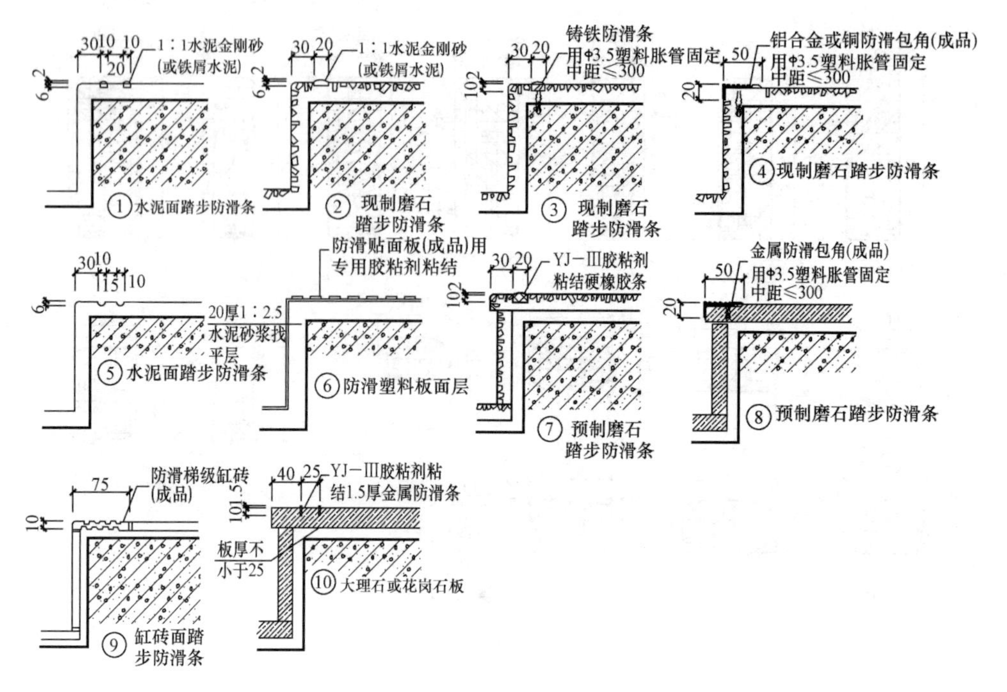

图 4-16 楼梯踏步防滑条

六、楼梯靠墙扶手

楼梯靠墙扶手如图 4-17、图 4-18 所示。

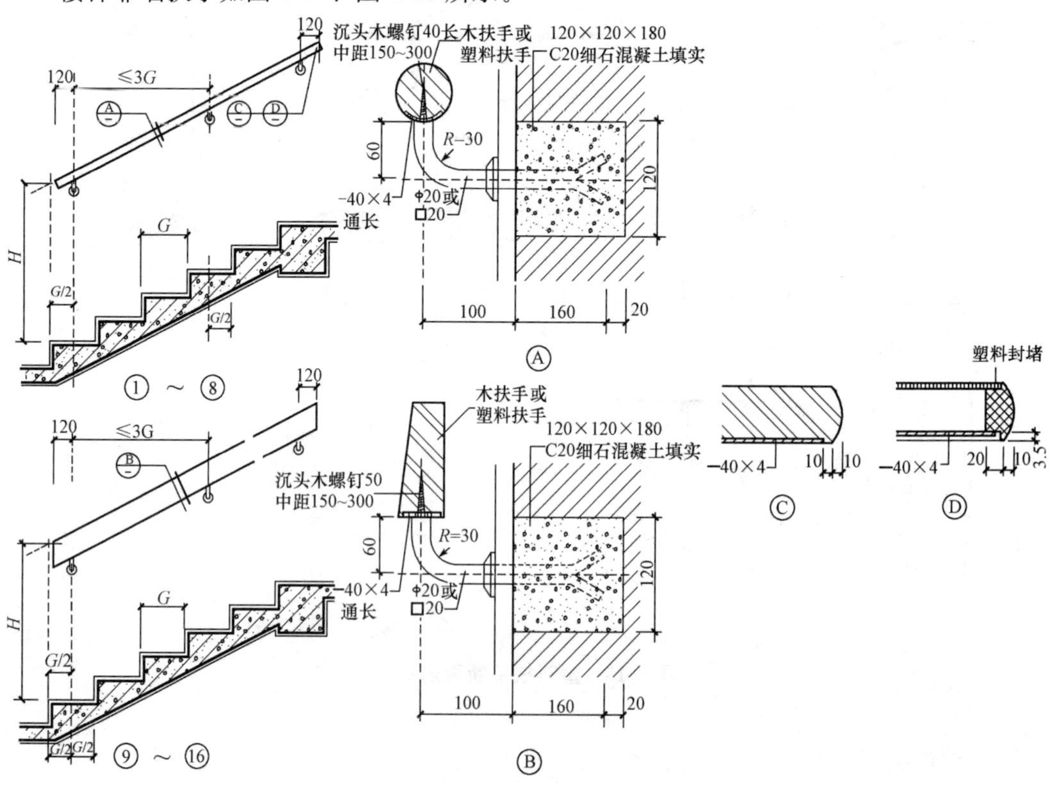

图 4-17 楼梯靠墙扶手(一)

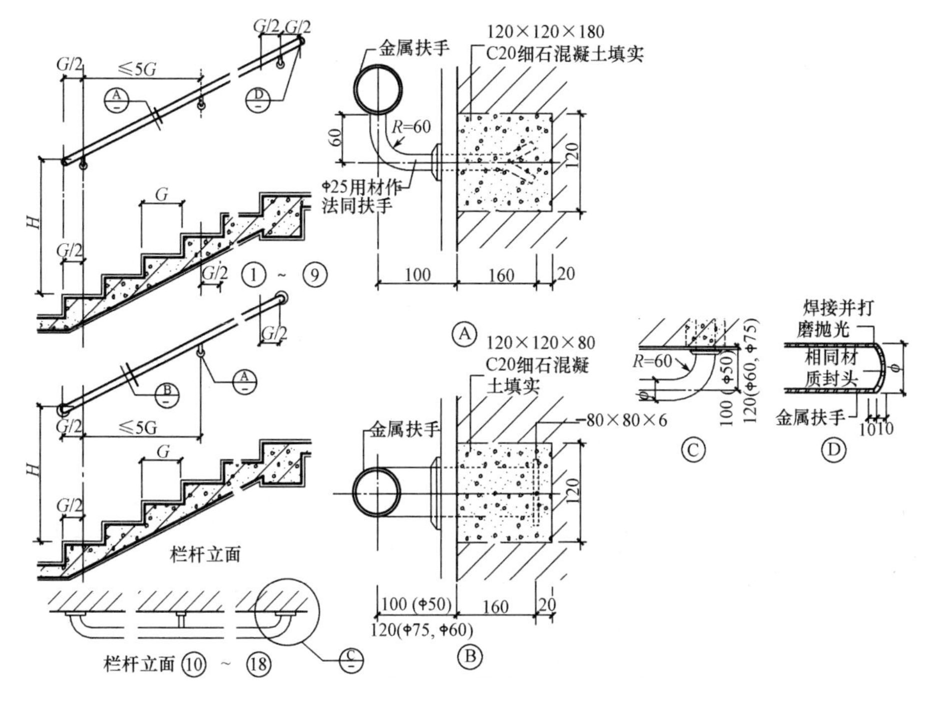

图 4-18　楼梯靠墙扶手(二)

七、楼梯中段扶手

楼梯中段扶手如图 4-19 所示。

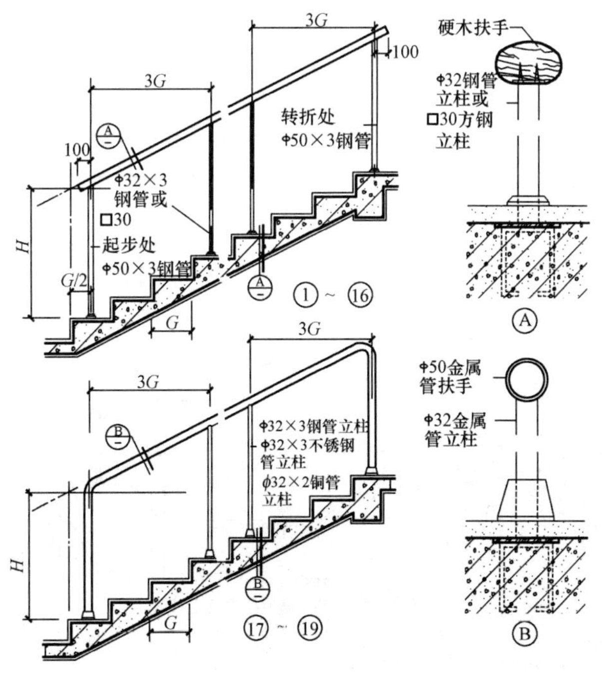

图 4-19　楼梯中段扶手

八、楼梯护窗栏杆

楼梯护窗栏杆如图 4-20 所示。

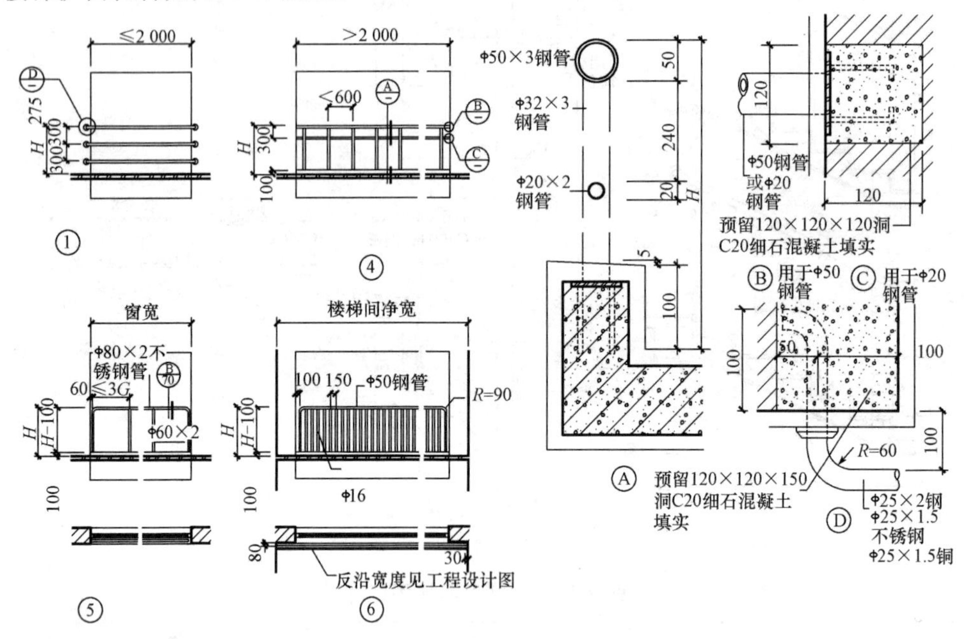

图 4-20　楼梯护窗栏杆

九、扶手末端与墙、柱连接

扶手末端与墙、柱连接如图 4-21 所示。

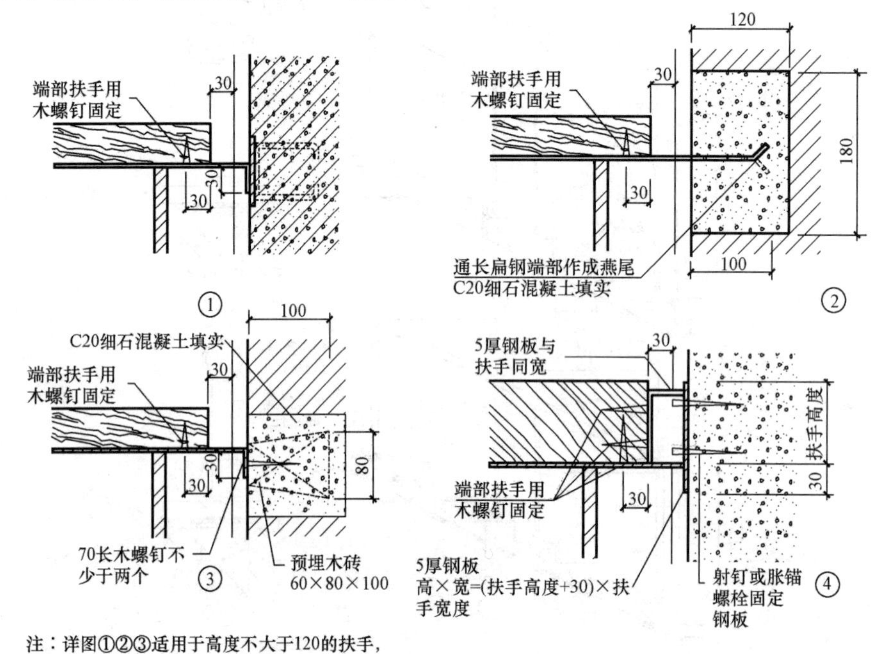

注：详图①②③适用于高度不大于120的扶手，当扶手高度大于120时选用详图④。

图 4-21　扶手末端与墙、柱连接

十、楼梯栏杆与踏步的连接

楼梯栏杆与踏步的连接如图 4-22 所示。

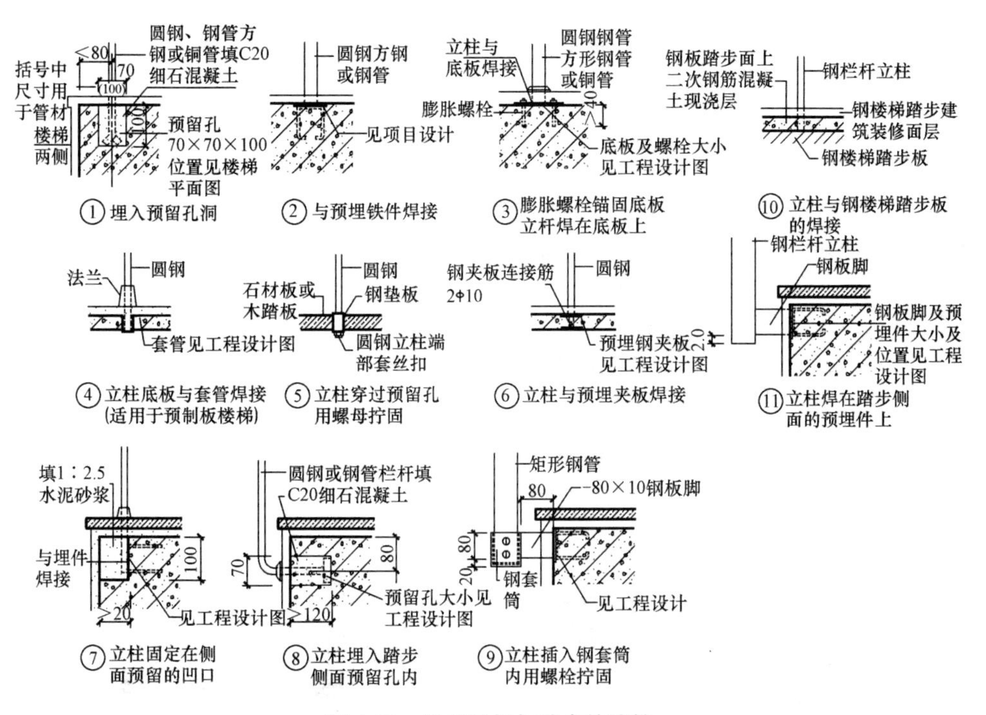

图 4-22　楼梯栏杆与踏步的连接

十一、混凝土台阶构造

混凝土台阶构造如图 4-23 所示。

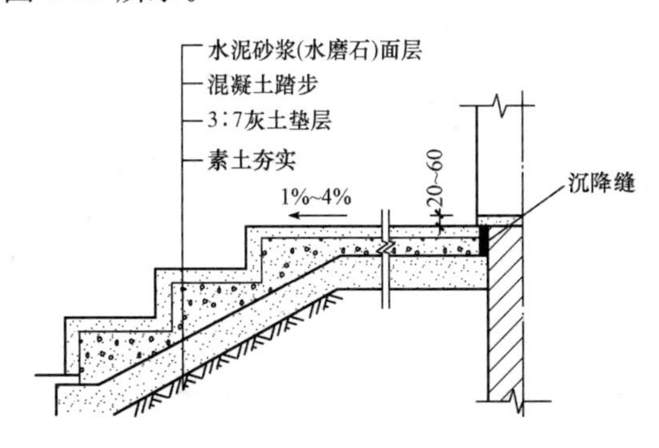

图 4-23　混凝土台阶构造

十二、坡道防滑处理

坡道防滑处理如图 4-24 所示。

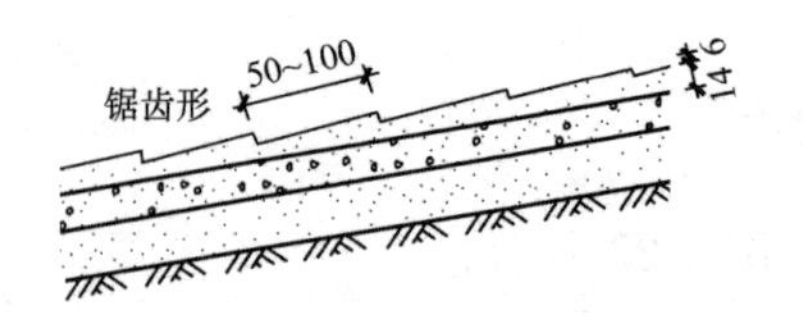

图 4-24　坡道防滑处理

第六节　楼梯设计实例

某大楼楼梯构造施工图如图 4-25～图 4-28 所示。

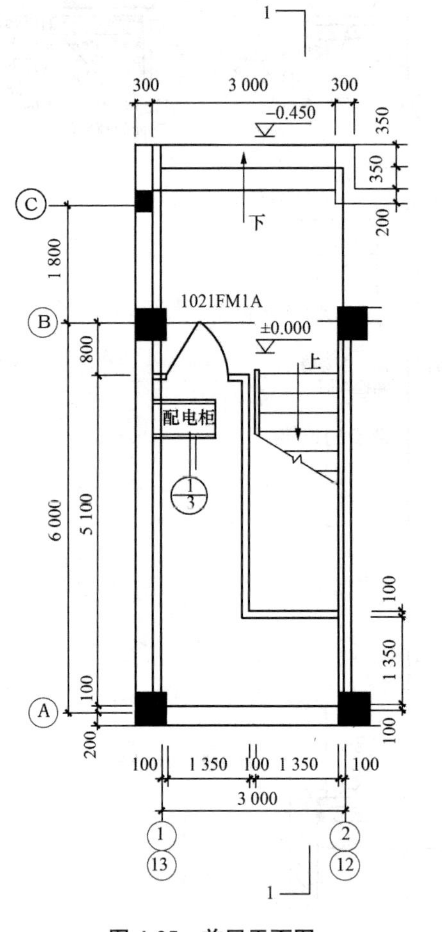

图 4-25　首层平面图

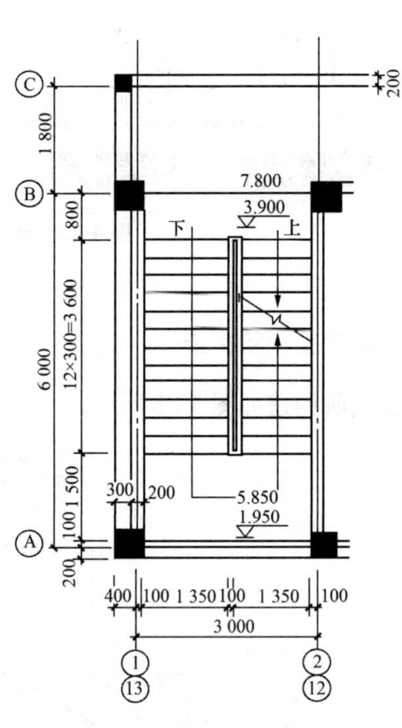

图 4-26　二、三层平面图

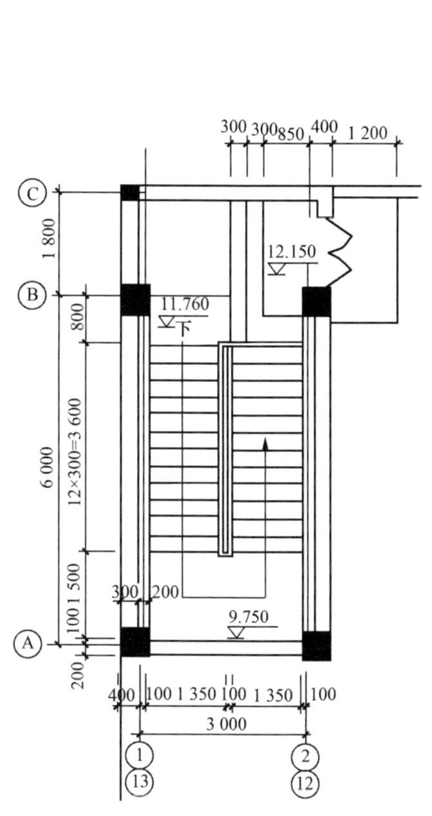

图 4-27　四层平面图

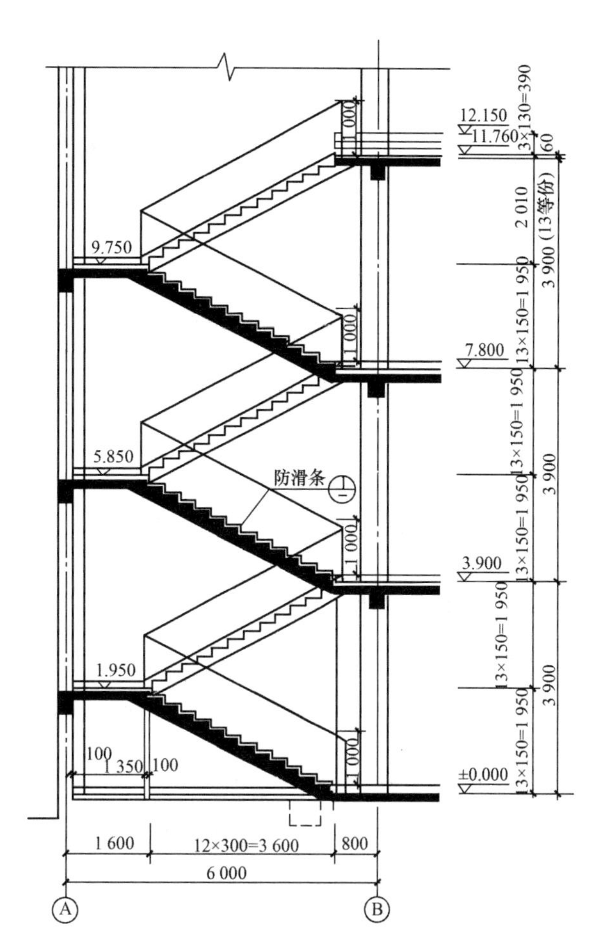

图 4-28　1—1 剖面图

第五章　屋顶构造设计

第一节　屋顶构造设计任务书

一、设计题目

屋顶构造设计。

二、目的及要求

通过屋顶构造设计，学生掌握屋面排水系统的组织和排水做法，以及屋面防水的构造要求和屋面保温、隔热的做法；具备绘制和识读施工图的能力。

三、设计条件

(1)图 5-1 为某小学教学楼顶层平面图。该教学楼为四层，底层地面标高为±0.000 m，室外标高为−0.600 m，顶层地面标高为 14.700 m，屋面标高为 19.500 m。

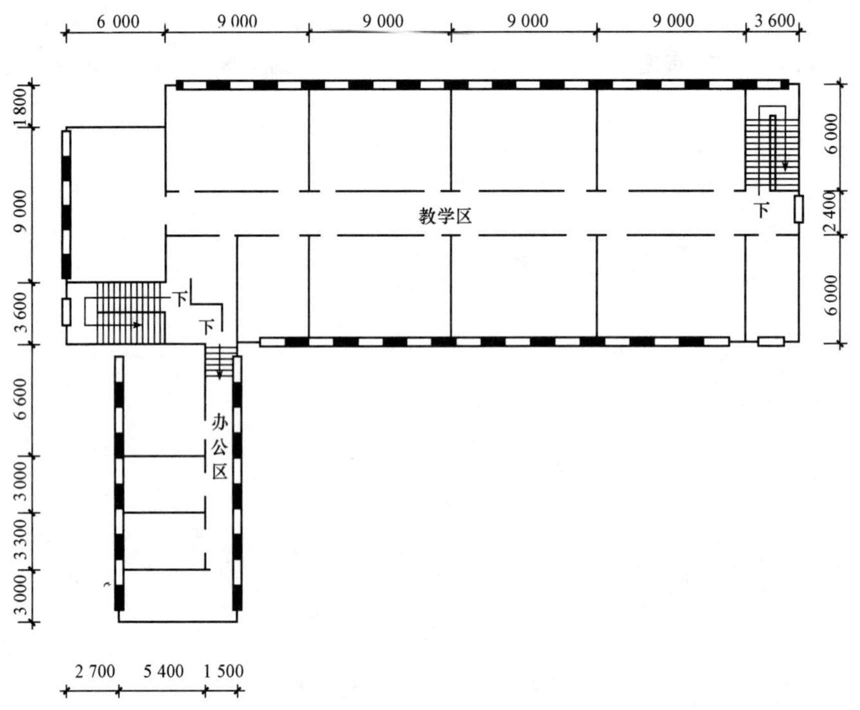

图 5-1　某小学教学楼顶层平面图

(2)结构类型：砖混结构。

(3)屋顶类型：平屋顶。

(4)屋顶排水方式：有组织排水，檐口形式自定。

(5)屋面防水方案：卷材防水或刚性防水。

(6)屋顶有保温或隔热要求。

四、设计内容

(1)设计内容包括屋顶平面图和屋顶结点详图。

1)屋顶平面图，比例1∶100或1∶200。

2)屋顶结点详图(2～3个)，比例1∶10或1∶20。内容主要包括檐口结点详图、泛水结点详图和落水口结点详图、上人孔结点详图等。

(2)本设计使用A2图纸，铅笔绘制，图中线条、材料符号等一律按建筑制图标准规定，要求字体工整，线条粗细分明，比例正确。

五、图纸要求

1. 屋顶平面图

(1)绘制出屋面构造的基本平面形状并用定位轴线明确表示出其平面位置。

(2)绘制出建筑的分水线、檐沟轮廓线、檐口边线或女儿墙的轮廓线，并标注其位置，绘制出落水口的位置。

(3)标注出屋面各坡面的坡度方向和坡度值，标注屋面标高(结构上表面标高)。尺寸标注如下：

第一道：细部尺寸线，标注出落水口、分水线(包括檐沟分水线)和定位轴线相互之间的距离、屋顶最外侧轮廓线与外墙定位轴线的距离。

第二道：定位轴线尺寸线，标注出定位轴线相互之间的距离、外墙的定位轴线与屋顶最外轮廓线的距离。

第三道：标注出屋顶最外轮廓线间的距离。

(4)标注出详图索引号、定位轴线和编号，注写图名和比例。

2. 屋顶结点详图

(1)檐口结点详图。

1)当采用檐沟外排水时，檐口结点详图表示清楚檐沟板的形式、屋顶各层构造、檐口处的防水处理，以及檐沟板与屋面板、墙、圈梁或梁的相互关系；并标注檐沟尺寸，注明檐沟饰面层的做法和防水层的收头构造做法。

2)当采用女儿墙外排水或内排水时，檐口结点详图表示清楚女儿墙压顶构造、泛水构造、屋顶各层构造，标注出女儿墙的高度、泛水高度等尺寸。

(2)泛水结点详图。图中画出竖直墙体与屋面相接处的连接构造，表示清楚屋面各层构造和泛水构造；注明构造做法，标注泛水高度等有关尺寸。

(3)落水口结点详图。图中表示清楚落水口的形式、落水口处的防水处理；注明细部做法，标注落水口等有关尺寸。

详图用断面图形式表示。与详图无关的其他部分用折断线断开，标注详图符号和比例。

第二节　屋顶构造设计基本知识

一、屋顶的作用及组成

1. 屋顶的作用

屋顶位于建筑物的最顶部，主要有三个作用：一是承重作用，承受作用于屋顶上的风、雨、雪、检修、设备荷载和屋顶的自重等；二是围护作用，防御自然界的风、雨、雪、太阳辐射热和冬季低温等的影响；三是装饰建筑立面的作用，屋顶的形式对建筑立面和整体造型有很大的影响。

2. 屋顶的组成

屋顶由屋面、承重结构、保温隔热层和顶棚组成，如图 5-2 所示。屋面是屋顶的面层。承重结构承受由屋面传来的荷载和屋面的自重。保温隔热层可选用导热系数小的材料，起到建筑节能的作用。顶棚是屋顶的底面。

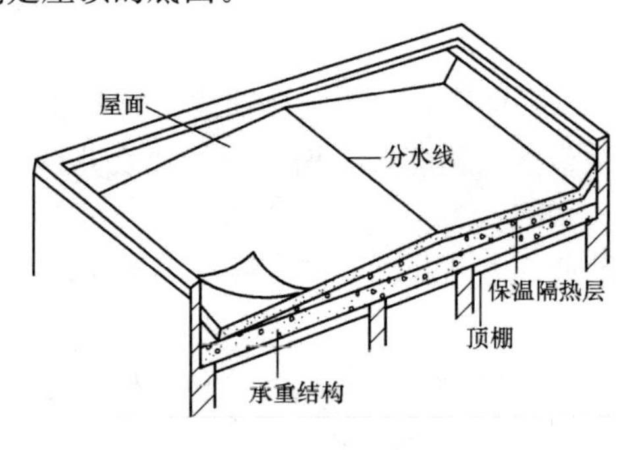

图 5-2　屋顶的组成

二、屋顶的类型

屋顶的类型与建筑物的屋面材料、屋顶结构类型以及建筑造型要求等因素有关。按照排水坡度和构造形式的不同，屋顶分为平屋顶、坡屋顶和曲面屋顶三种类型。

1. 平屋顶

平屋顶是指屋面排水坡度小于或等于 10%的屋顶。平屋顶的主要特点是坡度平缓，常用的坡度为 2%～3%，上部可做成露台、屋顶花园等供人使用，同时平屋顶的体积小、构造简单、节约材料、造价经济，在建筑工程中应用最为广泛，如图 5-3 所示。

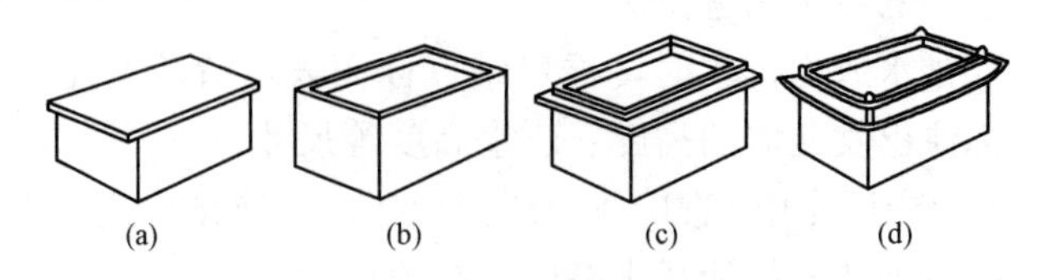

图 5-3　平屋顶的形式

(a)挑檐平屋顶；(b)女儿墙平屋顶；(c)挑檐女儿墙平屋顶；(d)盝顶平屋顶

2. 坡屋顶

坡屋顶是指屋面坡度大于10%的屋顶。坡屋顶在我国有着悠久的历史，由于其造型丰富，并能就地取材，至今仍被广泛应用。

坡屋顶按其分坡的多少可分为单坡屋顶、双坡屋顶和四坡屋顶，如图5-4所示。当建筑物进深不大时，可选用单坡屋顶；当建筑物进深较大时，宜采用双坡屋顶或四坡屋顶。双坡屋顶有硬山和悬山之分，硬山是指房屋两端山墙高出屋面，山墙封住屋面；悬山是指屋顶的两端挑出山墙外面，屋面盖住山墙。对坡屋顶稍加处理，即可形成卷棚顶、庑殿顶、歇山顶、圆攒尖顶等形式。古建筑中的庑殿屋顶和歇山屋顶均属于四坡屋顶。

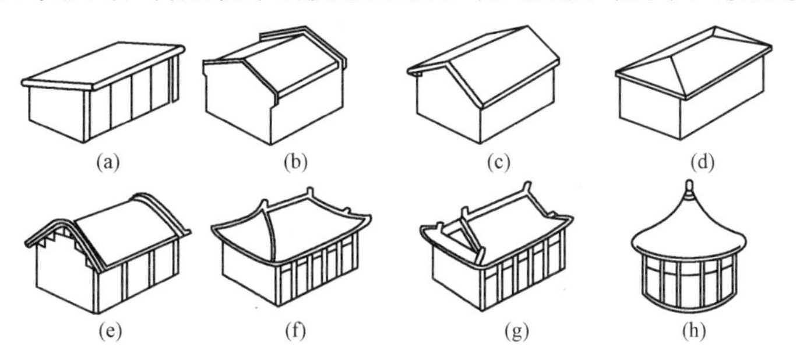

图5-4　坡屋顶的形式

(a)单坡顶；(b)硬山两坡顶；(c)悬山两坡顶；(d)四坡顶；
(e)卷棚顶；(f)庑殿顶；(g)歇山顶；(h)圆攒尖顶

3. 曲面屋顶

曲面屋顶是由各种薄壳结构、悬索结构以及网架结构等作为屋顶承重结构的屋顶，如双曲拱屋顶、扁壳屋顶、鞍形悬索屋顶等，如图5-5所示。这类结构受力合理，能充分发挥材料的力学性能，因而能节约材料，但施工复杂，造价高，故常用于大跨度的大型公共建筑中。

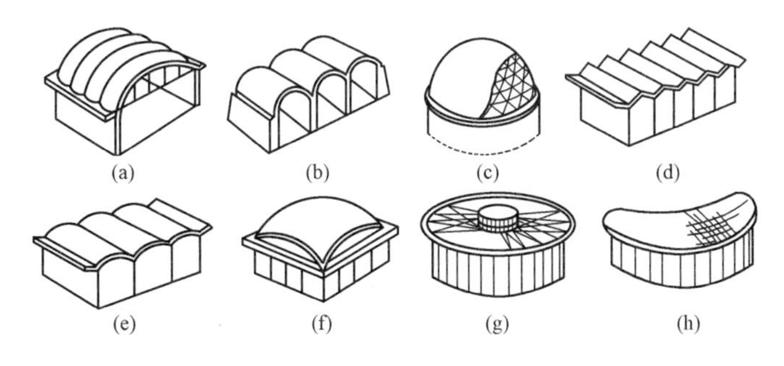

图5-5　曲面屋顶的形式

(a)折板拱屋顶；(b)砖石拱屋顶；(c)球形网壳屋顶；
(d)V形折板屋顶；(e)筒壳屋顶；(f)扁壳屋顶；
(g)车轮形悬索屋顶；(h)鞍形悬索屋顶

三、屋顶的设计要求

(1)要求屋顶起良好的围护作用，具有防水、保温和隔热性能。其中防止雨水渗漏是屋顶的基本功能要求，也是屋顶设计的核心。

(2)要求具有足够的强度、刚度和稳定性。能承受风、雨、雪、施工、上人等荷载，地震区还应考虑地震荷载对它的影响，满足抗震的要求，并力求做到自重轻、构造层次简单；就地取材、施工方便；造价经济、便于维修。

(3)满足人们对建筑艺术即美观方面的需求。屋顶是建筑造型的重要组成部分，中国古建筑的重要特征之一就是有变化多样的屋顶外形和装修精美的屋顶细部。现代建筑也应注重屋顶形式及其细部设计。

屋顶是建筑物围护结构的一部分，是建筑立面的重要组成部分，除应满足自重轻、构造简单、施工方便等要求外，还必须具备坚固耐久、防水排水、保温隔热、抵御侵蚀等功能。

四、屋顶的坡度

1. 坡度大小的确定

屋顶坡度主要是为屋面排水而设定的，坡度的大小与屋面选用的材料、当地降雨量大小、屋顶结构形式、建筑造型等因素有关。屋顶坡度太小容易渗漏，坡度太大又浪费材料。要综合考虑各方面因素，合理确定屋顶的排水坡度，图 5-6 列出了不同屋面防水材料适宜的坡度范围。从排水角度考虑，排水坡度越大越好；但从结构、经济以及上人活动等方面考虑，又要求坡度越小越好。此外，屋面坡度的大小还取决于屋面材料的防水性能，采用防水性能好、单块面积大的屋面材料时，如油毡、钢板等，屋面坡度可以小一些；采用黏土瓦、小青瓦等单块面积小、接缝多的屋面材料时，坡度就必须大一些。

2. 屋面坡度表示方法

常用的屋面坡度表示方法有斜率法、百分比法和角度法，如图 5-7 所示。斜率法是以屋顶斜面的垂直投影高度与其水平投影长度之比来表示，如 1∶5 等；较小的坡度则常用百分率，即以屋顶倾斜面的垂直投影高度与其水平投影长度的百分比值来表示，如 2%、5%等；较大的坡度有时也用角度，即以倾斜屋面与水平面所成的夹角表示。

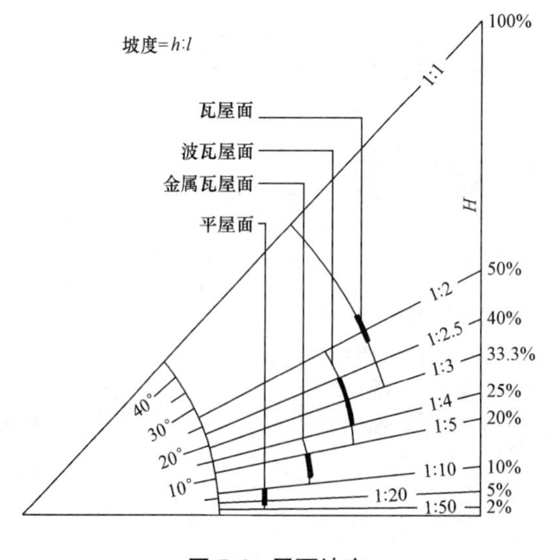

图 5-6　屋面坡度

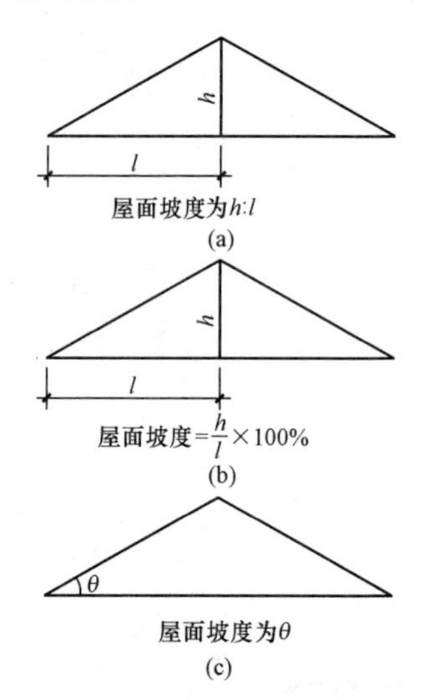

图 5-7　屋面坡度表示方法

(a)斜率法；(b)百分比法；(c)角度法

第三节　屋顶构造设计指导书

一、卷材防水屋面设计

卷材防水屋面由多层材料叠合而成，其基本构造层次按构造要求由结构层、找坡层、找平层、结合层、防水层和保护层组成，如图 5-8 所示。

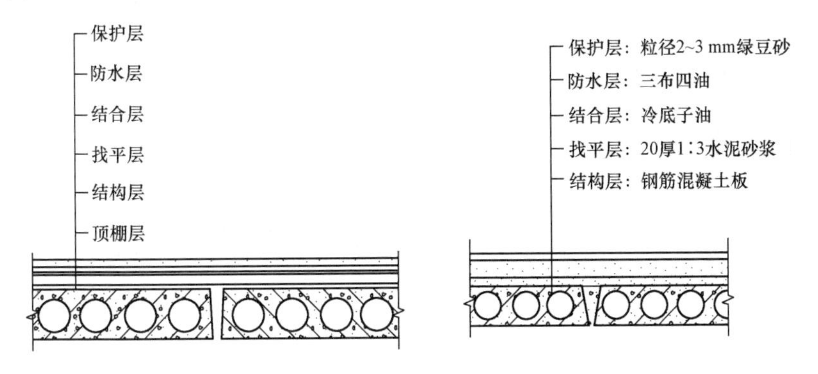

图 5-8　卷材防水屋面的构造组成及做法

卷材防水屋面在檐口、屋面与凸出构件之间、变形缝、上人孔等处特别容易产生渗漏，所以应加强这些部位的防水处理。

(一)泛水

泛水是指屋面防水层与凸出构件之间的防水构造。一般在屋面防水层与女儿墙、上人屋面的楼梯间、凸出屋面的电梯机房、水箱间、高低屋面交接处等，都需做泛水。

泛水要具有足够的高度，一般不小于 250 mm。屋面与墙的交界处应抹成圆弧或钝角，以防止在粘贴卷材时因直角转弯而折断或不能铺实。为了增加泛水处的防水能力，应在底层加铺一层卷材。卷材收头处应粘结固定，油毡卷材粘贴在墙面的收口处，通常有钉木条、嵌砂浆、嵌油膏和盖镀锌薄钢板等处理方式，如图 5-9 所示，以防止雨水顺立墙流进油毡收口处引起漏水。

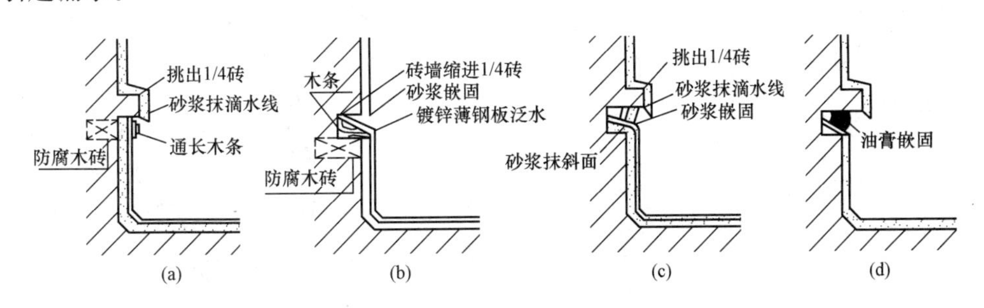

图 5-9　油毡防水屋面泛水构造

(a)木压条油毡；(b)镀锌薄钢板；(c)砂浆嵌固；(d)油膏嵌固

(二)檐口

檐口是屋面防水层的收头处，易开裂、渗水，必须做好檐口处的收头处理。檐口的构造及处理方法与檐口的形式有关，可根据屋面的排水方式和建筑物的立面造型要求来确定。

1. 自由落水檐口

自由落水檐口一般与屋顶圈梁整体浇筑。屋面防水层的收头压入距挑檐板前端 40 mm 处的预留凹槽内，先用钢压条固定，然后用密封材料进行密封，如图 5-10 所示。

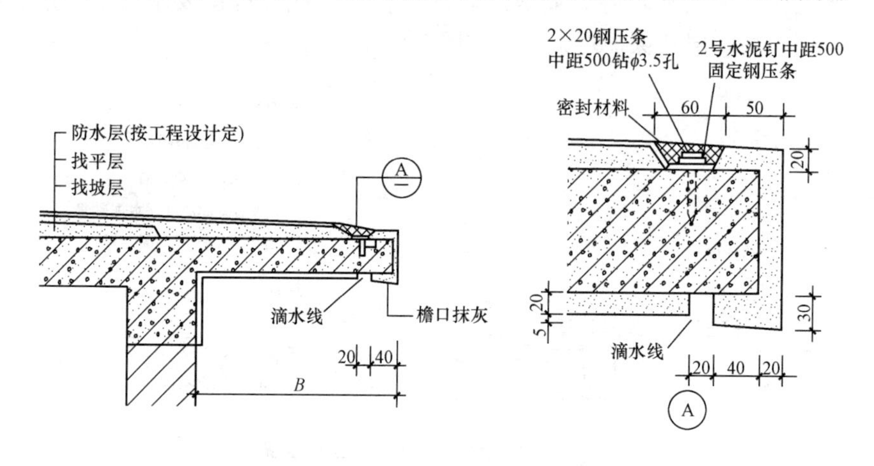

图 5-10　自由落水檐口构造

为迅速排除屋面雨水，油毡防水屋面一般在距檐口 0.2～0.5 m 范围内的屋面坡度不宜小于 15%。檐口处要做滴水线，并用 1∶3 水泥砂浆抹面。卷材收头处采用油膏嵌缝，上面再撒绿豆砂保护，或镀锌薄钢板出挑。

2. 挑檐沟檐口

当檐口处采用挑檐沟檐口时，卷材防水层应在檐沟处加铺一层附加卷材，并注意做好卷材的收头，其构造如图 5-11 所示。

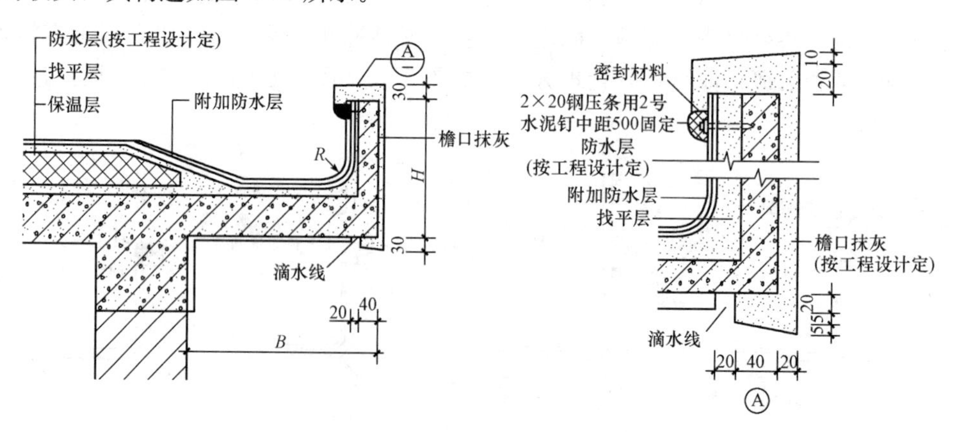

图 5-11　挑檐沟檐口构造

斜板挑檐沟檐口是考虑建筑立面造型，对檐口的一种处理形式，它给较呆板的平屋顶建筑增添了传统的韵味，丰富了城市景观，其构造如图 5-12 所示；但挑檐端部的荷载较大，应注意悬挑构件的倾覆问题，处理好构件的拉结锚固。

3. 女儿墙檐口

女儿墙檐口的构造要点同泛水，如图 5-13 所示。

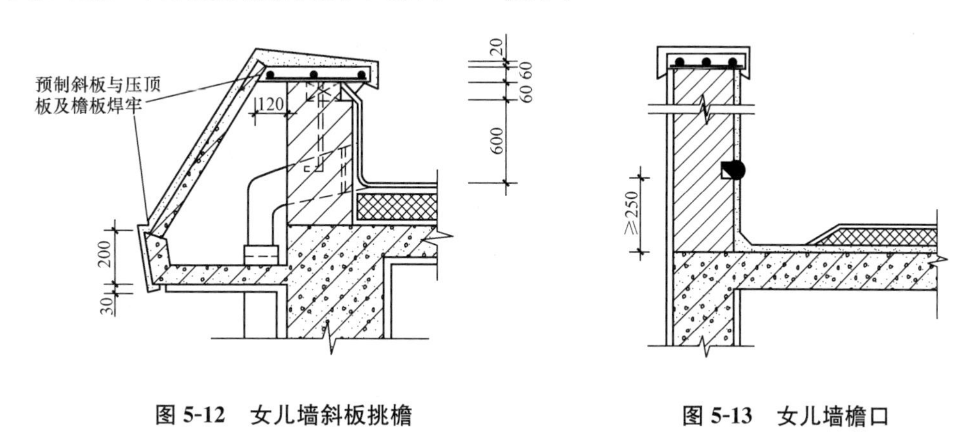

图 5-12　女儿墙斜板挑檐　　　　图 5-13　女儿墙檐口

油毡防水屋面女儿墙檐口有外挑檐口、女儿墙带檐沟檐口等多种形式，在檐沟内要加铺一层油毡；檐口油毡收头处，可用砂浆压实、嵌油膏和插铁卡等方法处理，如图 5-14 所示。

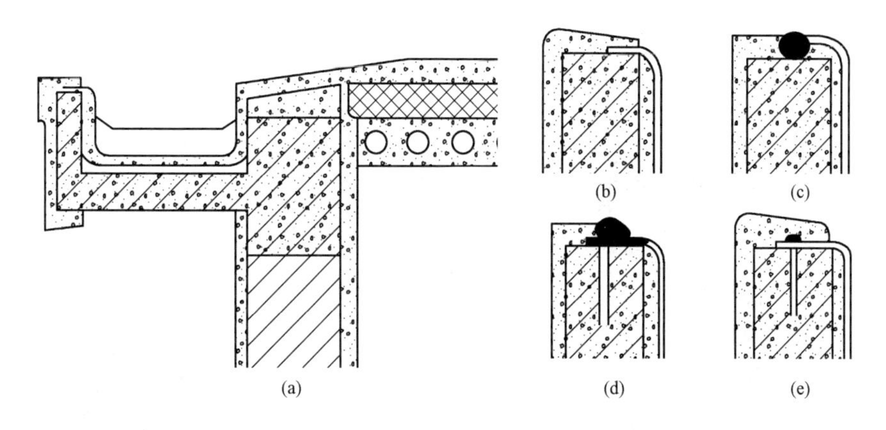

图 5-14　排水檐口构造

(a)檐口构造；(b)砂浆压毡收头；(c)油膏压毡收头；(d)插铁油膏压毡收头；(e)插铁砂浆压毡收头

(三)落水口

落水口又称雨水口，是将屋面雨水排至落水管的连通构件，应排水通畅，不易堵塞和渗漏。落水口分为直管式和弯管式两类：直管式适用于中间天沟、挑檐沟和女儿墙内排水天沟的水平落水口；弯管式则适用于女儿墙的垂直落水口。

1. 直管式落水口

直管式落水口是由套管、环形筒、顶盖底座和顶盖等部分组成，如图 5-15 所示。它一般是用铸铁或钢板制造的，有各种型号，可根据降水量和汇水面积进行选择。

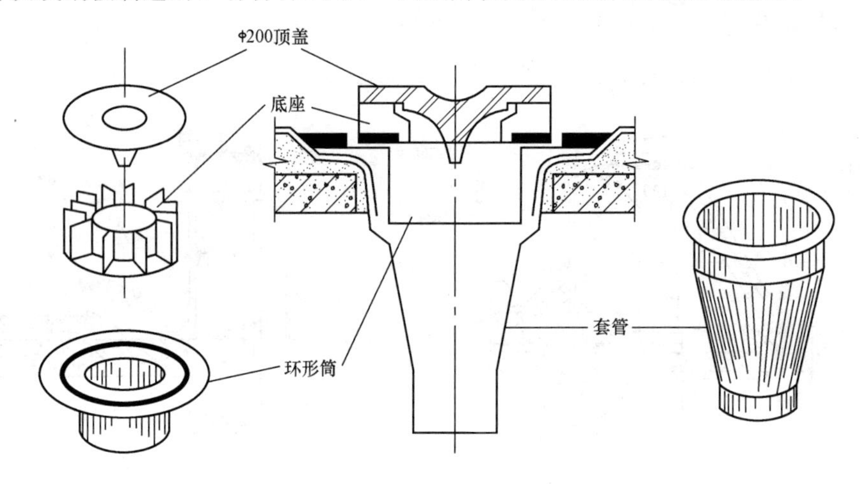

图 5-15　直管式落水口

2. 弯管式落水口

弯管式落水口呈 90°弯曲状，由弯曲套管、铸铁管座和顶盖等部分组成，如图 5-16 所示。

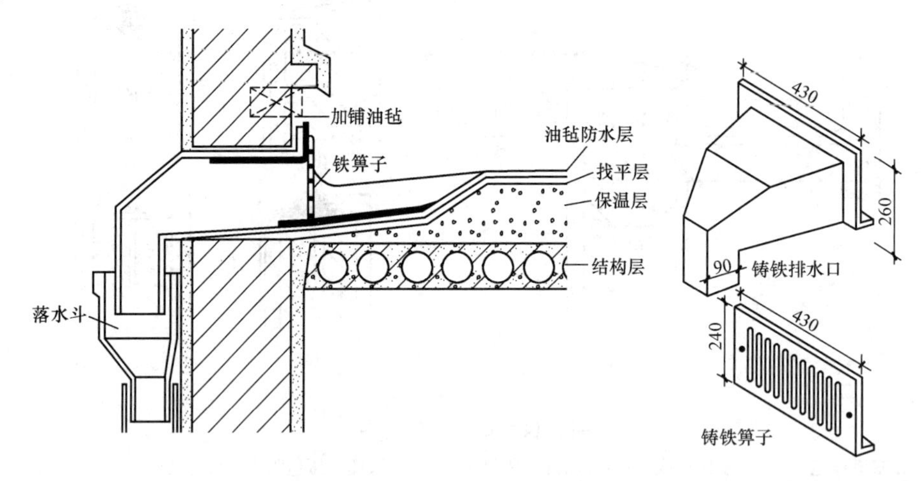

图 5-16　弯管式落水口

(四)上人孔

对于上人屋面，需要在屋面上设置上人孔，以方便对屋面进行维修和安装设备。上人孔应位于靠墙处，以方便设置爬梯。上人孔的平面尺寸应不小于 600 mm×700 mm。上人孔的孔壁一般高出屋面至少 250 mm，与屋面板整体浇筑。孔壁与屋面之间应做成泛水，孔口用木板上加钉 0.6 mm 厚的镀锌薄钢板进行盖孔。其构造如图 5-17 所示。

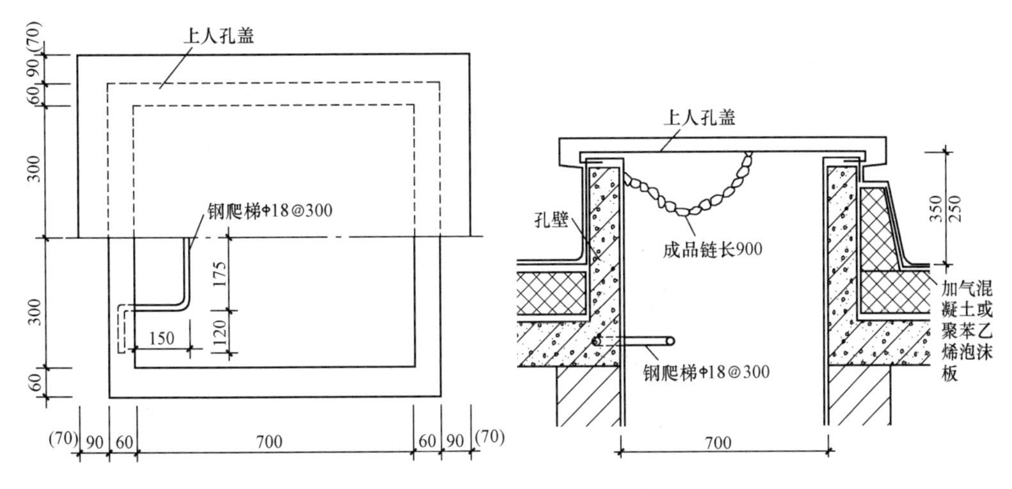

图 5-17　屋面上人孔的构造

二、刚性防水屋面设计

刚性防水屋面，除了要做好泛水、天沟、檐口、落水口等部位的细部构造外，同时还应做好防水层的分仓缝。

1. 泛水

刚性防水屋面的泛水构造与柔性防水屋面基本相同。泛水应有足够高度，一般不小于250 mm。泛水与屋面防水层应一次浇筑，不留施工缝；转角处浇成圆弧形；泛水上端也应有挡雨措施。刚性屋面泛水与凸出屋面的结构物(女儿墙、通风道等)之间必须留分仓缝，以避免因两者变形不一致而导致泛水开裂，如图 5-18 所示。

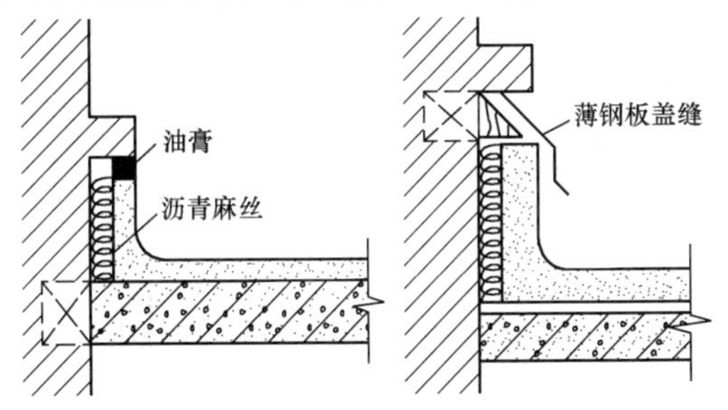

图 5-18　刚性防水屋面泛水构造

2. 檐口

刚性防水屋面常用的檐口形式有混凝土防水层悬挑檐口、自由落水挑檐口、挑檐沟檐口、女儿墙外排水檐口等，其构造做法如图 5-19 所示。

无组织排水檐口通常直接由刚性防水层挑出形成，挑出尺寸一般不大于 450 mm；也可设置挑檐板，刚性防水层应伸到挑檐之外。有组织排水檐口有挑檐沟檐口、女儿墙檐口和斜板挑檐檐口等做法，挑檐沟檐口的檐沟底部应用找坡材料垫置形成纵向排水坡度，铺好隔离层后再做防水层，防水层一般采用 1∶2 的防水砂浆。

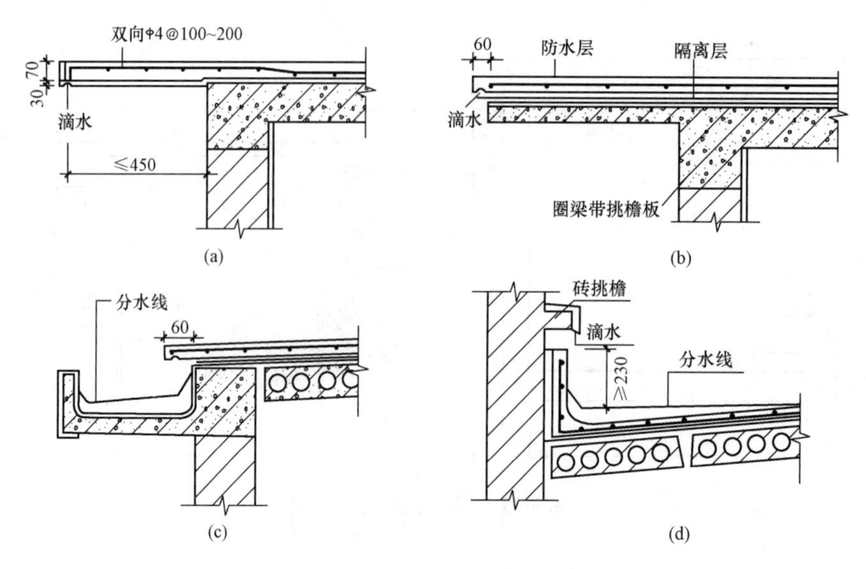

图 5-19　刚性防水屋面檐口构造

(a)混凝土防水层悬挑檐口；(b)挑檐板檐口；(c)挑檐沟外排水檐口；(d)女儿墙外排水檐口

3. 分仓缝

分仓缝又称分格缝，是为了避免刚性防水层因结构变形、温度变化和混凝土干缩等产生裂缝而设置的"变形缝"。分仓缝的间距应控制在刚性防水层受温度影响产生变形的许可范围内，一般不宜大于 6 m，并应位于结构变形的敏感部位，如预制板的支承端、不同屋面板的交接处、屋面与女儿墙的交接处等，并与板缝上下对齐，如图 5-20 所示。

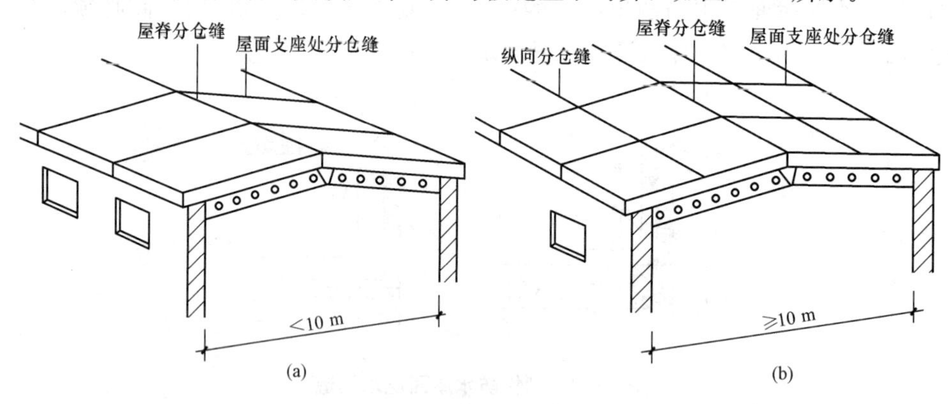

图 5-20　刚性屋面分仓缝的划分

(a)房屋进深小于或等于 10 m 分仓缝的划分；(b)房屋进深大于或等于 10 m 分仓缝的划分

分仓缝的宽度为 20～40 mm，有平缝和凸缝两种构造形式。平缝适用于纵向分仓缝，凸缝适用于横向分仓缝和屋脊处的分仓缝。为了有利于伸缩变形，缝的下部用弹性材料，如聚乙烯发泡棒、沥青麻丝等填塞；上部用防水密封材料嵌缝。当防水要求较高时，可在分仓缝的上面再加铺一层卷材进行覆盖。分仓缝的结点构造如图 5-21 所示。

为了保证良好的防水效果，当遇到檐口、天沟、变形缝等薄弱部位时，其建筑防水粉应适当加厚，如图 5-22 所示。

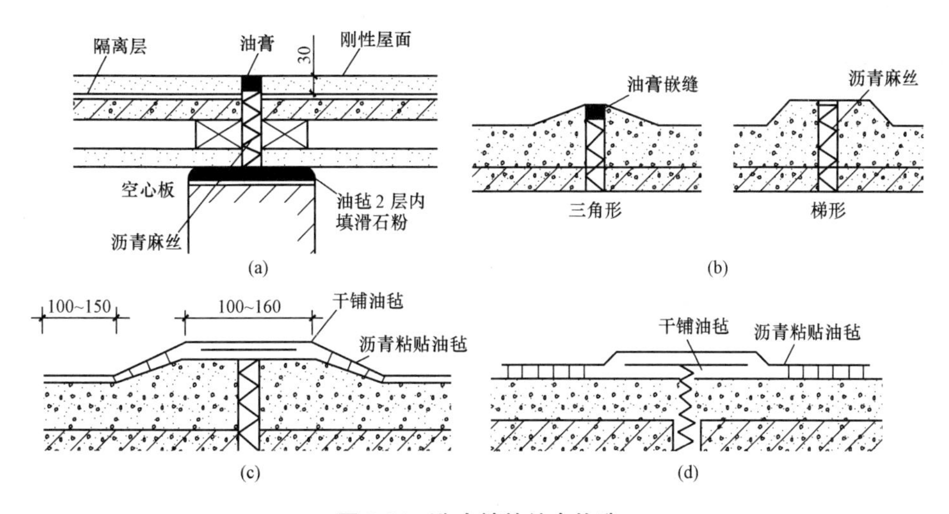

图 5-21　分仓缝的结点构造

(a)平缝油膏嵌缝；(b)凸缝油膏嵌缝；(c)凸缝油毡盖缝；(d)平缝油毡盖缝

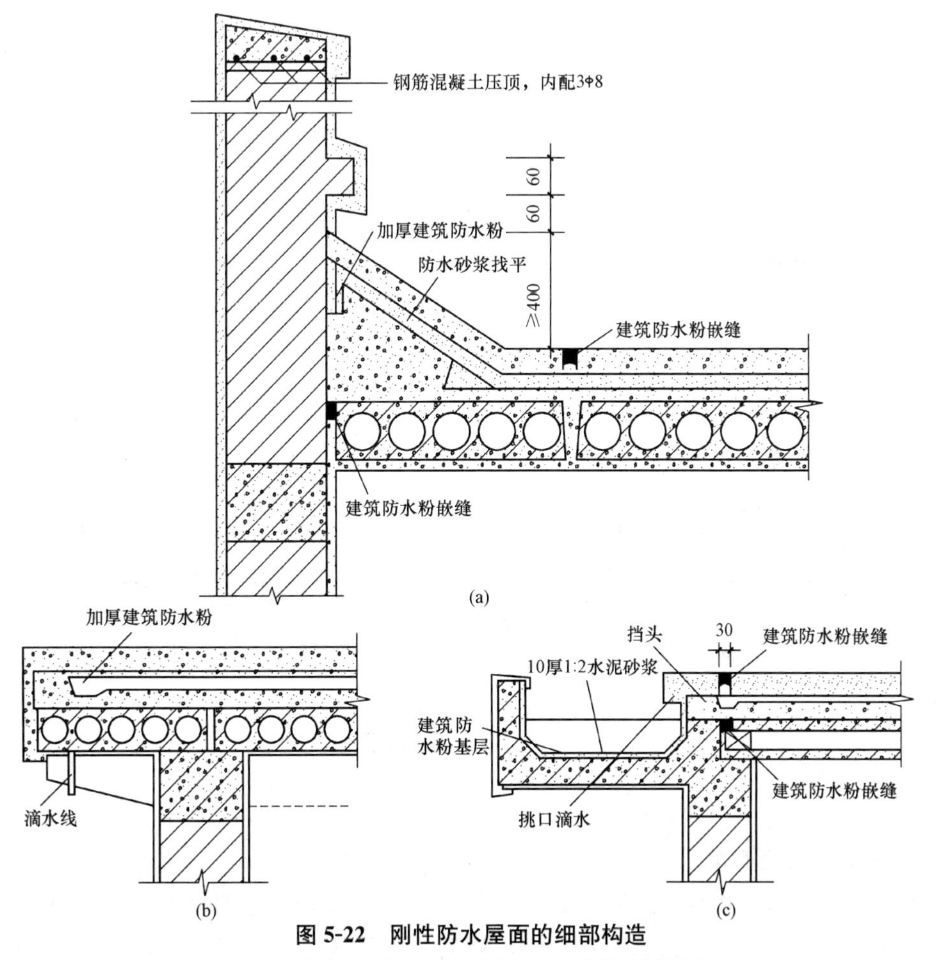

图 5-22　刚性防水屋面的细部构造

(a)泛水构造；(b)自由落水挑檐；(c)有组织排水檐沟

三、变形缝设计

1. 等高屋面变形缝

(1)上人屋面变形缝。对于上人屋面，设置变形缝时应考虑到人活动的方便。在变形缝处，除保证不渗漏、不变形的要求外，还要有利于人的行走。上人屋面变形缝的构造如图 5-23 所示。

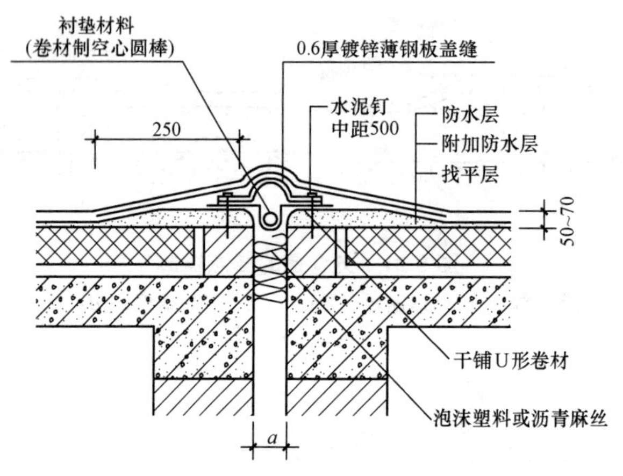

图 5-23　上人屋面变形缝

(2)不上人屋面变形缝。不上人屋面不需要考虑人的活动，应从有利于防水考虑，尽可能避免因变形缝两侧积水而导致渗漏。不上人屋面变形缝的构造如图 5-24 所示，一般是在缝两侧的屋面板上砌筑半砖矮墙，高度应高出屋面至少 250 mm，屋面与矮墙之间按泛水处理，矮墙的顶部用镀锌薄钢板或混凝土压顶进行盖缝。

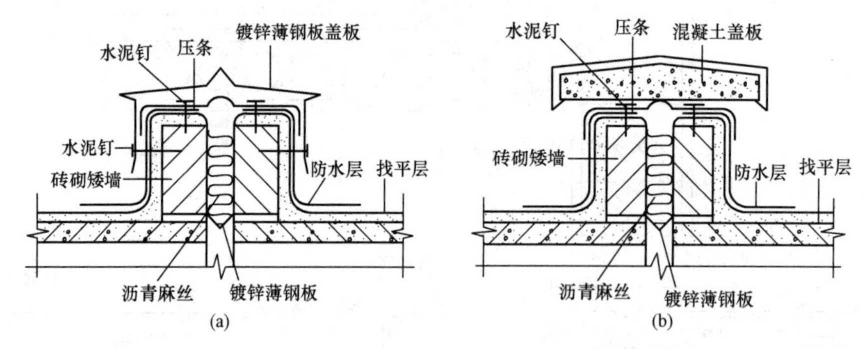

图 5-24　不上人屋面变形缝

(a)横向变形缝泛水之一；(b)横向变形缝泛水之二

2. 不等高屋面变形缝

对于不等高屋面，其变形缝的构造如图 5-25 所示。变形缝留设在高、低墙体之间，施工时，应先在低侧屋面板上砌筑半砖矮墙，然后对变形缝进行处理。在矮墙与低侧屋面之间要做好泛水，变形缝上部用由高侧墙体挑出的钢筋混凝土板或在高侧墙体上固定镀锌薄钢板进行盖缝。

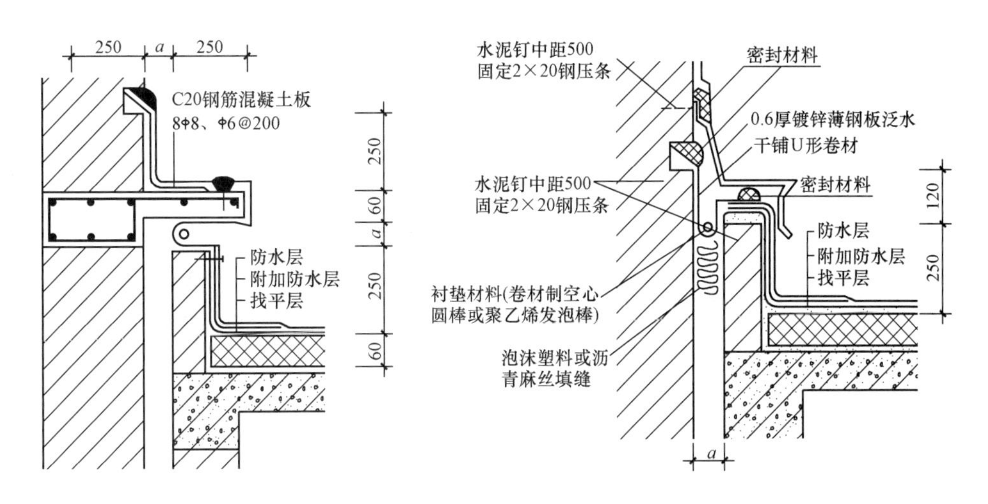

图 5-25　不等高屋面变形缝

四、平顶屋面的隔热保温设计

屋顶作为建筑物最顶部的围护构件，应能够减少外界气候对建筑物室内带来的影响，为此，应在屋顶设置相应的保温隔热层。

(一)平屋顶保温

保温层的构造方案和材料做法需根据使用要求、气候条件、屋顶的结构形式、防水处理方法等因素来具体考虑确定。

1. 保温材料

屋面保温材料应选用轻质、多孔、导热系数小且有一定强度的材料。按材料的物理特性不同，保温材料可以分为三大类：一是散料类保温材料，如膨胀珍珠岩、膨胀蛭石、炉渣、矿渣等；二是整浇类保温材料，如水泥膨胀珍珠岩、水泥膨胀蛭石等；三是板块类保温材料，如用加气混凝土、泡沫混凝土、膨胀珍珠岩混凝土、膨胀蛭石混凝土等加工成的保温块材或板材，或采用聚苯乙烯泡沫塑料保温板。

2. 保温层的位置

根据屋顶结构层、防水层和保温层的相对位置不同，保温层的位置可归纳为以下几种情况：

(1)保温层设在防水层之下，结构层之上。这种形式构造简单，施工方便，是目前应用最广泛的一种形式，如图 5-26(a)所示。当保温层设在结构层之上，并在保温层上直接做防水层时，在保温层下要设置隔汽层。隔汽层的作用是防止室内水蒸气透过结构层，渗入保温层内，使保温材料受潮，影响保温效果。隔汽层的做法通常是在结构层上做找平层，再在其上涂热沥青一道或铺一毡二油。

(2)保温层与结构层相结合。有两种常用做法：一种为槽板内设置保温层，这种做法可减少施工工序，提高工业化施工水平，但造价偏高，如图 5-26(b)、(c)所示。另一种为保温材料与结构层融为一体，如加气的配筋混凝土屋面板。这种构件既能承重又能达到保温效果，施工简单，成本低，但其板的承载力较小，耐久性也差，多适用于标准较低且不上人的屋顶，如图 5-26(d)所示。

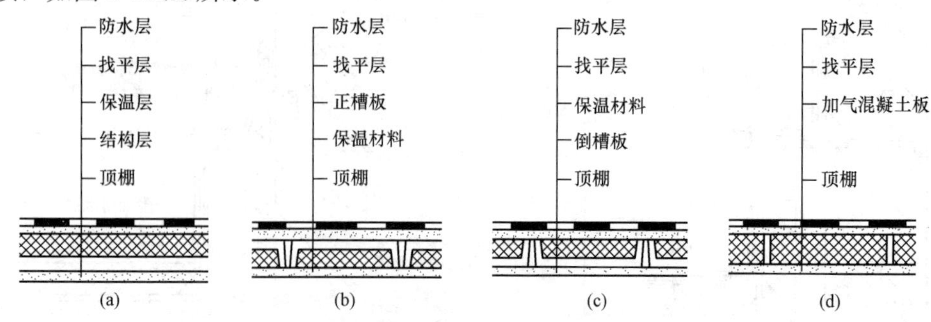

图 5-26　保温层位置

(a)在结构层上；(b)嵌入槽板中；(c)嵌入倒槽板中；(d)与结构层合一

(3)保温层设置在防水层之上，又称倒铺保温层。倒铺保温层时，保温材料需选择不吸水、耐候性强的材料，如聚氨酯或聚苯乙烯泡沫塑料保温板等有机保温材料。其构造层次如图 5-27 所示。其优点是防水层被覆盖在保温层之下，不受阳光及气候变化的影响，热温差较小，同时防水层不易受到来自外界的机械损伤，延长了使用寿命，但容易受到保温材料的限制。有机保温材料上部应用混凝土、卵石、砖等较重的覆盖层压住。

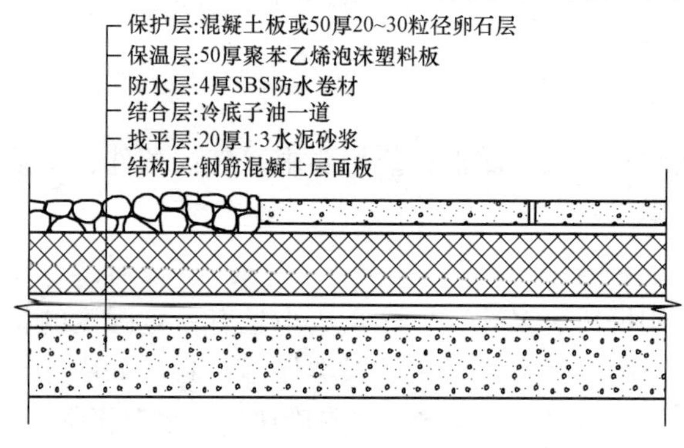

图 5-27　倒铺保温油毡屋面构造

此外，还有一种保温屋面，即在防水层和保温层之间设空气间层，这样，由于空气间层的设置，室内采暖的热量不能直接影响屋面防水层，故称为“冷屋顶保温体系”。这种做法的保温屋顶，无论平屋顶或坡屋顶均可采用。

(二)平屋面隔热

为减少太阳辐射热直接作用于屋顶表面，常见的屋顶隔热降温措施有通风隔热、蓄水隔热、植被隔热和反射降温隔热等。

1. 通风隔热

通风隔热屋面就是在屋顶中设置通风间层，上层表面遮挡太阳辐射热，利用风压和热压的作用把间层中热空气不断带走，从而达到隔热降温的目的。通风间层通常有两种设置方式：一种是利用顶棚内的空间通风隔热，另一种是在屋面上的架空通风隔热，如图 5-28 所示。

(1)顶棚通风隔热。利用顶棚与屋顶之间的空间做通风隔热层，一般在屋面板下吊顶

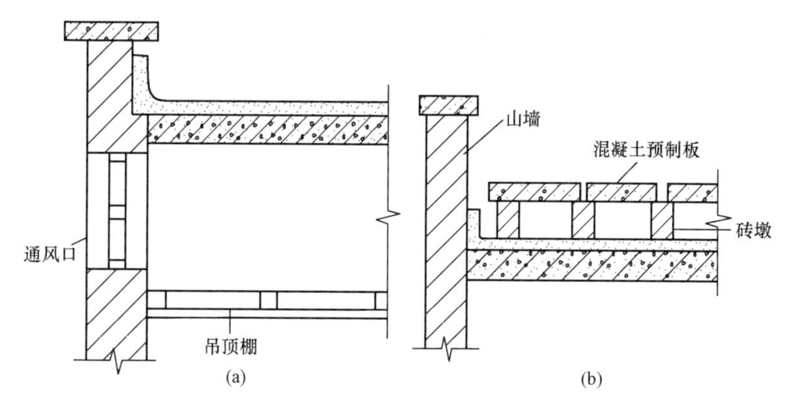

图 5-28　通风降温屋面

(a)顶棚通风；(b)架空大阶砖或预制板通风

棚，檐墙上开设通风口。

(2)架空通风隔热。在屋面防水层上用适当的材料或构件制品做架空隔热层。这种屋面不仅能达到通风降温、隔热防晒的目的，还可以保护屋面防水层。

2. 蓄水隔热

蓄水隔热屋面就是在平屋顶上蓄积一定深度的水，水吸收大量太阳辐射并蒸发，使热量散失，以减少屋顶吸收热能，从而达到降温隔热的目的。蓄水隔热屋面的构造与刚性防水屋面基本相同，只是增设了分仓壁、泄水孔、过水孔和溢水孔，如图 5-29 所示。水层对屋面还可以起到保护作用，但使用中的维护费用较高。

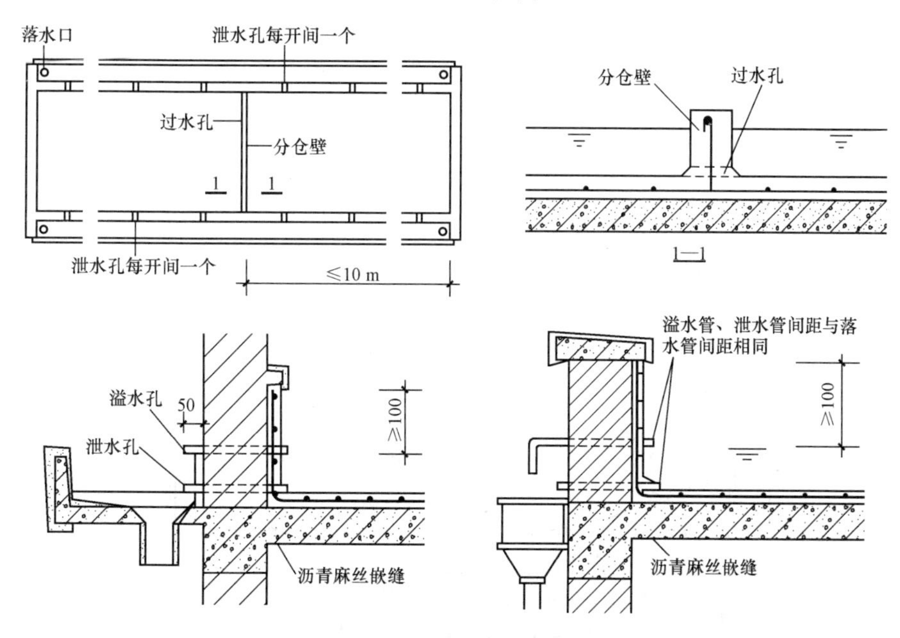

图 5-29　蓄水隔热屋面

3. 植被隔热

在平屋顶上种植植物，利用植物光合作用时吸收热量和植物对阳光的遮挡功能来达到隔热的目的。这种屋面在满足隔热要求时，还能够提高绿化面积，有利于美化环境，净化空气，但会增加屋顶荷载，屋面结构处理较复杂。

4. 反射降温隔热

反射降温隔热屋面就是在屋面铺浅色的砾石或刷浅色涂料等，利用浅色材料的颜色和光滑度对热辐射的反射作用，将屋面的太阳辐射热反射出去，从而达到降温隔热的作用。目前，卷材防水屋面采用的新型防水卷材，如高聚物改性沥青防水卷材和合成高分子防水卷材的正面覆盖的铝箔，就是利用反射降温的原理来保护防水卷材的。

第四节　屋顶构造设计方法与步骤

一、屋顶平面设计

(1)确定排水方向和坡度。

1)排水方向可根据屋面高低、屋顶平面形状和尺寸来划分的排水坡面确定。屋面宽度不大时，用单坡排水；宽度较大时，用双坡排水。

2)根据当地气候条件、屋面防水材料和屋面是否上人，确定屋面坡度。

(2)确定排水方式，划分排水区域。确定檐口排水方式，常用檐沟外排水和女儿墙外排水，也可用檐沟女儿墙外排水或女儿墙内排水。排水区域中雨水口位置、排水方向和具体划分如图 5-30 所示。

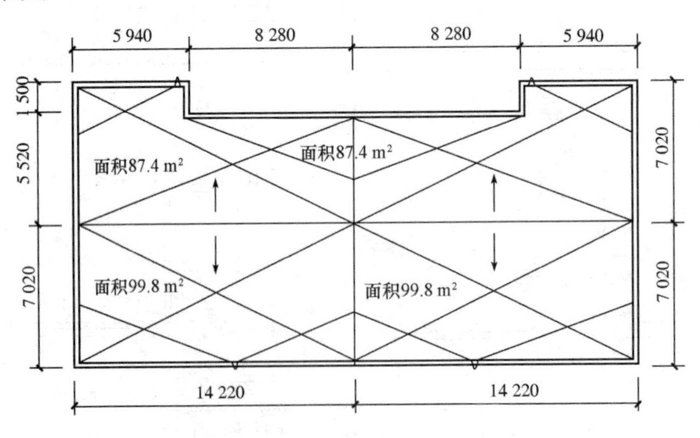

图 5-30　屋面排水区域划分

(3)确定落水口及落水管的间距和位置。根据排水坡面的宽度、当地气候条件、排水沟的集水能力和落水管的大小等因素，确定落水口及落水管的间距和位置。落水口及落水管的间距一般不超过 24 m，常用 12～18 m。

(4)确定排水沟内的纵向排水坡度。排水沟内的纵向坡度不应小于 1%。

(5)确定屋面防水方案。根据屋面防水要求、当地气候条件等因素，确定屋面防水方案及防水材料。

(6)绘制屋顶平面图、檐沟结点详图。

二、屋顶细部构造

(1)檐口构造。

1)考虑排水要求、结构要求、施工条件和立面美观等因素，确定檐沟的断面形式和尺寸，以及支承方式。檐沟净宽一般不小于 200 mm，分水线处的檐沟深度不宜小于 100 mm。根据当地气候条件和建筑物的使用要求，确定屋面防水、保温或隔热、找坡等构造做法。

2)根据泛水要求和立面设计要求，确定女儿墙的高度。确定檐沟的形式、尺寸、支承方式及防水构造，确定女儿墙处的泛水构造、女儿墙压顶做法和排水口的高度，确定屋面做法。

(2)泛水构造。确定泛水的构造做法和泛水高度，做好防水层的收头处理，确定屋面做法。

(3)落水口构造。

1)根据屋面排水方式，选择落水口的形式。

2)选择落水口、落水斗和落水管的材料，确定安装方法。

3)做好落水口处的防水，注意落水口周边的防水层收头处理。

4)确定屋面做法。

(4)分格缝构造。确定分格缝的宽度，确定纵向和横向分格缝的防水构造做法。

第五节　屋顶设计参考资料

一、平屋顶女儿墙与泛水的构造做法

平屋顶女儿墙与泛水的构造做法如图 5-31、图 5-32 所示。

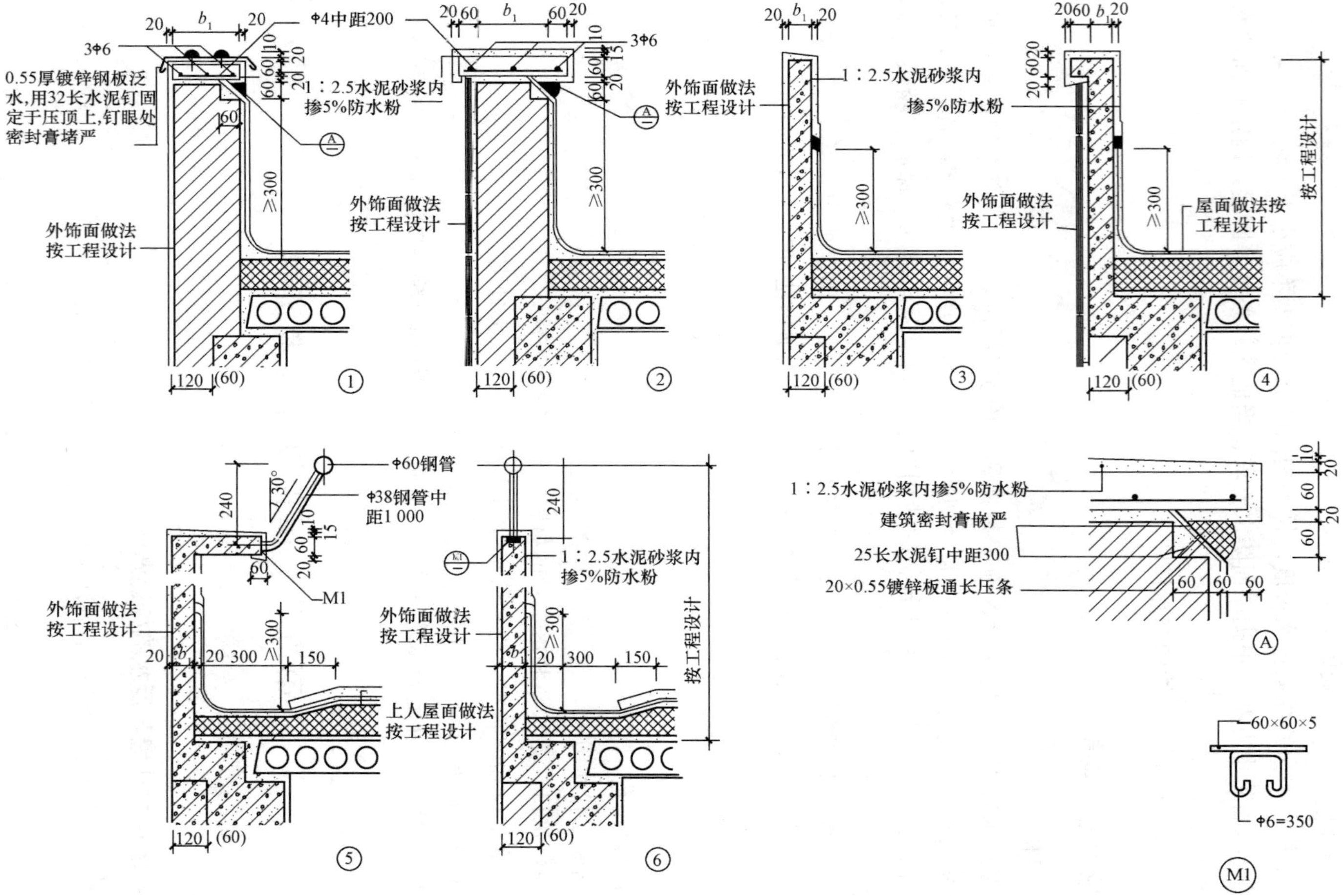

图5-31　平屋顶女儿墙与泛水的构造做法（一）

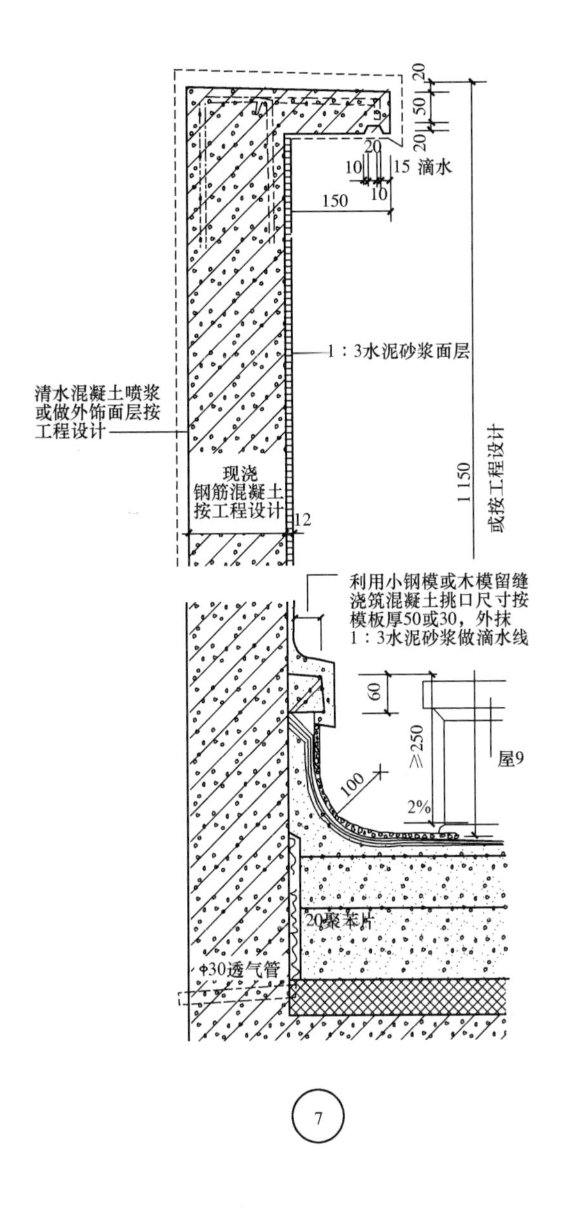

图 5-32　平屋顶女儿墙与泛水的构造做法(二)

二、平屋顶女儿墙外排水三角形天沟构造

平屋顶女儿墙外排水三角形天沟构造如图 5-33 所示。

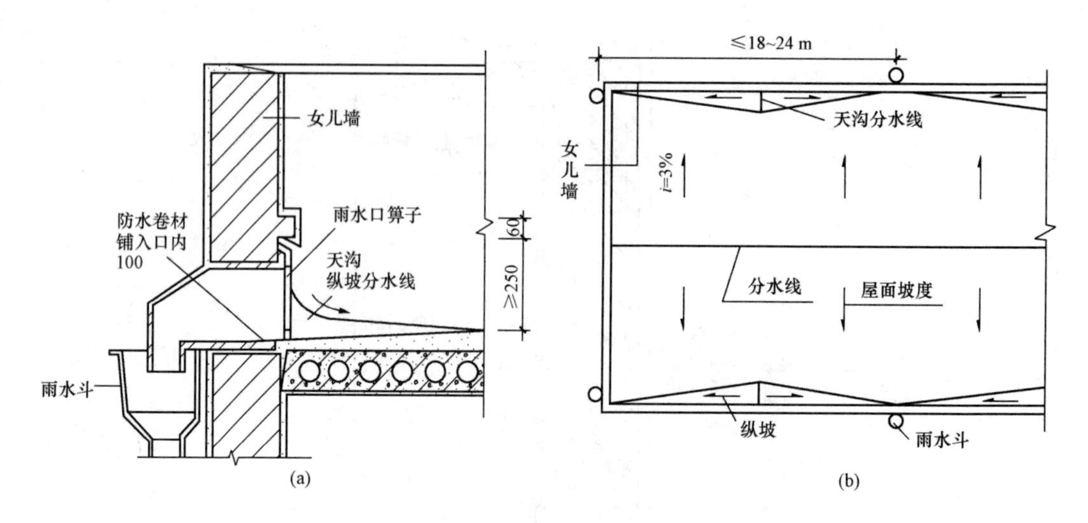

图 5-33　平屋顶女儿墙外排水三角形天沟构造

(a)女儿墙断面图；(b)屋顶平面图

三、平屋顶檐沟外排水矩形天沟构造

平屋顶檐沟外排水矩形天沟构造如图 5-34 所示。

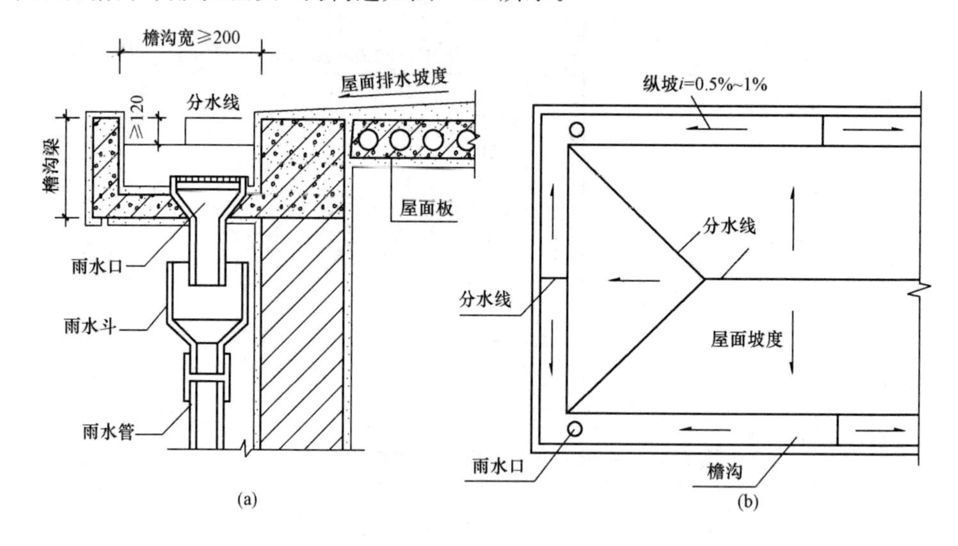

图 5-34　平屋顶檐沟外排水矩形天沟构造

(a)挑檐沟断面图；(b)屋顶平面图

四、雨水口构造

雨水口构造如图 5-35 所示。

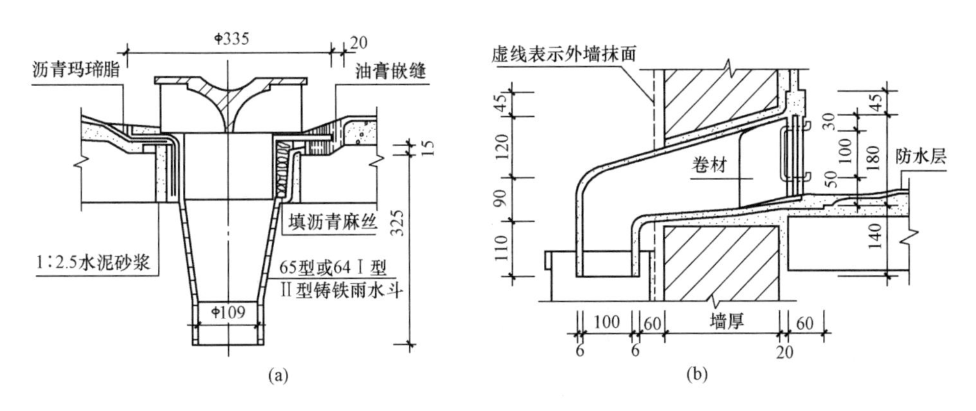

图 5-35　雨水口构造

(a)直管式雨水口；(b)弯管式雨水口

五、分格缝构造

分格缝构造如图 5-36 所示。

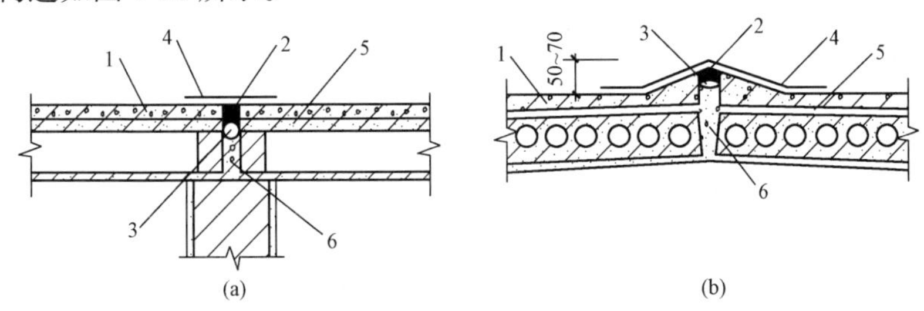

图 5-36　分格缝构造

(a)横向分格缝；(b)屋脊分格缝

1—刚性防水层；2—密封材料；3—背衬材料；4—防水卷材；5—隔离层；6—细石混凝土

六、刚性防水屋面分仓缝的布置和做法

刚性防水屋面分仓缝的布置和做法如图 5-37 所示。

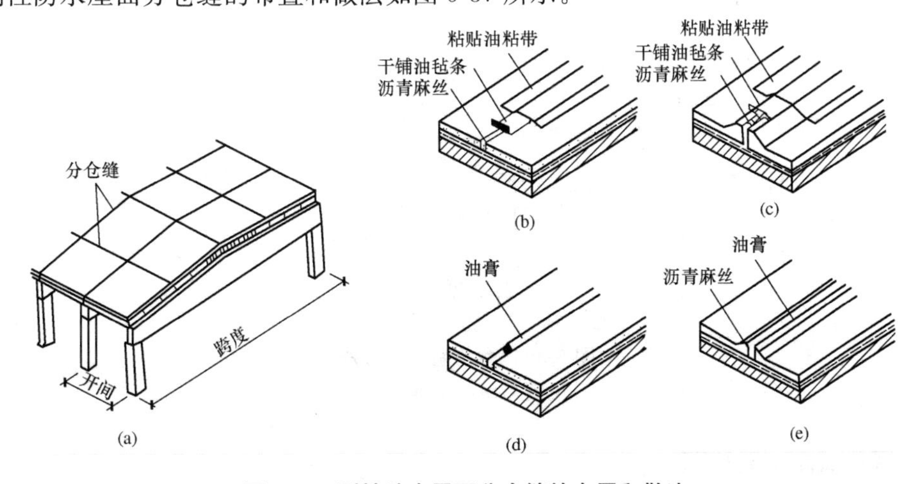

图 5-37　刚性防水屋面分仓缝的布置和做法

(a)分仓缝的布置；(b)平缝油毡盖板；(c)凸缝油毡盖缝；(d)平缝油膏嵌缝；(e)凸缝油膏嵌缝

七、卷材屋面泛水构造做法

卷材屋面泛水构造做法如图 5-38 所示。

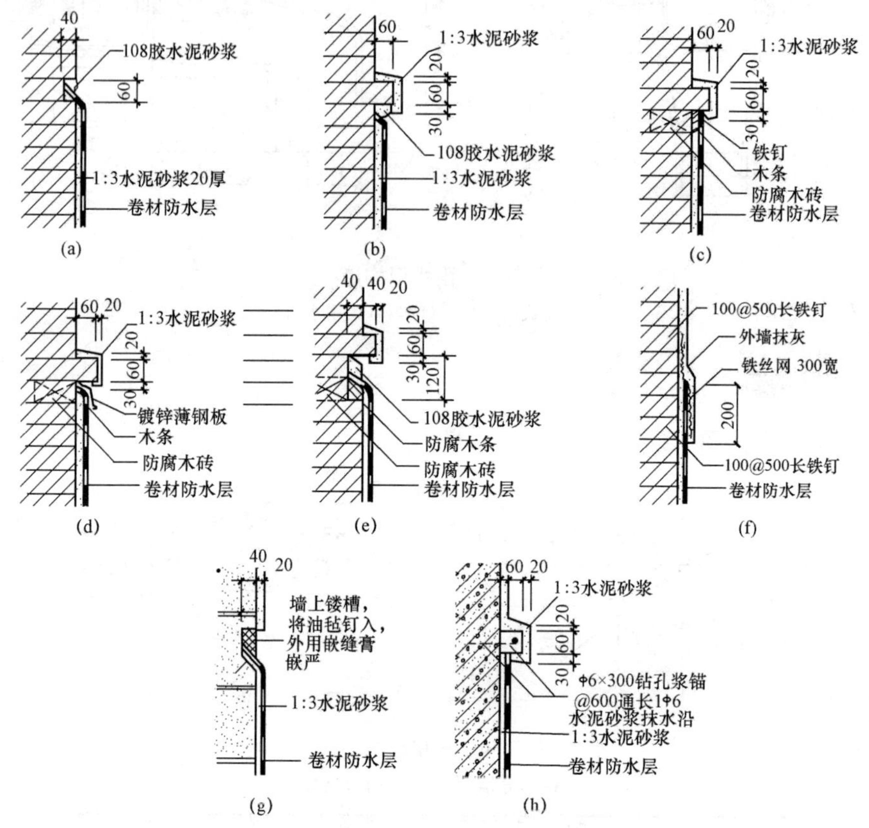

图 5-38　卷材屋面泛水构造做法

(a)～(f)砖墙泛水；(g)加气混凝土墙泛水；(h)钢筋混凝土墙泛水

八、女儿墙压顶做法

女儿墙压顶做法如图 5-39 所示。

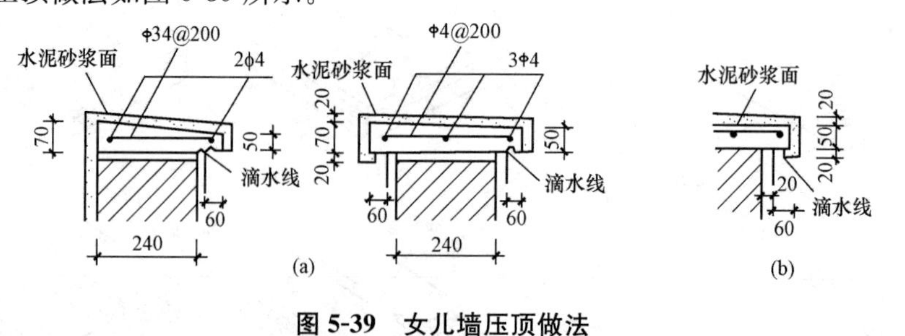

图 5-39　女儿墙压顶做法

(a)预制压顶板；(b)现浇压顶板

九、弯管式雨水管构造

弯管式雨水管构造如图 5-40 所示。

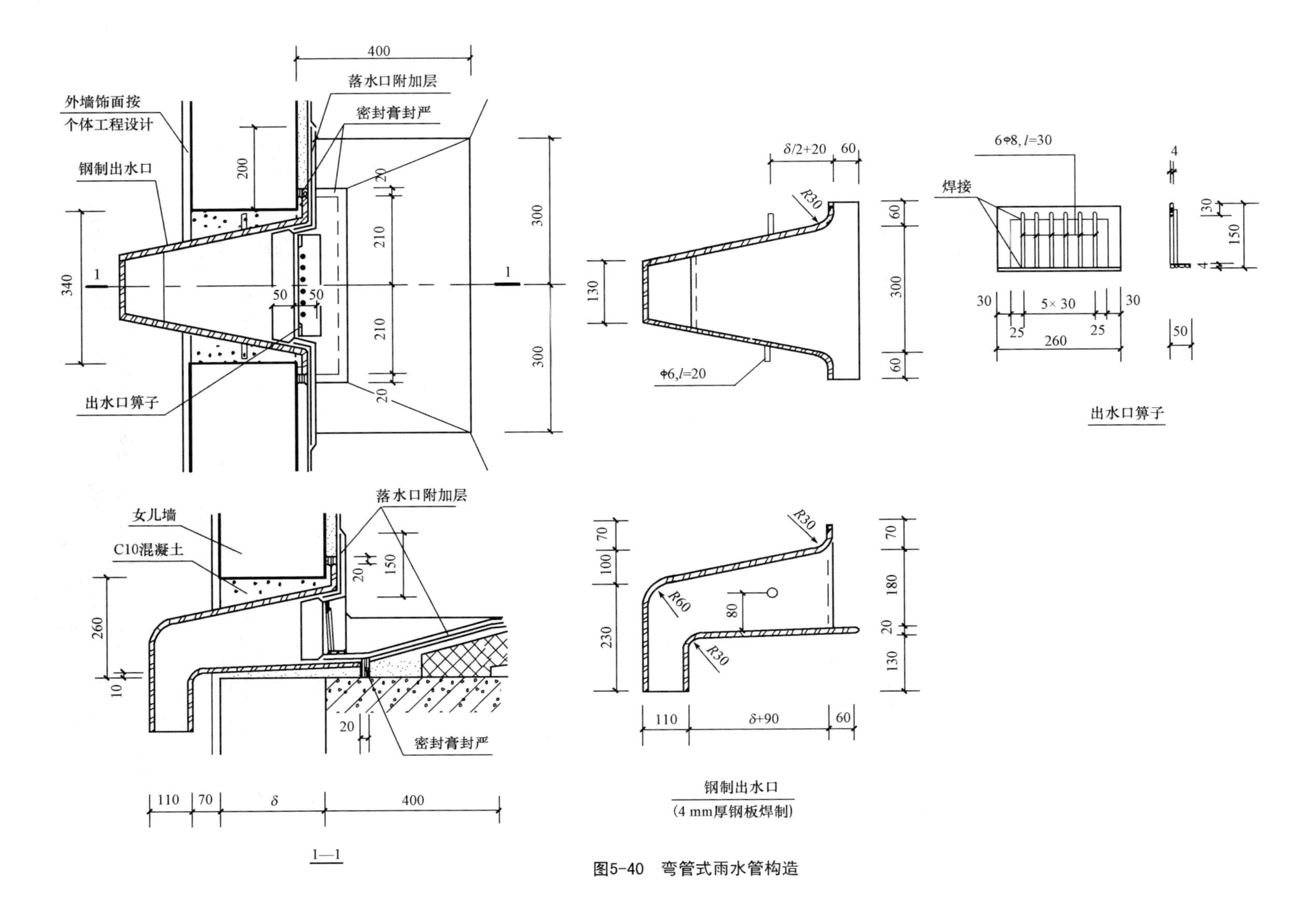

图5-40　弯管式雨水管构造

十、管道穿屋面构造

管道穿屋面构造如图 5-41 所示。

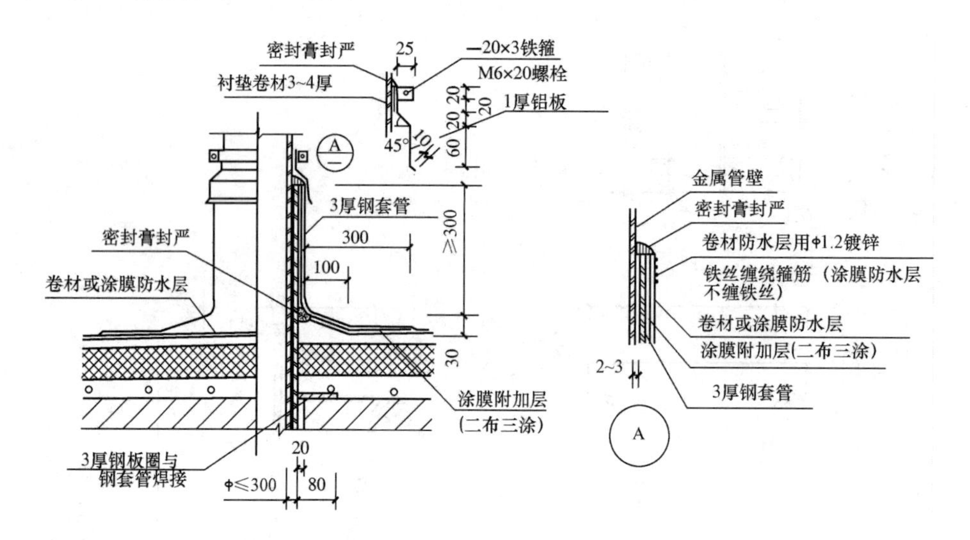

图 5-41　管道穿屋面构造

十一、架空通风隔热构造

架空通风隔热构造如图 5-42 所示。

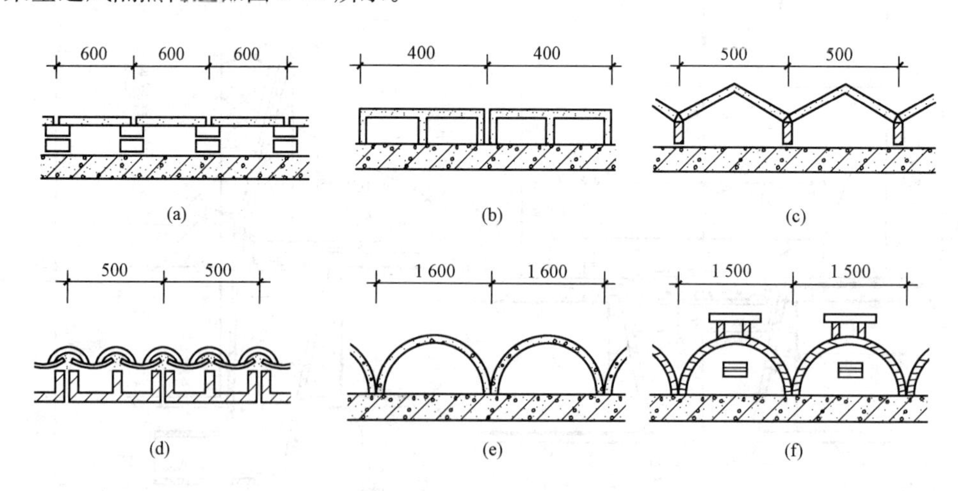

图 5-42　架空通风隔热构造

(a)架空预制板(或大阶砖)；(b)架空混凝土山形板；(c)架空钢丝网水泥折板；
(d)倒槽板上铺小青瓦；(e)钢筋混凝土半圆拱；(f)1/4 厚砖拱

十二、种植屋面构造

种植屋面构造如图 5-43 所示。

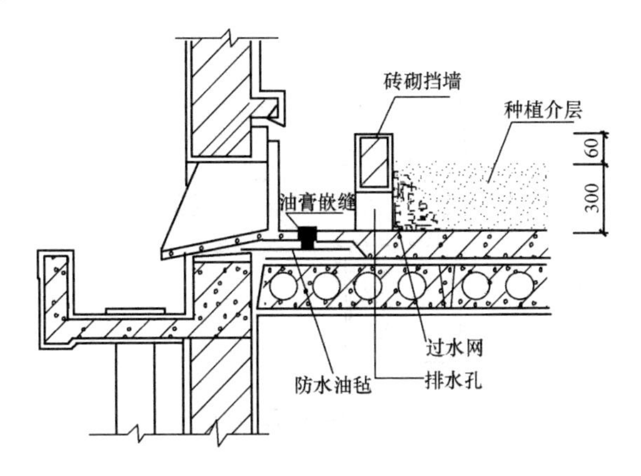

图 5-43　种植屋面构造

第六节　屋顶设计实例

某办公大楼屋顶平面图、檐沟结点详图如图 5-44、图 5-45 所示。

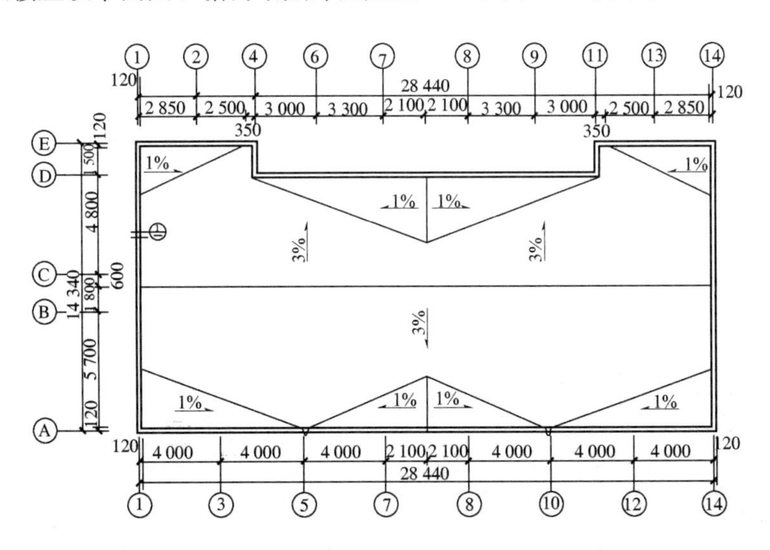

图 5-44　屋顶平面图

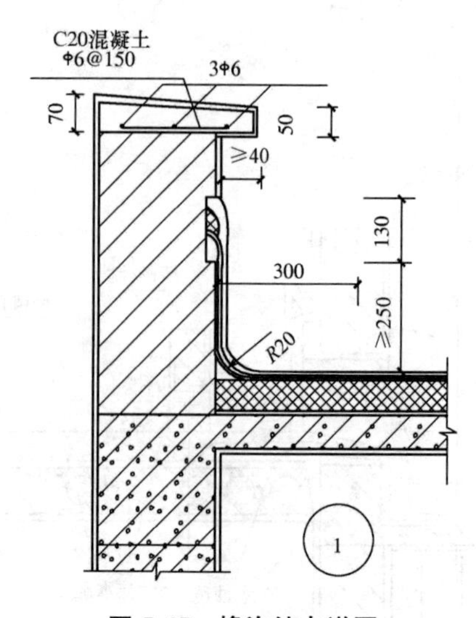

图 5-45　檐沟结点详图

第六章　住宅设计

第一节　住宅设计任务书

一、设计题目

单元式多层住宅设计。

二、目的要求

通过理论教学、参观和设计实践，学生能够运用已学的建筑空间环境设计理论和方法进行一般的建筑初步设计，进一步理解建筑设计的基本原理，掌握初步设计的步骤和方法，进一步训练绘图技巧和提高绘图能力。

三、设计条件

(1)本设计为城市型住宅，位于城市居住小区内，具体地点自定。

(2)按套型设计，套型类别自定，但应以二、三类套型为主，兼做部分一、四类套型。

(2)各类套型的居住空间个数和使用面积不宜小于表 6-1 的规定。

(3)每套应设卧室、起居室(厅)、厨房、卫生间等基本空间。

表 6-1　套型分类

套型	居住空间个数/个	使用面积/m^2
一类	2	34
二类	3	45
三类	3	56
四类	4	68

1)卧室和起居室(厅)。使用面积不应小于下列规定：双人卧室为 10 m^2，单人卧室为 6 m^2，兼起居的卧室为 12 m^2；起居室(厅)为 12 m^2。无直接采光的厅的面积不应大于 10 m^2。卧室和起居室(厅)应有直接采光、自然通风条件。

2)厨房。每户独用应设置洗涤池、案台、炉灶及抽油烟机等设施或预留位置，其使用面积符合下列规定：一、二类住宅不小于 4 m^2；三、四类住宅不小于 5 m^2。厨房也应有直接采光、自然通风条件。

3)卫生间。每户单独使用至少应配置的卫生洁具有便器、洗浴器和洗面器，使用面积不应小于 3 m^2。

4)其他。每套住宅应设储藏空间，壁柜净深不宜小于 0.45 m，吊柜净高不应小于 0.35 m。每套住宅应设阳台。

(4)层高为2.80 m，层数为5层。

(5)结构形式为砖混结构。

四、设计内容及图纸要求

1. 设计内容

用仪器绘制，A2图纸(1～2张)，制图标准参照《房屋建筑制图统一标准》(GB/T 50001—2010)，并根据具体建筑技术条件提供设计说明书。

(1)平面图。

1)确定各房间的形状、尺寸及位置，注明房间名称及各功能空间使用面积。

2)确定门窗的位置及大小，表示门的开启方向及方式。

3)表示楼梯的踏步、平台及上下行指示线。

4)厕所应画出卫生器具的位置。

5)标注各部分尺寸：外部尺寸(即总尺寸、轴线尺寸、墙段和门窗洞口尺寸)、内部尺寸(即内部墙段、门窗洞口、墙厚等细部尺寸)；标注楼面标高；标注定位轴线及轴线编号、门窗编号、剖切符号、指北针和详图索引符号等。

6)注写图名和比例(1∶100)。

(2)剖面图。

1)确定各主要部分的高度和分层情况以及主要构件的相互关系。

2)标注建筑总高度、层高以及门窗洞口和窗间墙等细部尺寸。

3)标注主要轴线及编号、详图索引符号，注写图名和比例(1∶100)。

(3)立面图。

1)表示建筑外形以及门窗、雨篷、外廊等构配件的形式和位置。

2)标注边轴线及编号，注写图名和比例(1∶100)。

(4)屋顶平面图。

1)表明各坡面交线、檐沟或女儿墙和天沟、落水口、屋面上人孔等位置，标注排水方向和坡度。

2)标注屋面标高(结构上表面标高)，标注屋面上人孔等凸出屋面部分的有关尺寸。标注各转角处的定位轴线及编号。外部标注两道尺寸(即轴线尺寸、落水口到邻近轴线的距离或落水口的间距)。

3)标注详图索引符号，注写图名和比例(1∶100或1∶200)。

(5)结点详图。表示结点的构造关系，标注有关细部尺寸、标高、轴线编号以及构造做法等。其比例自定。

2. 图纸要求

(1)设计说明、门窗表、图纸目录和工程做法表。

1)设计说明主要包括工程概况、设计依据和工程做法表中没能表明的构造做法等。

2)门窗表中的内容有编号、名称、洞口尺寸[宽(mm)×高(mm)]、数量和备注等。

3)图纸目录主要说明一套图纸的数量、编号、规格和图名(各张图纸的内容)等。

4)工程做法表主要表明建筑各构件的做法，采用标准图集号和使用部位等。

(2)技术经济指标。

1)总建筑面积（m^2）、各层建筑面积（m^2）。

2)各功能空间使用面积（m^2）。

$$套型建筑面积=总建筑面积(m^2)/总套数$$

$$标准层使用面积系数=\frac{标准层使用面积(m^2)}{标准层总建筑面积(m^2)}\times 100\%$$

各套型指标按表 6-2 填写。

表 6-2　套型指标

项　　目	套　　型		
	大套	中套	小套
套数/套			
套型比/%			
平均每套使用面积/m^2			

第二节　住宅设计指导

一、住宅设计原则

住宅设计应遵循以下原则：

(1)保障居民基本的住房条件，提高住宅功能质量，使住宅设计符合适用、安全、卫生、经济等要求。

(2)住宅设计必须执行国家的方针政策和国家现行有关强制性标准的规定。遵守安全卫生、环境保护、节约用地、节约能源、节约用材、节约用水等有关规定。

(3)住宅设计应符合城市规划和居住区规划的要求，使建筑与周围环境相协调，创造方便、舒适、优美的生活空间。

(4)住宅设计应推行标准化、多样化，积极采用新技术、新材料、新产品，促进住宅产业现代化。

(5)住宅设计应在满足近期使用要求的同时，兼顾今后改造的可行性。

(6)住宅设计应以人为核心，除满足一般居住使用要求外，根据需要尚应满足老年人、残疾人的特殊使用要求。

二、住宅设计要点

(1)符合有关套型、户室比、建筑面积标准和设备要求。房屋间的平面组合关系要合理紧凑，避免卧室间的穿套。

(2)高层住宅居住条件必须合理，应避免全北向采光户型；多层住宅至少应有一间卧室朝南开窗，且其采光面积不应小于 1 200 mm×1 500 mm，其他居室应具有直接采光、自然通风条件，且应减少直接开向起居室(厅)门的数量。

(3)厨房应有直接采光、自然通风条件，必须设置洗涤池、排油烟井道等设施；每套住宅应设卫生间，但不应布置在卧室、起居室(厅)和厨房的直接上层；套内还应设置洗衣机、电冰箱等家电的位置。

(4)设置电梯的住宅公共入口，应设置供轮椅通行的坡道和扶手，电梯间不应与卧室、起居室紧邻布置，凡受条件限制不能满足要求时，必须采取有效的隔声与减振措施。电梯厅的深度不应小于多台电梯中最大电梯轿厢的深度，且不得小于1.5 m；多层住宅楼梯间应有天然采光和自然通风条件。

(5)住宅建筑的造型和色彩力求美观大方。居住建筑外观形式要多样化，与周围环境相适应。

三、住宅功能分析

住宅是供家庭日常居住使用的建筑物。家庭生活虽因人们的生活习惯、生活水平、自然环境、文化修养等差别而不同，但住宅各部分的相对关系均可归纳为居住、厨卫、交通三大部分，如图 6-1 所示。以起居室为中心的公共圈是家庭集中活动及会客的场所，其活动是活跃且隐蔽要求不高的集中活动，要求有比较宽敞的空间及较好的小气候质量。以卧室为中心的个人圈则是家庭成员各自睡眠的场所，其活动是安静和隐蔽的个人活动，要求宁静且室内有良好的小气候质量。以厨房为中心的劳动圈是家务劳动的场所。一般住宅功能空间的组合关系也可用图 6-2 来表示。

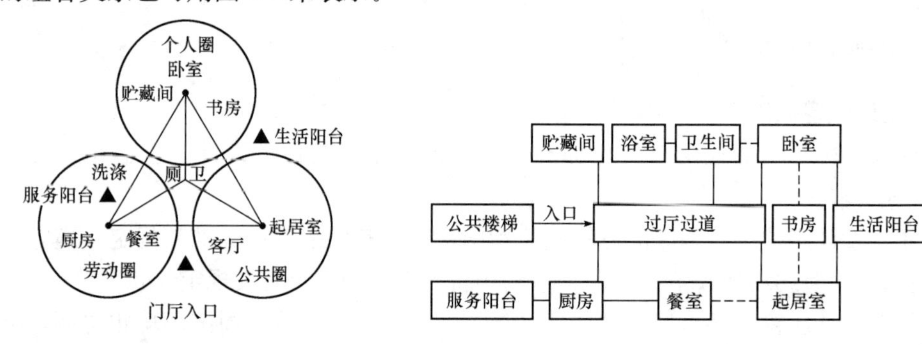

图 6-1 家庭生活结构图　　**图 6-2 住宅的组合示意图**

住宅室内空间的合理利用，在于不同功能区域的合理分割，巧妙布局，疏密有致，且能充分发挥居室的使用功能，如卧室、书房要求安静，可设置在靠里边一些位置以不被其他室内活动干扰。起居室、客厅是对外接待、交流的场所，可设置靠近入口的位置。卧室、书房与起居室、客厅相连处又可设置过渡空间或共享空间，起间隔和调节作用。此外，厨房应紧靠餐室，卧室与卫生间贴近等。

四、住宅各空间部分的设计

一幢单元式的多层住宅，可以由一户或几户组成单元，再由几个单元组成一栋住宅。而“户”是住宅设计的基本单位(也称为“套”)，一户住宅内部可包括起居室、厨房、卫生间、户内过道(户内楼梯)或前室、贮藏间、室外活动空间(庭院、阳台、露台)等几个部分。

1. *居室设计*

居室是户内最主要的房间，是团聚、会客的场所，一户内一般有 1～4 间或更多间居室。现代住宅设计的趋势是：为一类活动设置较大空间的起居室，即厅、堂(一般每户一间)；为另一类活动设置空间较小的独立的卧室、工作室等(一户可以有几间)。按我国目前的住宅面积标准，常用的居室类型有卧室兼起居室、卧室兼学习和工作室两种。标准较高的住宅中可以设置起居室、卧室、餐室、书房(工作室)等。

居室的平面设计应根据不同的使用要求，布置适当的家具并保证适当的活动空间。

(1)卧室。卧室的布置应综合考虑卧室面积、形状、门窗位置、床位布置以及活动面积等综合因素。

卧室分主卧室和次卧室。主卧室供主人夫妇居住，家具除布置双人床(或两张单人床)外，有时还要放婴儿(儿童)床；兼做学习室时应布置书桌、书架，此外还可能有衣柜、床头柜等。次卧室供家庭其他成员居住，应放一张(单人卧室)或两张(双人卧室)单人床及其他必要的家具。

在卧室的设计上，应追求功能与形式的完美统一，追求优雅独特、简洁明快的设计风格。卧室最小面积为 6.0 m^2，中等大小为 8～10 m^2，12～14 m^2 属大卧室。卧室必备的使用家具有床、床头柜、更衣橱、低柜(电视柜)、梳妆台等。作为卧室的主要家具，床在设计时应尽量考虑沿内墙布置，房间的形状布置应尽可能与床尺寸配合。居住面积较为宽裕时，床位布置也可三面临空，未成年子女也可将卧室与书房合在一起。但要注意卧室之间不应穿越，卧室应有直接采光、自然通风条件。

(2)起居室(客厅)。在面积较宽裕的情况下，常将起居活动与卧室分开，这样有利于减少干扰，对保证家庭成员的休息、睡眠、学习都起到很大的作用。起居室的家具布置密度应低些，以保留较大的活动空间。起居室的面积不应小于 12 m^2，净宽不小于 2.7 m，净长不小于 3 m。起居室平面布置如图 6-3 和图 6-4 所示。

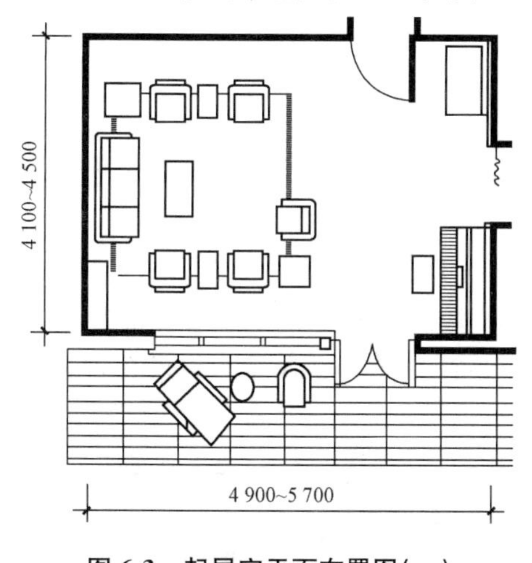

图 6-3　起居室平面布置图(一)

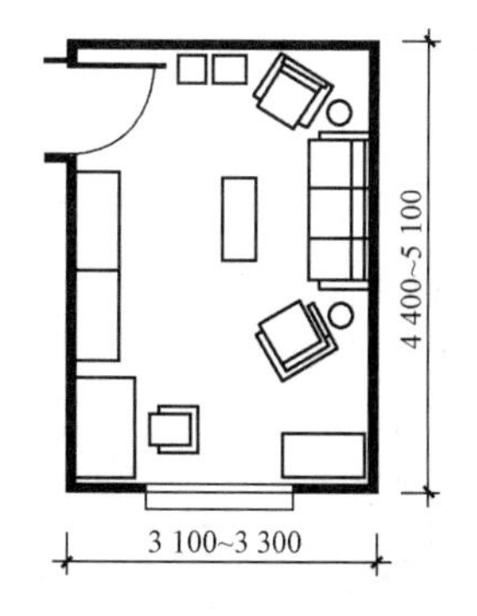

图 6-4　起居室平面布置图(二)

起居室内布置餐桌时，应考虑餐桌与厨房有方便的联系，或餐桌布置在起居室的凹室内，或用装饰性隔断分隔。这样布置在使用上很方便，并有利于保持起居室的清洁。在标准较高的住宅中，可设独立的餐室，或在厨房内设餐桌。

(3)卧室兼起居。供团聚、会客、进餐等起居活动使用的最简单的家具由一组方桌和凳子(椅子)组成，有的家庭另外布置一组靠椅或其他家具。居室净面积不应小于 12 m^2。起居活动宜布置在敞亮通风处，如靠窗的位置等。

2. 厨房设计

厨房一般情况下应设置洗涤池、案台、炉灶及排油烟机、固定式碗柜等设备或预留位置，现代家居还要求考虑厨房里预留冰箱的位置。厨房还应有直接采光、自然通风条件，并宜布置在套内靠近入口处。设备布置要考虑操作的方便，操作空间一般不应小于 750 mm×750 mm。厨房应与服务阳台直接相通，以便理菜、晾晒、贮藏等，使厨房使用空间扩大到户外。餐室位置应接近厨房，不宜接近卫生间。

(1)厨房的布置。厨房按其功能组合可以分为工作厨房及餐室厨房两类。工作厨房仅安排炊事活动，而餐室厨房则兼有炊事和进餐两种功能。

厨房按洗、切、烧的顺序布置洗池、案台、炉灶，并将它们布置在光线好、空气流通、使用方便的位置。其布置形式如下：

1)单排布置(一字形)。其适用于宽度只能单排布置设备的狭长平面或在另一侧布置餐桌的厨房。由于各设备都要留出各自的操作面积，面积利用不够充分，如图 6-5 所示。

2)双排布置。将设备分列两侧，操作时造成 180°转身往复走动，从而增加体力的消耗，其适用于设阳台门的厨房及相对有两道门的厨房。条件允许时可以分别在两侧均设洗涤池以减少往复走动，如图 6-6 所示。

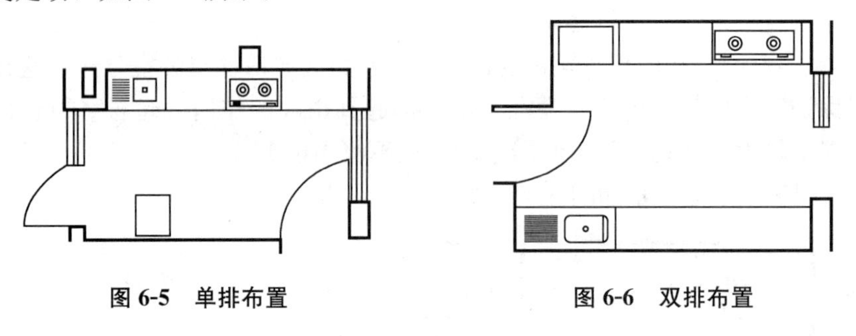

图 6-5　单排布置　　**图 6-6　双排布置**

3)曲尺形及 U 形布置。设备成 90°布置，操作省力方便。但设备布置会形成一些死角而使面积利用不够充分。曲尺形布置可保留一完整墙面布置餐桌，而 U 形布置一般仅适用于人口较多的家庭及设备较多的厨房。这两种布置适用于平面接近于方形的厨房。

设备的布置还要注意不同地区的气候特点，炎热地区宜将炉灶靠窗布置，以利排除烟气；而寒冷地区又要避免洗池靠窗布置，以免冻结，如图 6-7 所示。设备布置还应符合人体活动空间及操作设备的尺寸，如图 6-8 所示。

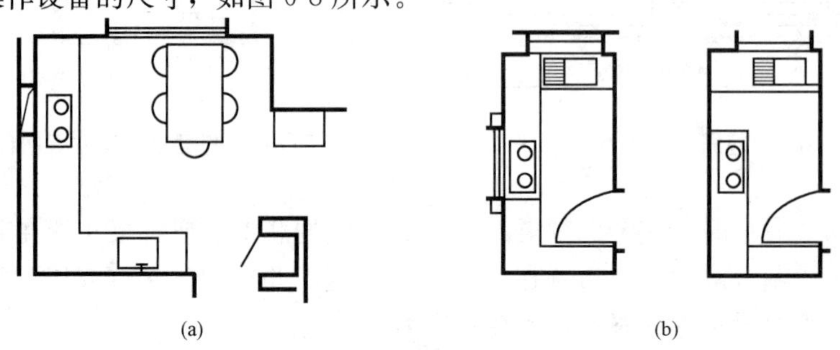

图 6-7　厨房设备的布置形式

(a)曲尺形布置；(b)U 形布置

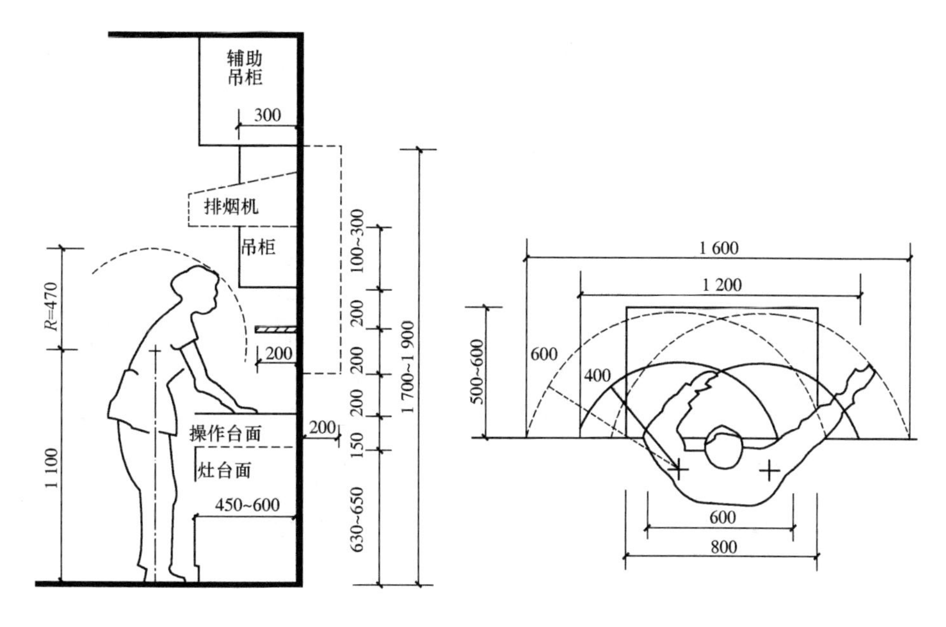

图 6-8　厨房内人体与设备组合尺寸

(2)厨房的细部设计。厨房应有外窗或开向走廊的窗户，窗宽不小于 0.9 m。厨房门宽不小于 0.8 m。厨房还应有良好的通风，要防止油烟、煤气、灰尘窜入居室。使用煤为燃料的厨房，应在其内墙上设置烟道。在炉灶上方还应设置专门的排油烟设备。同时厨房还应注意防火，墙和地面要便于清洗，也要注意防水，一般厨房地面应比居室地面低 20～60 mm。

3. 卫生间设计

住宅卫生间的设计与布置是根据住宅标准、气候条件、使用对象、生活习惯等因素来决定。在一般标准的住宅里，卫生间只设大便器，洗漱往往利用厨房的洗池。在高标准的住宅内，大都采用大便器、脸盆、浴盆三件式卫生间。

卫生间的位置宜接近主卧室，单设大便器的卫生间应接近客厅。但要注意卫生间不应直接布置在下层住户的卧室、起居室(厅)和厨房的上层。

卫生间的设置应有防水、隔声和便于检修的措施。一般卫生间墙裙、地面用水磨石、锦砖、瓷砖等材料。地面应比其他房间低 20～60 mm，并设较大的排水坡度，使水不致溢出。

卫生间可间接采光，无条件间接采光时，可处理成暗厕，但应处理好排气通风。一般是在卫生间门扇下部留百叶进风，墙内设拔气道或设通风井排风。无前室的卫生间的门不应直接开向起居室(厅)或厨房。

卫生间内视具体情况，设置手纸盒、肥皂盒、挂衣钩、毛巾架、镜面等，为用户提供更大的方便，其尺寸见表 6-3。

表 6-3　卫生间布置尺寸

方式	两件布置	单件布置	三件合设布置	两件及淋浴布置
图例	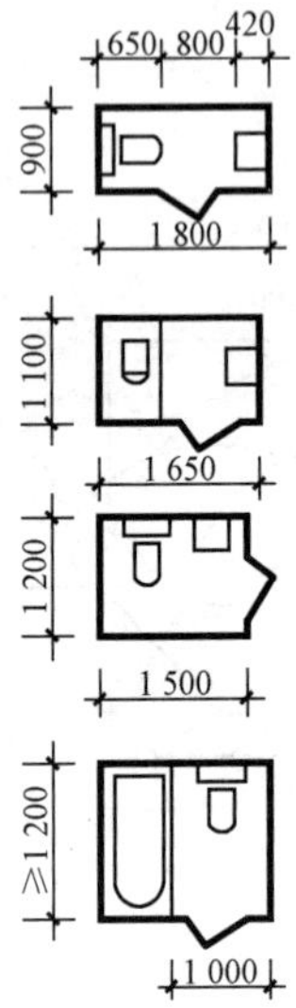 650　800　420 900 1 800 1 100 1 650 1 200 1 500 ≥1 200 1 000	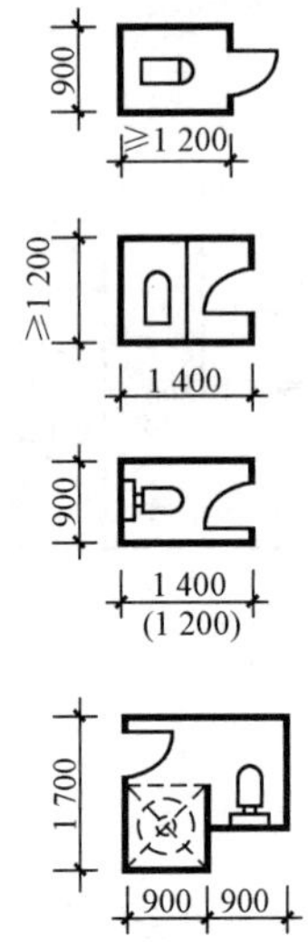 900 ≥1 200 ≥1 200 1 400 900 1 400 (1 200) 1 700 900　900	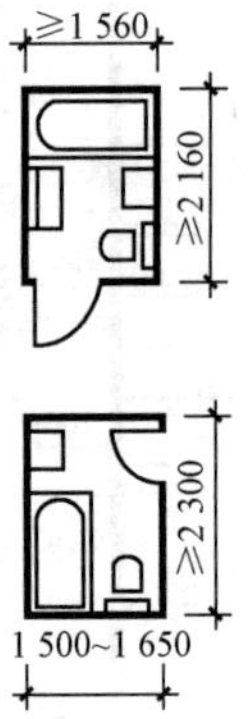 ≥1 560 ≥2 160 ≥2 300 1 500~1 650	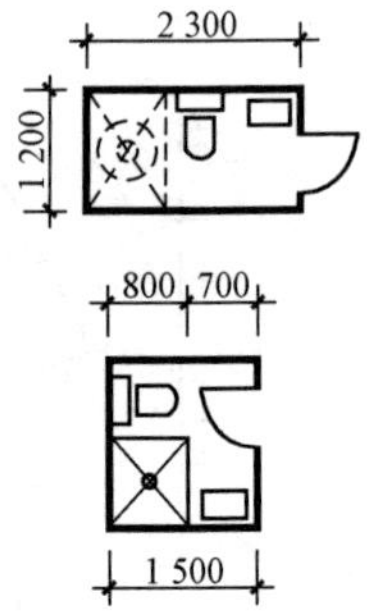 2 300 1 200 800　700 1 500

4. 室内交通

适当设置户内过道，可减少房间的穿套，起到避免干扰、缓冲、隔声等作用。如果户内过道的交通空间适当扩大并与门窗位置精心安排，使之有可能放下一张床或桌椅，则使这一空间由单纯交通空间，变成交通、居住、起居兼顾的综合空间，即称为前室(也可称为过厅、小方厅)。

设计户内过道及前室时应注意以下两点：

(1)布置户内过道或前室时应根据不同地区特点考虑防风、防寒、隔热、遮阳及有利于户内通风等作用。户内交通路线应简捷便利，并能合理利用空间，布置必要的家具和贮藏设施。

(2)户内过道的最小净宽，在入口处为 1.2 m，通向卧室、起居室的过道不应小于 1 m，通向辅助房间的过道不小于 0.9 m。居住前室的净空间尺寸不宜小于 1.8 m×1.8 m。

5. 阳台

阳台按其使用性质可以分为生活阳台和服务阳台。

(1)生活阳台供居住部分使用，其主要功能是接收阳光、晾晒衣服、小憩、眺望和乘凉。

(2)服务阳台供辅助部分使用，其主要功能是作为辅助用房的辅助设施，如存放物品、点燃炉子等。

另外，阳台按其设置方式不同又分为挑阳台、凹阳台、半挑半凹阳台、转角阳台等几种，阳台的尺度视功能和构图要求而定。生活阳台的深度一般要求净宽不小于 1.1 m，方便人们眺望或放座椅休息。如考虑要放躺椅或折叠床，则要加大到净宽不小于 1.2 m；如考虑夏日在阳台进晚餐，则净宽为 1.5 m。阳台地面标高应低于室内楼面 3 060 mm，应有排水坡，地面雨水由泄水管排出。阳台栏杆高度不应低于 1.05 m，以保证安全。

6. 贮藏间的设计

住宅的主要储藏空间包括吊柜、壁柜、壁龛等。其中有的是占用层间的部分空间设置的，有些在房间的围护结构内直接贮藏，有的则是一个小房间。

(1)吊柜，是指悬吊在房间上部空间的贮柜，其净高不小于0.40 m。

(2)壁柜，是指与墙体结合而成的落地贮柜，其净深不宜小于0.50 m。

(3)壁龛，是指利用墙体厚度的局部空间，存放日常用品的地方。

在设计壁柜时，应注意壁柜的完整及门的开启方向及方式，尽量保证室内使用空间的完整性，注意壁柜的防尘防潮及通风处理，存放衣物的壁柜底面应高出室内地面。

五、户型的设计

确定户型应考虑两方面的因素：一是能适应不同家庭居住(家庭结构、职业、生活习惯和生活水平等)；二是考虑住宅所在的自然环境(气候、地形、地质、地震、绿化等)。根据卧室、客厅(起居室)的多少，住宅户型有以下几种：

(1)两室一厅：两间卧室、一间客厅。

(2)两室两厅：两间卧室、一间客厅、一间餐厅。

(3)三室一厅：三间卧室、一间客厅。

(4)三室两厅：三间卧室、一间客厅、一间餐厅。

(5)四室一厅：四间卧室、一间客厅。

(6)四室两厅：四间卧室、一间客厅、一间餐厅。

个别情况下，有一室一厅、五室一厅、五室两厅等户型。

每套住宅中卫生间可设一至二间，凡卧室有三间及其以上者，卫生间宜设两间，一间设三件卫生设备，另一间可设两件卫生设备。

六、单元的平面设计

由楼梯作为上下交通方式的户型即组成一个单元。每层中一般为两户或三户，即所谓一梯两户或一梯三户。个别情况下，也有一梯一户、一梯四户的组合。

1. 一梯两户的单元平面设计

(1)两室一厅与两室一厅的组合。以起居厅为全家活动和空间组织的中心，以两间卧室和卫生间之间设置一过渡空间，减少直接开向起居厅的门的数量，平面布置合理紧凑，公私分区明确。主卧室和客厅均朝南，利用北向浅凹口解决卫生间的通风采光问题。厨房设有排油烟机排烟道、煤气热水器排气孔，室外留有空调室外机搁板和冷凝水管道，如图6-9所示。

室内空间围绕着客厅这一活动中心形成了睡眠、起居、炊事三个基本功能区。客厅将卧室、厨卫这两个不同功能的空间分开，功能分区明确，做到食寝分离、洁污分离和动静分离。在进户处设置小门厅形成一个缓冲空间，减少室外视线对室内的干扰，避免客厅直接对厨房和卫生间开门，因此既增加了室内空间的私密性，也保证了客厅的完整性，如图6-10所示。

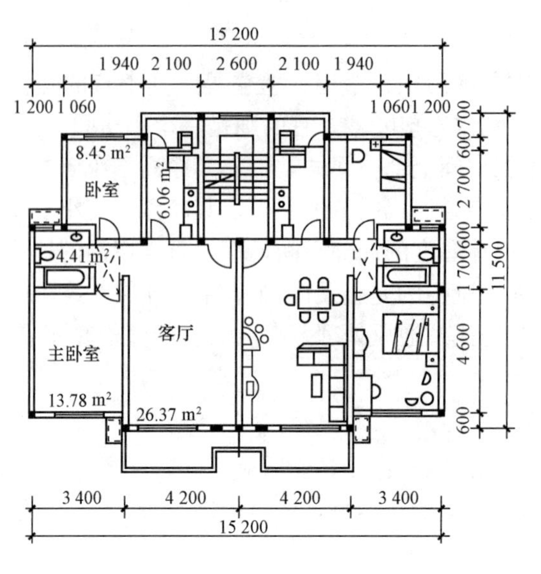

图 6-9　两室一厅与两室一厅的组合(一)

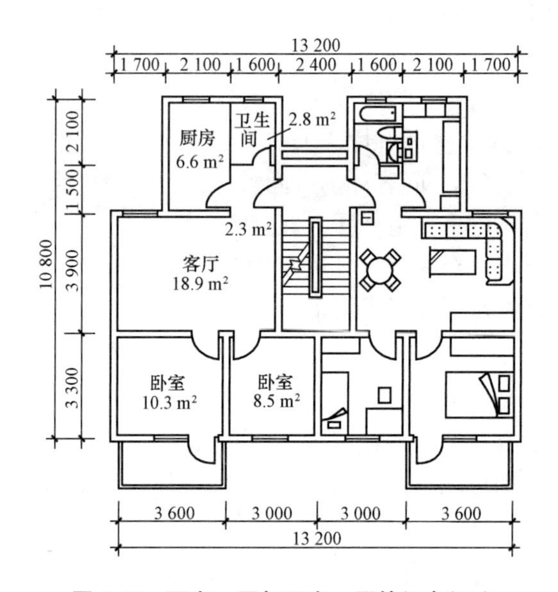

图 6-10　两室一厅与两室一厅的组合(二)

(2)两室一厅与三室一厅的组合。一户为三室一厅，两间卧室朝南向，一间卧室朝北向，客厅朝南向并设有生活阳台，厨房朝北向并设有服务阳台。另一户为两室一厅，卧室一南一北，客厅与厨房、卫生间的设计与上一户型相同，如图 6-11 所示。该方案的两个户型，均有宽敞、明亮的客厅，户内采光、通风效果均好。设计图可参照两室一厅与两室一厅的组合。

(3)两室两厅与三室两厅的组合。一户为三室两厅，卧室两间南向，一间北向；一户为两室二厅，卧室一南一北。两套住宅均设有南向客厅并带生活阳台，餐厅居中，厨房、卫生间北向。平面布置紧凑，采光较好，面积利用率较高，如图 6-12 所示。设计图可参照两室一厅与两室一厅的组合。

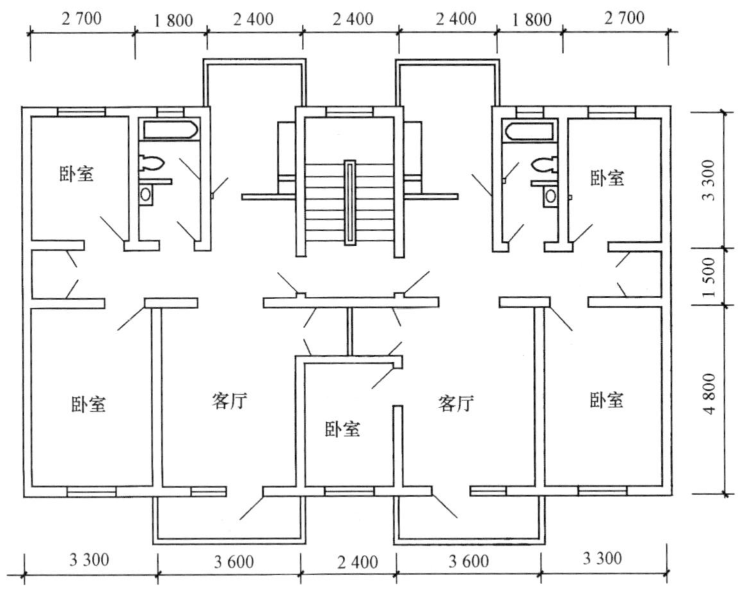

图 6-11　两室一厅与三室一厅的组合

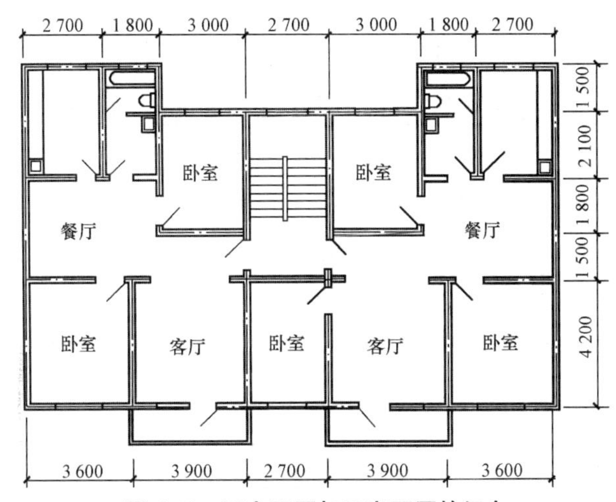

图 6-12　两室两厅与三室两厅的组合

(4)三室一厅与三室一厅的组合。本设计将起居室布置在所有房间的中心部位，与所有房间联系紧密又相互保持独立，方便使用，又减少了过道面积。卧室分大、中、小三个，其中，主卧室与次卧室均布置在南向，有充足的采光、日照，私密性程度高。北向布置一小卧室或做书房，由于与起居室之间设置门厅做过渡空间，使学习和工作时不会受到干扰，如图 6-13 所示。设计图可参照两室一厅与两室一厅组合。

(5)四室两厅与四室两厅的组合。该设计方案中起居室设置了与其他区域的隔离门，不仅可以减少噪声的干扰，也同时减少了视线干扰，增强了其他功能空间的私密性。卧室是具有较强私密性的个人活动场所，该方案在两卧室之间设组合家具做间壁墙，提高了使用面积系数，如图 6-14 所示。但应在家具背面衬以必要的隔声材料，以保证卧室的私密性。在大套型住宅中设有独立的书房不仅必要，而且完全可能。书房内除布置书橱、写字台外，还应有设置计算机的位置。主卫生间的设计根据功能要求分设内、外间，能满足全部卫生行为的需要，次卫生间只满足便溺和洗手的需要。

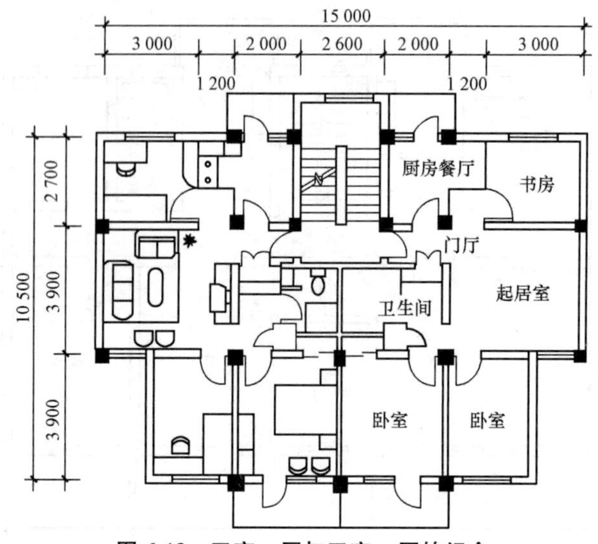

图 6-13　三室一厅与三室一厅的组合

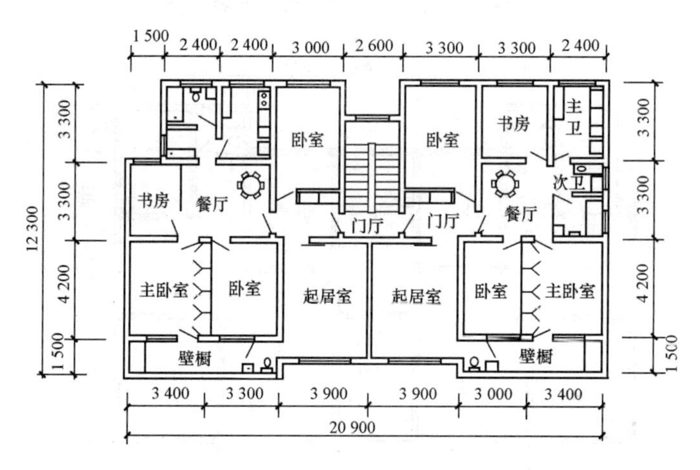

图 6-14　四室两厅与四室两厅的组合

2. 一梯三户的单元平面设计

(1)三室一厅与一室一厅及两室一厅的组合。三户的主卧室均在南向，有充足的采光。每户均有较宽敞、适用的起居厅，使家庭生活“闹”、“静”分离。东西两户北方向均有房间，所以室内通风良好。而中间户由于只有南向房间，所以室内通风效果较东西两户要差。

(2)两室一厅与两室两厅及两室一厅的组合。三户均有较完整、适用的起居厅，且位于户的中心位置，与其他各功能房间有着便利的联系。三户均有南向卧室，充分体现了主要房间位于主要朝向、主要位置的设计思想。中间户将厨房延伸至阳台，扩大了户内的使用面积，具有独立使用的小餐厅。三户的设计均功能分区明确，面积利用率较高。

七、单元式住宅的平面组合形式

单元式多层住宅的单元划分一般以一户或几户围绕一个楼梯间来划分单元，如图6-15

所示。各单元应有各自的入口，各单元之间的界墙应为防火墙，如用普通砖墙，其厚度应不小于 240 mm。

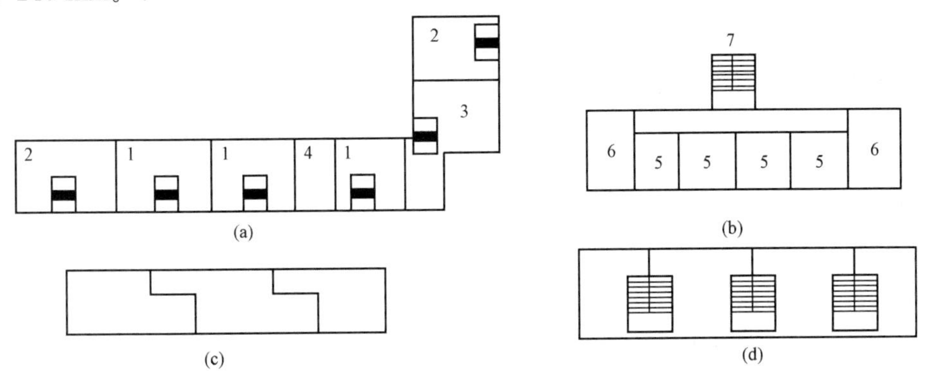

图 6-15　单元的划分

(a)围绕楼梯间划分；(b)以户划分；(c)单元咬接；(d)以楼梯间为界划分单元

1、5—中间单元；2、6—尽端单元；3—转角单元；4—插入单元；7—楼梯间单元

1. 单元组合的原则

单元组合要满足建设规模及规则要求、适应环境的原则。

2. 单元组合方式

单元组合方式(图 6-16)通常有以下几种：

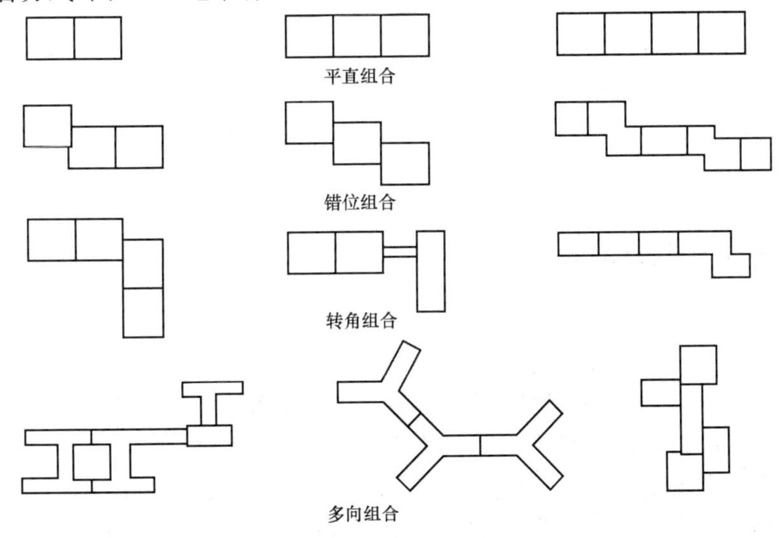

图 6-16　单元组合方式

(1)平直组合。体型简洁、施工方便，但不宜组合过长。

(2)错位组合。适应地形、朝向、道路或规划的要求，但要注意外墙周长及用地的经济性，可用平直单元错拼或加错接的插入单元。

(3)转角组合。按规划要求，要注意朝向，可用平直单元拼接，也可加插入单元或采用转角单元。

(4)多向组合。按规划考虑，要注意朝向及用地的经济性，可用具有多方向性的一种单元组合，还可以户为单元，利用交通联系组成多方向性的组合体。

八、多层住宅的外形设计

1. 水平构图

水平线条划分立面容易给人们以舒展、宁静、安定的感觉，比较容易取得完整、合理、协调的效果。水平线条一般是以阳台、凹廊、遮阳、横向的长窗等构件组织而成的。建筑的端部及山墙以不同的手法设计，使造型更加丰富。

2. 垂直构图

垂直构图是对住宅的外表面用竖向体块或垂直线进条进行有规律的划分。条式的水平体型运用垂直构图可以获得方向对比而显得活泼。对于过于扁平的水平体型，运用垂直构图可以造成视错觉而使过于扁平的缺陷有所改善。竖线条的运用结合中轴线的坡屋顶以及三角形山花，给人以古典建筑造型的美感。而现代装饰材料的运用和阳台的设计又使建筑不失时代感。

3. 网格构图

网格构图是用凸出的水平线条和垂直线条构成网格。这些网格可以由柱和圈梁组成，也可以由垂直和水平的遮阳板组成。在每开间设整开间阳台的住宅则自然地形成强烈的网格构图。

4. 散点构图

散点构图是在立面上把一些构图因素做有规律的交错排列，构成梅花点状的图案，使重复而规律的住宅立面显得活泼。

多层住宅的外形设计除了选择恰当的构图方式外，还要注意立面配件的组合节奏以获得宜人的韵律感。外立面上最明显的部分是外凸而在墙上构成阴影的部分，如阳台、花台、楼梯间等，凹阳台也能形成强烈的阴影，这些外凸和内凹的部分按不同方式进行组合可构成不同的立面韵律。

九、不同条件下的住宅设计

1. 坡地住宅

坡地住宅主要有三种布置方式。

(1)与等高线平行。平行等高线布置的房屋、道路及阶梯容易处理。当坡度很小，如在10%以下时，仅需提高勒脚高度，如图 6-17 所示。当坡度较大，如在 10%以上时，应将坡地进行挖填平整，分层筑台。地形坡度在 25%以上时，可采取纵向错层布置，但底层通风及排水处理较困难，宜考虑采用垂直等高线或与等高线斜交的布置方式。

(2)与等高线垂直。垂直等高线布置的建筑，一般需采取错层处理，错层的多少可随地形而异，如图 6-18 所示。

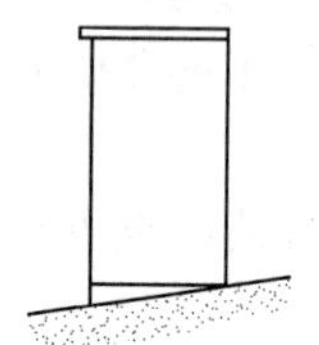

图 6-17　提高勒脚以适应缓坡地

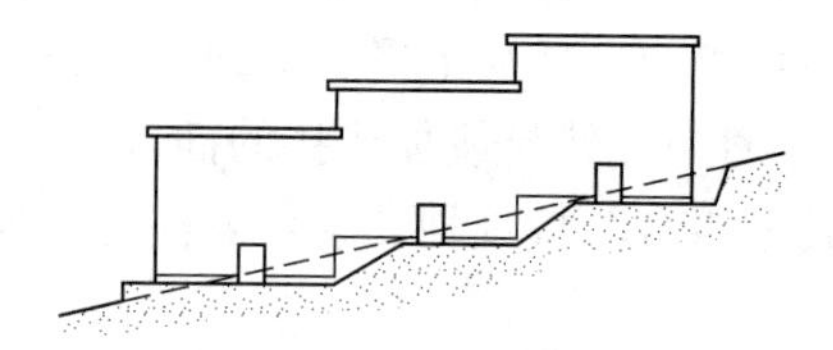

图 6-18　采用垂直等高线的横向错层布置

(3)与等高线斜交。与垂直等高线布置的方式相近，且有利于根据朝向、通风的要求调整建筑方位，适用的坡地范围广。采用提高勒脚及筑台法修建的住宅，与平地住宅没有什么区别，其特点往往更多地体现在群体布置方面。当必须结合地形错层布置时，因单元内部或单元之间组合方式的不同而有以下几种不同的设计：

1)错层。错层是指将住宅一个单元内的同一楼层设计成不同标高，以适应坡地地形的处理方法。错层住宅一般是利用楼梯间做错层处理，最常见的是采用双跑楼梯，在两个休息平台上分别组织住户入口，使楼梯两边的住户楼层标高错开半层。

2)掉层。掉层是指根据地形，将建筑基底做成阶梯状，使其阶差等于住宅的一层或数层的高度，从而使上部各层的楼面处于同一标高上。掉层的基本形式有横向掉层、纵向掉层、局部掉层三种。

3)跌落。跌落是指当住宅的垂直或斜交于等高线时，各单元之间在高度方向顺坡势错落成阶梯状的一种处理方法。

4)错叠。错叠是指住宅单元在垂直方向进行组合的一种方式。住宅与等高线垂直或斜交，住宅的各层之间逐层或隔层做水平方向的错动来适应地形，形成阶梯状的住宅外形，下层住宅的部分屋面可供上层住户作平台使用。

2. 严寒地区的住宅

严寒地区的住宅设计解决的主要问题是防寒问题。建筑防寒，包含采暖与保温两个方面。

冬季采暖主要有以下两种方式：

(1)集中采暖。由热力站集中供热，服务于一组建筑物、一个街坊或更大的范围，这是目前采暖的主要形式。

(2)局部采暖。利用做饭时的烟气余热，通过火炕或火墙散出热量来进行采暖的一种方式。

在集中供暖的住宅平面设计中，应留有散热器片和横竖管的合理安装面积。从采暖要求看，散热器片放在窗下效果较好，为了不妨碍靠窗放书桌，可将窗下墙凹进去半砖，凹进部分的宽度，要考虑设置散热器片的数量，以免放不下。对于局部采暖的住宅设计(火墙采暖)，居室布置必须以火墙为中心，即火墙必须设置在居室或居室之间的隔墙上，由于火墙必须和炉灶直接相连，厨房要紧靠居室，从而影响居室与厨房的相对组合关系。

解决建筑保温问题最有效的措施，是加大建筑栋深，缩短外墙长度，尽量减少每户所占的外墙面；争取尽可能多的日照，避免寒风的侵袭。

3. 炎热地区的住宅

我国炎热地区基本上均属于湿热气候，夏季气候的共同特征是气温高，持续时间长，降水多，湿度大，日照强烈，平均风速不大。炎热地区的住宅设计应从以下几个方面考虑：

(1)选择适宜的朝向和平面类型。良好的建筑朝向可以避开或减少自然条件中不利因素的影响。一般以南向为最佳朝向，其次为东向和北向，所以，炎热地区的住宅，应尽量争取南北向布置，主要居室应布置在南向。

住宅的平面类型的选择主要着眼于对炎热气候的适应性。一梯两户的平面类型能够适应气候的要求，不宜采用一梯三户或四户。而后者虽有种种改善通风的尝试，但解决不了根本问题。

(2)遮阳。通过外墙门窗进入住宅的太阳辐射是造成室内过热的主要原因之一。在窗上装设遮阳设施，可以有效地阻挡直射阳光，对来自天空的散射辐射也有一定的遮挡作用。住宅适用的遮阳形式有水平遮阳、垂直遮阳、综合遮阳和挡板遮阳等。

(3)隔热。在夏季强烈的日照下，住宅围护结构受热后，大量地向室内散热，这是住宅内出现过热现象的又一重要原因。改善围护结构的隔热性能是住宅降温的一个重要方面。其主要方法有以下两种：

1)采用大进深的单元平面并适当增加拼接的单元数，可减少外围护结构的面积，从而减少进入室内的辐射热。

2)通过对围护结构外表面进行处理，形成反射面，或通过增加围护结构的厚度以及采用复合式围护结构等方法提高围护结构的隔热性能。

此外，在炎热地区，当住宅的朝向较好时，自然通风的组织甚至比遮阳更为重要。因此，住宅内组织起良好的穿堂风也是一个行之有效的方法。

第三节　住宅设计方法与步骤

一、设计准备

(1)认真研究设计任务书和指导书，明确设计任务和有关要求。

(2)搜集资料，并就近参观同类建筑，为做好设计打下基础。

二、方案构思

(1)对住宅进行功能分析，确定各房间的使用功能，分析之间的相互关系。

(2)结合基地环境，并从功能分析入手，进行空间组合，从单一空间到套型组合，再将套组合成单元，最后将单元组合为整幢房屋，反复修改直至画出最满意的块体组合图。

(3)在方案构思、块体组合的基础上，完成方案草图。

(4)修改方案草图，完成初步设计图。

(5)修改初步设计图，参考有关资料，进行部分施工图设计。

第四节　住宅设计参考资料

《住宅设计规范》(GB 50096—2011)(节选)

一、套内空间

1. 套型

住宅应按套型设计，每套住宅应设卧室、起居室(厅)、厨房和卫生间等基本功能空间。住宅套型的使用面积应符合下列规定：

(1)由卧室、起居室(厅)、厨房和卫生间等组成的套型，其使用面积不应小于 30 m^2；

(2)由兼起居的卧室、厨房和卫生间等组成的最小套型，其使用面积不应小于 22 m^2。

2. 卧室、起居室(厅)

卧室的使用面积应符合下列规定：

(1)双人卧室不应小于 9 m^2；

(2)单人卧室不应小于 5 m^2；

(3)兼起居的卧室不应小于 12 m^2。

起居室(厅)的使用面积不应小于 10 m^2。应减少直接开向起居厅的门的数量。起居室(厅)内布置家具的墙面直线长度宜大于 3 m。无直接采光的餐厅、过厅等，其使用面积不宜大于 10 m^2。

3. 厨房

厨房的使用面积应符合下列规定：

(1)由卧室、起居室(厅)、厨房和卫生间等组成的套型的厨房，其使用面积不应小于 4.0 m^2；

(2)由兼起居的卧室、厨房和卫生间等组成的最小套型的厨房，其使用面积不应小于 3.5 m^2。

厨房宜布置在套内近入口处。厨房应设置洗涤池、案台、炉灶及排油烟机、热水器等设施或为其预留设置位置。厨房应按炊事操作流程布置。排油烟机的位置应与炉灶位置对应，并应与排气道直接连通。

单排布置设备的厨房净宽不应小于 1.50 m；双排布置设备的厨房，其两排设备之间的净距不应小于 0.90 m。

4. 卫生间

每套住宅应设卫生间，至少应配置便器、洗浴器、洗面器三件卫生设备或为其预留设置位置及条件。三件卫生设备集中配置的卫生间的使用面积不应小于 2.50 m^2。卫生间可根据使用功能要求组合不同的设备。不同组合的空间使用面积应符合下列规定：

(l)设便器、洗面器时不应小于 1.80 m^2；

(2)设便器、洗浴器时不应小于 2.00 m^2；

(3)设洗面器、洗浴器时不应小于 2.00 m^2；

(4)设洗面器、洗衣设备时不应小于 1.80 m^2；

(5)单设便器时不应小于 1.10 m^2。

无前室的卫生间的门不应直接开向起居室(厅)或厨房。

卫生间不应直接布置在下层住户的卧室、起居室(厅)、厨房和餐厅的上层。当卫生间布置在本套内的卧室、起居室(厅)、厨房和餐厅的上层时，均应有防水和便于检修的措施。

套内应设置洗衣设备的位置及条件。

5. 层高和室内净高

(1)住宅层高宜为 2.80 m。

(2)卧室、起居室(厅)的室内净高不应低于 2.40 m，局部净高不应低于 2.10 m，且其面积不应大于室内使用面积的 1/3。

(3)利用坡屋顶内空间做卧室、起居室(厅)时，其 1/2 面积的室内净高不应低于

2.10 m。

(4)厨房、卫生间的室内净高不应低于2.20 m。

(5)厨房、卫生间内排水横管下表面与楼面、地面净距不得低于1.90 m，且不得影响门、窗扇开启。

6. 阳台

(1)每套住宅宜设阳台或平台。

(2)阳台栏杆设计应采用防止儿童攀登的构造，栏杆的垂直杆件间净距不应大于0.11 m，放置花盆处必须采取防坠落措施。

(3)住宅的阳台栏板或栏杆净高，六层及六层以下的不应低于1.05 m；七层及七层以上的不应低于1.10 m。

(4)封闭阳台栏板或栏杆也应满足阳台栏板或栏杆净高要求。七层及七层以上住宅和寒冷、严寒地区住宅宜采用实体栏板。

(5)顶层阳台应设雨罩，各套住宅之间毗连的阳台应设分户隔板。

(6)阳台、雨罩均应采取有组织排水措施，雨罩及开敞阳台应采取防水措施。

(7)当阳台设有洗衣设备时应符合下列规定：

1)应设置专用给排水管线及专用地漏，阳台楼、地面均应采取防水措施；

2)严寒和寒冷地区应封闭阳台，并应采取保温措施。

(8)当阳台或建筑外墙设置空调室外机时，其安装位置应符合下列规定：

1)能通畅地向室外排放空气和自室外吸入空气；

2)在排出空气一侧不应有遮挡物；

3)为室外机安装和维护提供方便操作的条件。

4)安装位置不应对室外人员形成热污染。

7. 过道、贮藏间和套内楼梯

(1)套内入口过道净宽不宜小于1.20 m；通往卧室、起居室(厅)的过道净宽不应小于1.20 m；通往厨房、卫生间、贮藏室的过道净宽不应小于0.90 m。

(2)套内设于底层或靠外墙、卫生间的壁柜内部应采取防潮措施。

(3)套内楼梯当一边临空时，梯段净宽不应小于0.75 m；当两侧有墙时，墙面之间净宽不应小于0.90 m，并应在其中一侧墙面设置扶手。

(4)套内楼梯的踏步宽度不应小于0.22 m，高度不应大于0.20 m；扇形踏步转角距扶手中心0.25 m处，宽度不应小于0.22 m。

8. 门窗

(1)外窗窗台距楼面、地面的净高低于0.90 m时，应有防护设施。但窗外有阳台或平台时可不受此限制。窗台的净高或防护栏杆的高度均应从可踏面起算，保证净高达到0.90 m。

(2)当设置凸窗时应符合下列规定：

1)窗台高度低于或等于0.45 m时，防护高度从窗台面起算不应低于0.90 m；

2)可开启窗扇窗洞口底距窗台面的净高低于0.90 m时，窗洞口处应有防护措施，其防护高度从窗台面起算不应低于0.90 m；

3)严寒和寒冷地区不宜设置凸窗。

(3)底层外窗和阳台门、下沿低于 2.00 m 且紧邻走廊或共用上人屋面上的窗和门，应采取防卫措施。

(4)面临走廊、共用上人屋面或凹口的窗，应避免视线干扰，向走廊开启的窗扇不应妨碍交通。

(5)住宅户门应采用具备防盗、隔声功能的防护门。向外开启的户门不应妨碍公共交通及相邻户门开启。

(6)厨房和卫生间的门应在下部设置有效截面积不小于 0.02 m^2 的固定百叶，或距地面留出不小于 30 mm 的缝隙。

(7)各部位门洞的最小尺寸应符合表 6-4 的规定。

表 6-4　门洞最小尺寸　　m

类别	洞口宽度	洞口高度
共用外门	1.20	2.00
户(套)门	1.00	2.00
起居室(厅)门	0.90	2.00
卧室门	0.90	2.00
厨房门	0.80	2.00
卫生间门	0.70	2.00
阳台门(单扇)	0.70	2.00

注：1. 表中门洞口高度不包括门上亮子高度，宽度以平开门为准。
　　2. 门洞口两侧地面有高低差时，以高地面为起算高度。

二、共用部分

1. 窗台、栏杆和台阶

(1)楼梯间、电梯厅等共用部分的外窗窗台距楼面、地面的净高小于 0.90 m 时，应设置防护设施。

注意：窗外有阳台或平台时可不受此限制。窗台的净高或防护栏杆的高度均应从可踏面起算，保证净高达到 0.90 m。

(2)住宅的公共出入口台阶高度超过 0.70 m 并侧面临空时，应设防护设施，防护设施净高不应低于 1.05 m。

(3)住宅的外廊、内天井及上人屋面等临空处的栏杆净高，六层及六层以下不应低于 1.05 m，七层及七层以上不应低于 1.10 m。防护栏杆必须采用防止儿童攀登的构造，当采用垂直杆件做栏杆时，其杆件净距不应大于 0.11 m。

(4)住宅的公共出入口台阶踏步宽度不宜小于 0.30 m，踏步高度不宜大于 0.15 m，并不宜小于 0.10 m，踏步高度应均匀一致，并应采取防滑措施。台阶踏步数不应少于 2 级，当高差不足 2 级时，应按坡道设置；台阶宽度大于 1.80 m 时，两侧宜设栏杆扶手，高度应为 0.90 m。

2. 安全疏散出口

(1)十层以下的住宅建筑，当住宅单元任一层的建筑面积大于650 m^2，或任一套房的户门至安全出口的距离大于15 m时，该住宅单元每层的安全出口不应少于2个。

(2)十层及十层以上但不超过十八层的住宅建筑，当住宅单元任一层的建筑面积大于650 m^2，或任一套房的户门至安全出口的距离大于10 m时，该住宅单元每层的安全出口不应少于2个。

(3)十九层及十九层以上的住宅建筑，每层住宅单元的安全出口不应少于2个。

(4)安全出口应分散布置，两个安全出口的距离不应小于5 m。

(5)楼梯间及前室的门应向疏散方向开启。

(6)十层以下的住宅建筑的楼梯间宜通至屋顶，且不应穿越其他房间。通向平屋面的门应向屋面方向开启。

(7)十层及十层以上的住宅建筑，每个住宅单元的楼梯均应通至屋顶，且不应穿越其他房间。通向平屋面的门应向屋面方向开启。各住宅单元的楼梯间宜在屋顶相连通。但符合下列条件之一的，楼梯可不通至屋顶：

1)十八层及十八层以下，每层不超过8户、建筑面积不超过650 m^2，且设有一座共用的防烟楼梯间和消防电梯的住宅；

2)顶层设有外部联系廊的住宅。

3. 楼梯

(1)楼梯梯段净宽指墙面装饰面至扶手中心之间的水平距离不应小于1.10 m，不超过六层的住宅，一边设有栏杆的梯段净宽不应小于1.00 m。

(2)楼梯踏步宽度不应小于0.26 m，踏步高度不应大于0.175 m。扶手高度不应小于0.90 m。楼梯水平段栏杆长度大于0.50 m时，其扶手高度不应小于1.05 m，楼梯栏杆垂直杆件间净空不应大于0.11 m。

(3)楼梯平台净宽指墙面装饰面至扶手中心之间的水平距离不应小于楼梯梯段净宽，且不得小于1.20 m。楼梯平台的结构下缘至人行通道的垂直高度指结构梁(板)的装饰面至地面装饰面的垂直距离不应低于2.00 m。入口处地坪与室外地面应有高差，并不应小于0.10 m。

(4)住宅楼梯为剪刀梯时，楼梯平台的净宽不得小于1.30 m。

(5)楼梯井净宽大于0.11 m时，必须采取防止儿童攀滑的措施。

4. 电梯

(1)属下列情况之一时，必须设置电梯；

1)七层及七层以上住宅或住户入口层楼面距室外设计地面的高度超过16 m时；

2)底层作为商店或其他用房的六层及六层以下住宅，其住户入口层楼面距该建筑物的室外设计地面高度超过16 m时；

3)底层做架空层或贮藏空间的六层及六层以下住宅，其住户入口层楼面距该建筑物的室外设计地面高度超过16 m时；

4)顶层为两层一套的跃层住宅时，跃层部分不计层数，其顶层住户入口层楼面距该建筑物室外设计地面的高度不超过16 m时。

(2)十二层及十二层以上的住宅。每栋楼设置电梯不应少于两台，其中应设置一台可容纳担架的电梯。

(3)十二层及十二层以上的住宅每单元只设置一部电梯时，从第十二层起应设置与相邻住宅单元连通的联系廊。联系廊可隔层设置，上下联系廊之间的间隔不应超过五层。联系廊的净宽不应小于 1.10 m，局部净高不应低于 2.00 m。

(4)十二层及十二层以上的住宅由两个及两个以上的住宅单元组成，且其中有一个或一个以上住宅单元未设置可容纳担架的电梯时，应从第十二层起设置与可容纳担架的电梯连通的联系廊，联系廊可隔层设置，上下联系廊之间的间隔不应超过五层。联系廊的净宽不应小于 1.10 m，局部净高不应低于 2.00 m。

(5)七层及七层以上住宅电梯应在设有户门或公共走廊的每层设站。住宅电梯宜成组集中布置。

(6)候梯厅深度不应小于多台电梯中最大轿厢的深度，且不应小于 1.50 m。

(7)电梯不应紧邻卧室布置。当受条件限制，电梯不得不紧邻兼起居的卧室布置时，应采取隔声、减振的构造措施。

5. 走廊和出入口

(1)住宅中作为主要通道的外廊宜做封闭外廊，并应设可开启的窗扇。走廊通道的净宽不应小于 1.20 m，局部净高不应低于 2.00 m。

(2)住宅的公共出入口位于阳台、外廊及开敞楼梯平台的下部时，应采取防止物体坠落伤人的安全措施。

(3)住宅的公共出入口处应有识别标志，十层及十层以上住宅的公共出入口应设门厅。

6. 地下室和半地下室

(1)住宅的卧室、起居室(厅)、厨房不应布置在地下室；当布置在半地下室时，必须对采光、通风、日照、防潮、排水及安全防护采取措施，并不得降低各项指标要求。

(2)住宅除卧室、起居室(厅)、厨房以外的其他功能房间可以布置在地下室，但应采取采光、通风、防潮、排水及安全防护措施。

(3)住宅的地下室、半地下室做自行车库和设备用房时，其净高不应低于 2.00 m。

(4)当住宅的地上架空层及半地下室做机动车停车位时，其净高不应低于 2.20 m。

(5)地上住宅楼、电梯间宜与地下车库连通，但直通住宅单元的地下楼梯间入口处应设置乙级防火门。严禁利用楼、电梯间为地下车库进行自然通风，并应采取安全防盗措施。

(6)地下室、半地下室应采取防水、防潮及通风措施，采光井应采取排水措施。

7. 附建公共用房

(1)住宅建筑内严禁布置存放和使用火灾危险性甲、乙类物品的商店、车间和仓库，并不应布置产生噪声、振动和污染环境卫生的商店、车间和娱乐设施。

(2)住宅建筑内不应布置易产生油烟的餐饮店，当住宅底层商业网点布置有产生刺激性气味或噪声的配套用房，应做排气、消声处理。

(3)水泵房、冷热源机房、变配电机房等公共机电用房不宜设置在住宅主体建筑内，不宜设置在与住户相邻的楼层内，在无法满足上述要求贴邻设置时，应增加隔声减振处理。

(4)住户的公共出入口与附建公共用房的出入口应分开布置。

三、室内环境

1. 日照、天然采光、遮阳

(1)每套住宅至少应有一个居住空间能获得冬季日照。

(2)需要获得冬季日照的居住空间的窗洞开口宽度不应小于 0.60 m。

(3)卧室、起居室(厅)、厨房应有直接天然采光。

(4)卧室、起居室(厅)、厨房的采光系数不应低于 1%；当住宅楼梯间设置采光窗时，采光系数不应低于 0.5%。

(5)卧室、起居室(厅)、厨房的采光窗洞口的窗地面积比不应低于 1/7。

(6)当住宅楼梯间设置采光窗时，采光窗洞口的窗地面积比不应低于 1/12。

(7)采光窗下沿离楼面或地面高度低于 0.50 m 的窗洞口面积不应计入采光面积内，窗洞口上沿距地面高度不宜低于 2.00 m。

(8)除严寒地区外，住宅的居住空间朝西外窗应采取外遮阳措施，住宅的居住空间朝东外窗宜采取外遮阳措施。当住宅采用天窗、斜屋顶窗采光时，应采取活动遮阳措施。

2. 自然通风

(1)卧室、起居室(厅)、厨房应有自然通风。

(2)住宅的平面空间组织、剖面设计、门窗的位置、方向和开启方式的设置，应有利于组织室内自然通风。单朝向住宅宜采取改善自然通风的措施。

(3)每套住宅的自然通风开口面积不应小于地面面积的 5%。

(4)采用自然通风的房间，其直接或间接自然通风开口面积应符合下列规定：

1)卧室、起居室(厅)、明卫生间的直接自然通风开口面积不应小于该房间地板面积的 1/20；当采用自然通风的房间外设置阳台时，阳台的自然通风开口面积不应小于采用自然通风的房间和阳台地板面积总和的 1/20；

2)厨房的直接自然通风开口面积不应小于该房间地板面积的 1/10，并不得小于 0.60 m^2；当厨房外设置阳台时，阳台的自然通风开口面积不应小于厨房和阳台地板面积总和的 1/10，并不得小于 0.60 m^2。

3. 隔声、降噪

(1)住宅卧室、起居室(厅)内噪声级应满足下列要求：

1)昼间卧室内的等效连续 A 声级不应大于 45 dB；

2)夜间卧室内的等效连续 A 声级不应大于 37 dB；

3)起居室(厅)的等效连续 A 声级不应大于 45 dB。

(2)分户墙和分户楼板的空气声隔声性能应满足下列要求：

1)分隔卧室、起居室(厅)的分户墙和分户楼板，空气声隔声评价量(R_w+C)应大于 45 dB。

2)分隔住宅和非居住用途空间的楼板，空气声隔声评价量(R_w+C_{tr})应大于 51 dB。

(3)卧室、起居室(厅)的分户楼板的计权规范化撞击声压级宜小于 75 dB。当条件受到限制时，住宅分户楼板的计权规范化撞击声压级应小于 85 dB，且应在楼板上预留可供今后改善的条件。

(4)住宅建筑的体型、朝向和平面布置应有利于噪声控制。在住宅平面设计时，当卧室、起居室(厅)布置在噪声源一侧时，外面应采取隔声降噪措施；当居住空间与可能产生噪声的房间相邻时，分隔墙和分隔楼板应采取隔声降噪措施；当内天井、凹天井中设置相邻户间窗口时，宜采取隔声降噪措施。

(5)起居室(厅)不宜紧邻电梯布置。受条件限制起居室(厅)紧邻电梯布置时，必须采取有效的隔声和减振措施。

4. 防水、防潮

(1)住宅的屋面、地面、外墙、外窗应能防止雨水和冰雪融化水侵入室内。

(2)住宅的屋面和外墙的内表面在室内温度、湿度设计条件下不应出现结露。

第五节　住宅设计实例

某住宅施工设计图如图 6-19～图 6-25 所示。

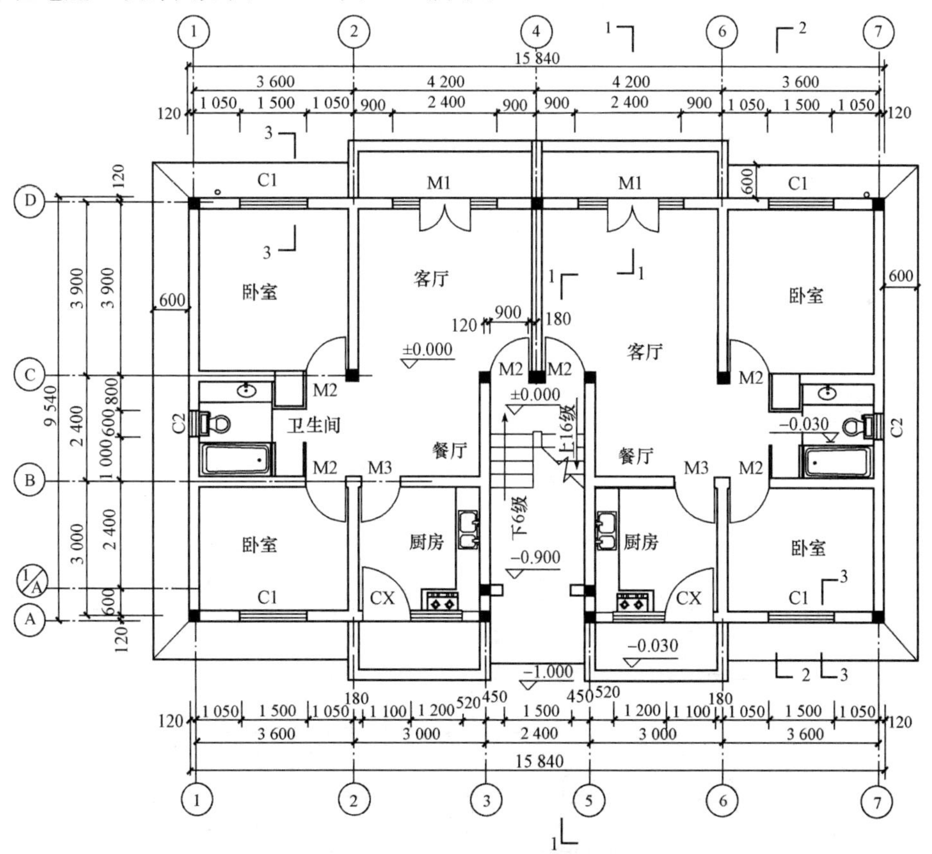

图 6-19　一层平面图(1∶100)

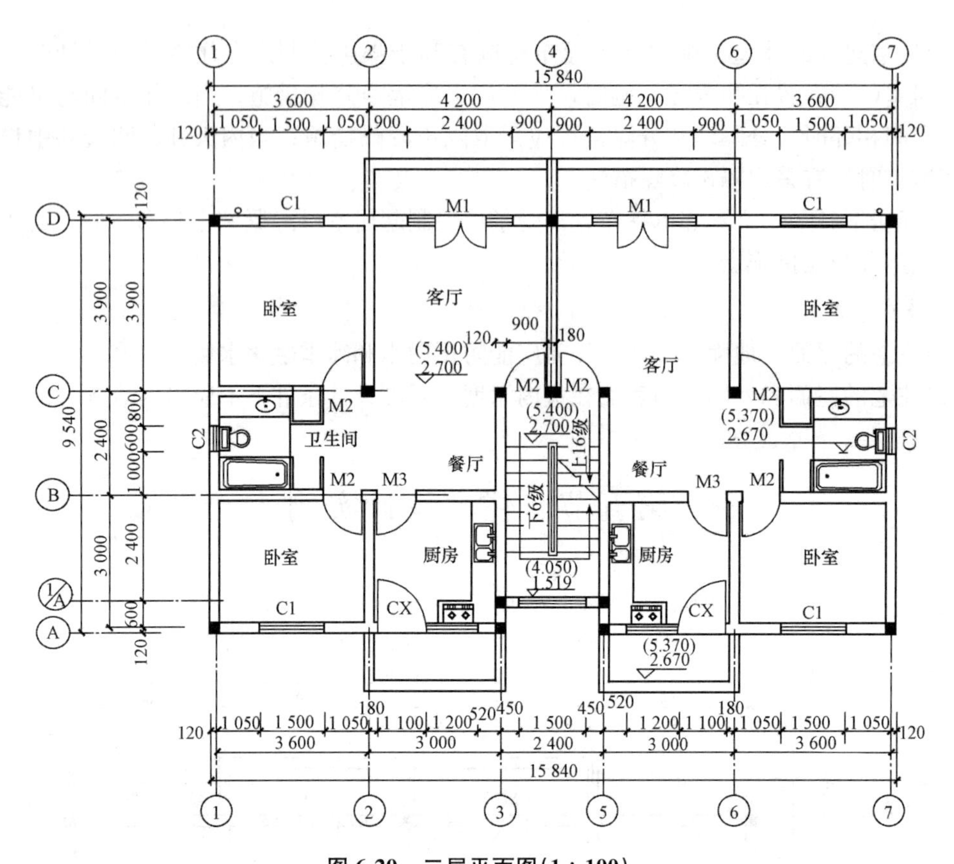

图 6-20　二层平面图(1∶100)

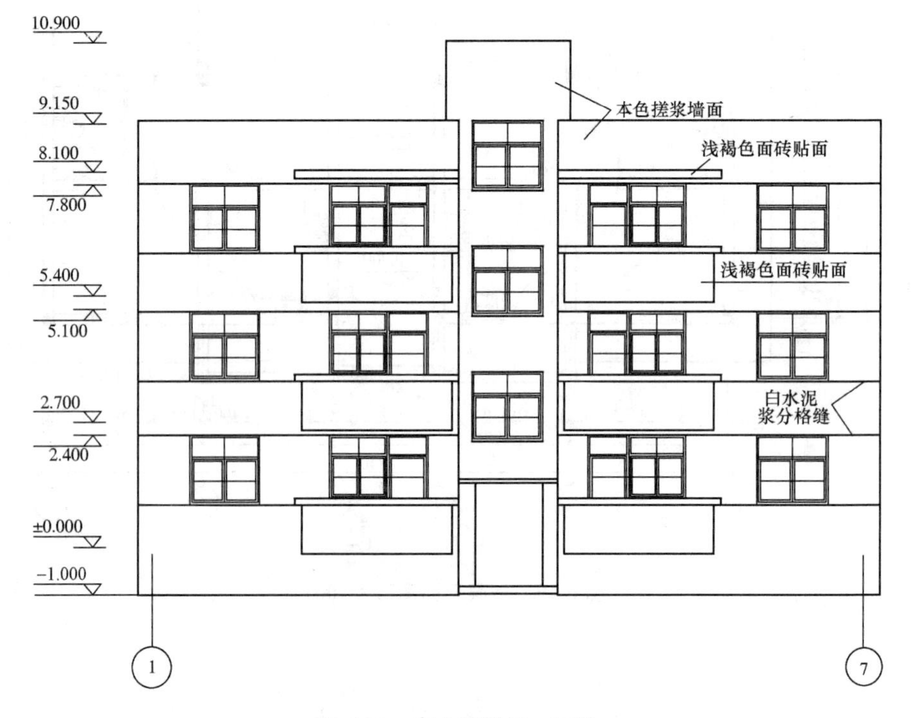

图 6-21　南立面图(1∶100)

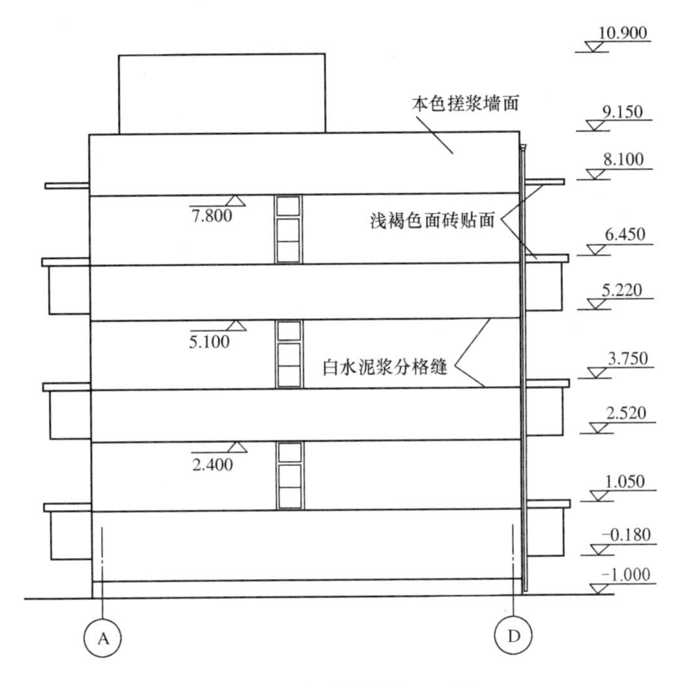

图 6-22　东立面图(1∶100)

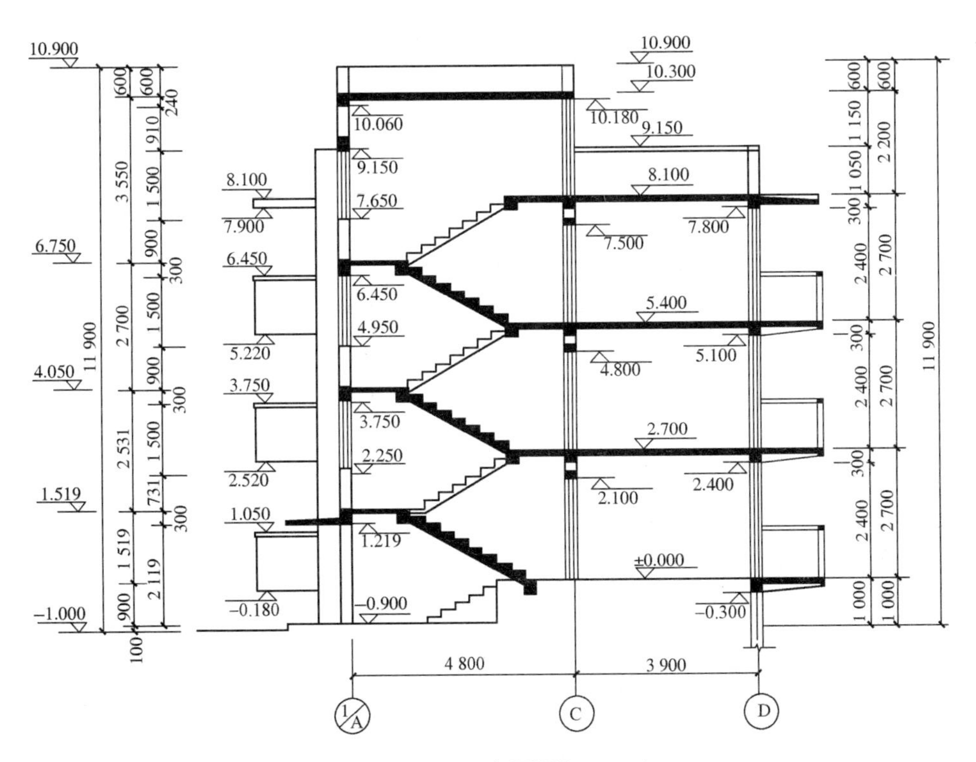

图 6-23　1—1 剖面图(1∶100)

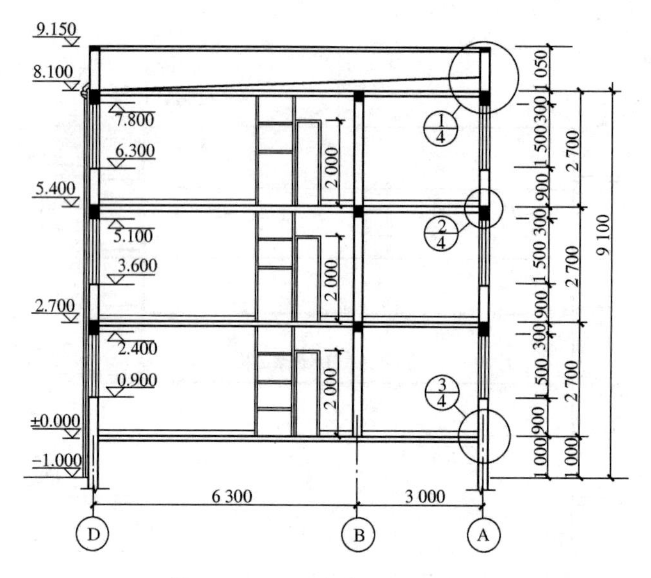

图 6-24　2—2 剖面图(1∶100)

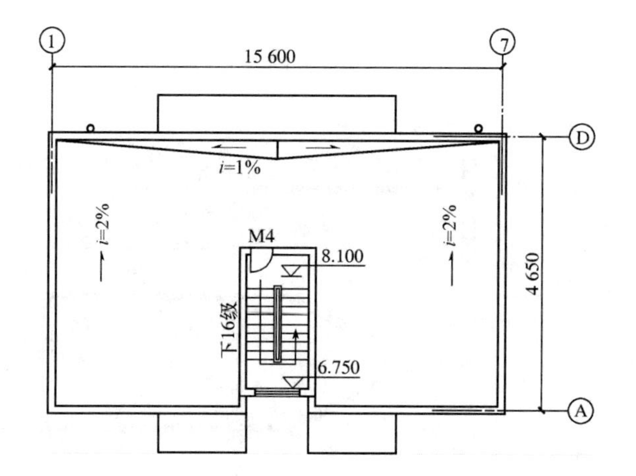

图 6-25　屋顶平面图(1∶200)

第七章　教学楼设计

第一节　教学楼设计任务书

一、设计题目

某教学楼施工图设计。

二、目的要求

通过本次设计，学生初步了解中小学校教学楼的设计原理，掌握建筑设计的基本方法和步骤，进一步提高绘图技巧，更加深入地理解教学楼建筑的设计原理。

三、设计条件

1. 建设地点

拟建建筑物位于中小城市内，亦可自己另选地段。

2. 房间名称和使用面积

房间组成及参考面积见表 7-1。

表 7-1　教学楼房间组成及参考面积一览表

房间名称	数量/间	每个房间参考面积/m^2	备　注
普通教室	24	56～62	
实验室	4	80～90	
仪器准备室	4	40～45	
合班教室	3	90	供两个班使用
音乐教室	1	54～60	
语音教室	2	73～80	
计算机房及附房	1	140	
教学办公室	7～9	15～20	
行政办公室	6～8	15～20	
教师休息室		15～20	每层均设
体育器材室及办公室	3	20	
厕所		按规定标准计算	每层均设
其他用房			

3. 总平面布置

(1)教学楼：占地面积按设计。

(2)传达值班室：20 m^2。

(3)食堂：140 m^2。

(4)单身教职工宿舍：100 m^2。

(5)开水房：25 m^2。

(6)汽车库：25 m^2。

(7)自行车棚：90 m^2。

(8)运动场地：设 250～400 m 环形跑道(两组 100 m 直跑道)的田径场 1 个，篮球场 2 个，排球场 1 个。

(9)绿化用地(包括成片绿地和室外自然科学园地)：按每个学生不小于 1 m^2 计算。

4. 建筑标准

(1)层数：一至五层。

(2)层高：教学用房 3.4 m；办公用房 2.8 m。

(3)耐火等级：二级。

(4)结构形式：砖混结构(可局部采用框架)。

(5)卫生标准：设室内厕所(水冲式)，教职工厕所与学生厕所分设，男女学生比例 1∶1，厕所卫生器具数量指标应符合下列规定：女生按每 25 人设一个大便器(或 1 100 mm 长大便槽)计算，男生按每 50 人设一个大便器(或 1 100 mm 长大便槽)和 1 000 mm 长小便槽计算，每 90 人设一个洗手盆(或 600 mm 长盥洗槽)，厕所内应设污水池和地漏。

四、设计内容及图纸要求

施工图设计内容包括以下几方面：

(1)教学楼各层平面图(比例为 1∶100)。

(2)立面图(比例为 1∶100)。

(3)剖面图(1～2 个，比例为 1∶100)。

(4)屋面详图(比例为 1∶200)。

(5)各构造详图(墙身结点详图，楼梯详图、门窗详图等其他构造详图)。

1. 平面图

各层平面比例为 1∶200。

(1)确定各房间的形状、尺寸及位置，表示固定设备及主要家具布置，注明房间名称。

(2)确定门窗的大小位置(按比例绘出，不标注尺寸)，表示门的开启方向。

(3)表示楼梯的踏步、平台及上下行指示线。

(4)标注两道外部尺寸(总尺寸和轴线尺寸)和必要的内部尺寸。

(5)标注剖切符号，注写图名和比例。

2. 立面图

(1)表明建筑外形、门窗、雨篷、外廊或阳台及落水管的形式与位置。

(2)标注各主要部位的标高和尺寸。

(3)注明外墙材料及做法，饰面分格线、立面细部详图索引符号。

(4)标注立面名称及比例，立面名称可用所表示立面的首尾轴线表示。

3. 剖面图

剖面图为 1～2 个，比例为 1∶200。

(1)剖切到的墙以双粗实线表示、钢筋混凝土部分涂黑表示，可见部分以细实线表示。

(2)确定各主要部分的高度和分层情况，以及主要构件的相互关系。

(3)表示出楼梯的踏步、平台以及固定设备。

(4)标注室内外地面标高、各层楼面标高和屋面标高，标注两道尺寸(即建筑总高及各层层高)。

(5)注写图名和比例。

4. 屋顶排水图

本次设计为平屋顶，防水方案为柔性防水屋面或刚性防水屋面，并根据当地气候条件考虑做保温层或隔热屋顶，设计内容及深度如下：

(1)标注各转角部位定位轴线及其间距。

(2)标注四周的出檐尺寸及屋面各部分标高(屋面标高一律标注结构层标高)。

(3)标注屋面排水方向、坡度及各坡面交线、檐沟、泛水、出水口、水斗等的位置，如果屋面防水层上有隔热或保温覆盖层，屋顶平面仍应主要表现防水层构造，而覆盖层只给出局部图形即可。

(4)标注屋面上人孔、女儿墙等的位置尺寸。

(5)标注图名及比例。

5. 方案说明及主要技术指标

(1)方案说明：简要说明方案特点等。

(2)主要技术指标：总建筑面积、平均每名学生所占建筑面积、平面系数(K=使用面积/建筑面积，其中使用面积为各房间使用面积之和)等。

第二节　教学楼设计指导

一、校址选择

在进行学校的建筑设计时，要遵守国家有关定额、指标、规范和标准。

学校校址的选择应符合以下几点：

(1)学校应建设在阳光充足、空气流通、场地干燥、排水通畅、地势较高的宜建地段。校内应有布置运动场地和提供设置基础市政设施的条件。

(2)学校严禁建设在地震、地质塌裂、暗河、洪涝等自然灾害频发及人为风险高的地段和污染超标的地段。校园及校内建筑与污染源的距离应符合对各类污染源实施控制的国家现行有关标准的规定。

(3)学校建设应远离殡仪馆、医院的太平间、传染病院等建筑。与易燃易爆场所间的距离应符合现行国家标准《建筑设计防火规范》(GB 50016—2006)的有关规定。

(4)学校周边应有良好的交通条件，有条件时宜设置临时停车场地。学校的规划布局应与生源分布及周边交通相协调。与学校毗邻的城市主干道应设置适当的安全设施，以保障学生安全跨越。

(5)学校教学区的声环境质量应符合现行国家标准《民用建筑隔声设计规范》(GB 50118—2010)的有关规定。学校主要教学用房设置窗户的外墙与铁路路轨的距离不应小于300 m，与高速路、地上轨道交通线或城市主干道的距离不应小于80 m。当距离不足时，应采取有效的隔声措施。

(6)学校周界外25 m范围内已有邻里建筑处的噪声级不应超过现行国家标准《民用建筑隔声设计规范》(GB 50118—2010)有关规定的限值。

(7)高压电线、长输天然气管道、输油管道严禁穿越或跨越学校校园；当它们在学校周边敷设时，安全防护距离及防护措施应符合相关规定。

二、学校总平面设计

学校总平面设计应包括总平面布置、竖向设计及管网综合设计。

(一)总平面的组成

根据学校的使用要求，学校用地一般分为四类，包括建筑用地、运动场地、绿化及室外科学园地和其他用地。

1. 建筑用地

建筑用地是指规划和建造学校各种用房所占用地段。各种用房包括教室、实验室、办公室、辅助用房、校园(含校前区)、道路等。建筑用地面积一般占学校用地面积的40%～50%，其中建筑物底座所占用面积为学校用地的10%～13%，其余建筑用地面积为建筑物周边空地、道路及附属庭院等。校内道路按消防要求，一般宽度不小于2 m，入口道路为一般车行道时宽度不小于3.5 m，学校内最宽的道路为双车道宽度，不小于7 m。道路设计走向宜便捷、自然和通畅。建筑物靠近界墙时，应留有一定距离，其宽度应视建筑物的高度而定，最小应保持3 m，既要满足消防车通行，又不能造成界墙两面建筑物的相互遮挡。

2. 运动场地

运动场地是指用于全校师生体育活动、集会等活动的场所。

根据学校的使用特点及有关规定，学校的运动场地使用面积每个学生：小学不宜小于2.3 m^2；中学不宜小于3.3 m^2。小学宜设置200 m环形路道(附60 m直跑道)的田径场一个；中学宜设置250～400 m环形跑道(附100 m直跑道)的田径场一个。在总平面设计时，必须在布置教学楼的同时，合理地安排体育场地与教学楼的相对位置，尽量开辟出较为完整的大片面积作为体育活动区，并尽可能地将各种体育场地及体育器材室集中到田径场的周围，从而减弱体育场地对教学区的干扰。

3. 绿化及室外科学园地

绿化及室外科学园地是指为改善校园环境或结合中小学校的生物课、自然课的教学，以及开展学生课外科学小组的活动而设置的，包括成片绿地、种植、饲养、天文和气象观测等用地。

4. 其他用地

其他用地包括总务、后勤和校办工厂等的用地。总务等用地一般要求功能合理、使用方便；校办工厂用地要求独立性强，位置、形式满足生产要求。两者对环境均有较大影响，宜单独设置。

(二)建筑的朝向和间距

1. 朝向

结合当地气候条件、地理环境和建筑功能等因素确定建筑物朝向，冬季应考虑得到较多的日照时间和室内日照面积；夏季应考虑争取房间的自然通风，同时也要考虑防止太阳直射，防止暴雨袭击；根据我国所处地理位置，建筑物的朝向宜为南向、南偏东或南偏西少许角度。

2. 间距

在进行学校总平面设计时，应考虑相邻建筑物之间或同一建筑物的两个部位之间的距离。在学校建筑设计中选择适宜的间距，其中日照间距和防火间距是确定房屋间距的主要依据。

(1)日照间距。对于成排的学校建筑，应满足在冬至日正午时满窗日照，或全日有3～4 h的日照时间，因此学校建筑物之间应留有适当间距。当建筑物朝向为正南时，日照间距大小一般在1.0 H～1.8 H(H为南向前排房屋檐口至后排房屋底层窗台的高度)之间，参见表7-2。

表7-2　民用建筑惯用日照间距　　m

地区	地区纬度(北纬)	H理论计算	实际采用
北京	39°57′	2.00	1.80～2.00
济南	36°41′	1.74	1.50～1.70
徐州	34°19′	1.59	1.20～1.30
南京	32°04′	1.46	1.00～1.50
上海	31°12′	1.40	1.00～1.10
武汉	30°38′	1.30	1.10～1.20
杭州	30°20′	1.37	1.00
成都	30°40′	1.35	1.00～1.30
重庆	29°30′	1.29	0.80～1.00(视地形坡道而定)
南昌	28°40′	1.23	1.00～1.20(≤1.50)
福州	26°05′	1.10	1.20
西安	34°15′	1.58	1.50
天津	39°07′	1.93	1.70
长春	43°52′	2.39	2.00

(2)防火间距是建筑物之间防火疏散的安全距离，其间距大小应满足表7-3的要求。

表7-3　民用建筑的防火间距　　m

防火间距 / 耐火等级(列) / 耐火等级(行)	一、二级	三级	四级
一、二级	6	7	9
三级	7	8	10
四级	9	10	12

注：1. 防火间距应按相邻建筑外墙的最近距离计算，如外墙有凸出的燃烧构件，则应从其凸出部分外缘算起。
2. 两座建筑相邻两面的外墙为非燃烧体且无门窗洞口、无外露的燃烧体屋檐时，其防火间距可适当减小，但不应小于3.5 m。
3. 两座建筑物相邻较高一面的外墙如为防火墙时，其防火间距不限。
4. 耐火等级低于四级的原有建筑物，其防火间距可按四级考虑。

三、总平面布置形式

总平面布置应包括建筑布置、体育场地布置、绿地布置、道路及广场布置、停车场布置等。根据学校总平面布置的基本要求，结合学校所在地区的自然环境、学校用地的地形条件、学校出入口的位置、教学用房及体育活动场地的相对位置关系，一般有以下几种布置形式：

(1)教学用房围绕体育场地布置。

(2)教学楼与体育场地前后布置。

(3)教学楼与体育场地平行布置。

(4)教学楼与体育场地各据一角的布置。

四、教学楼设计

(一)普通教室的设计

1. 教室的面积设计

教室的使用面积由教学设备占用面积、学生使用活动面积、室内行走所需交通面积三部分组成。所需面积的大小主要取决于教室容纳的人数、活动特点以及课桌椅的尺寸和布置等因素。

根据《中小学校设计规范》(GB 50099—2011)要求，中学每班 50 人，使用面积为 1.39 m^2/人；小学每班 45 人，使用面积为 1.36 m^2/人。

课桌椅的布置要满足学生视听及书写要求，并便于学生就座和教师辅导，其布置应符合《中小学校设计规范》(GB 50099—2011)的有关规定，如图 7-1 所示。

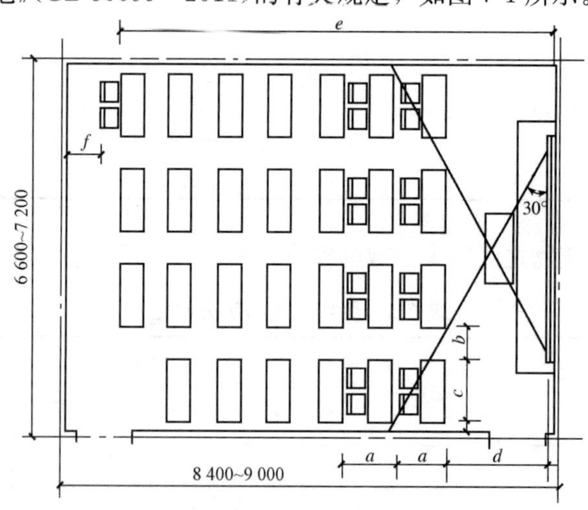

图 7-1 普通教室座位布置的有关尺寸

2. 教室的尺寸设计

教室常见的平面形式有矩形、方形和多边形等，如图 7-2 所示。其中，矩形平面便于家具布置，能提高房间的利用率。平面组合方便、灵活，结构简单，施工方便，有利于建筑构件标准化。

矩形平面的长度比例一般以不超过 1∶2 为宜。根据桌椅的排列方式不同，平面轴线尺寸可采用 9 000 mm×7 200 mm、9 000 mm×6 900 mm、9 000 mm×6 600 mm、9 000 mm×6 300 mm、8 400 mm×7 200 mm。

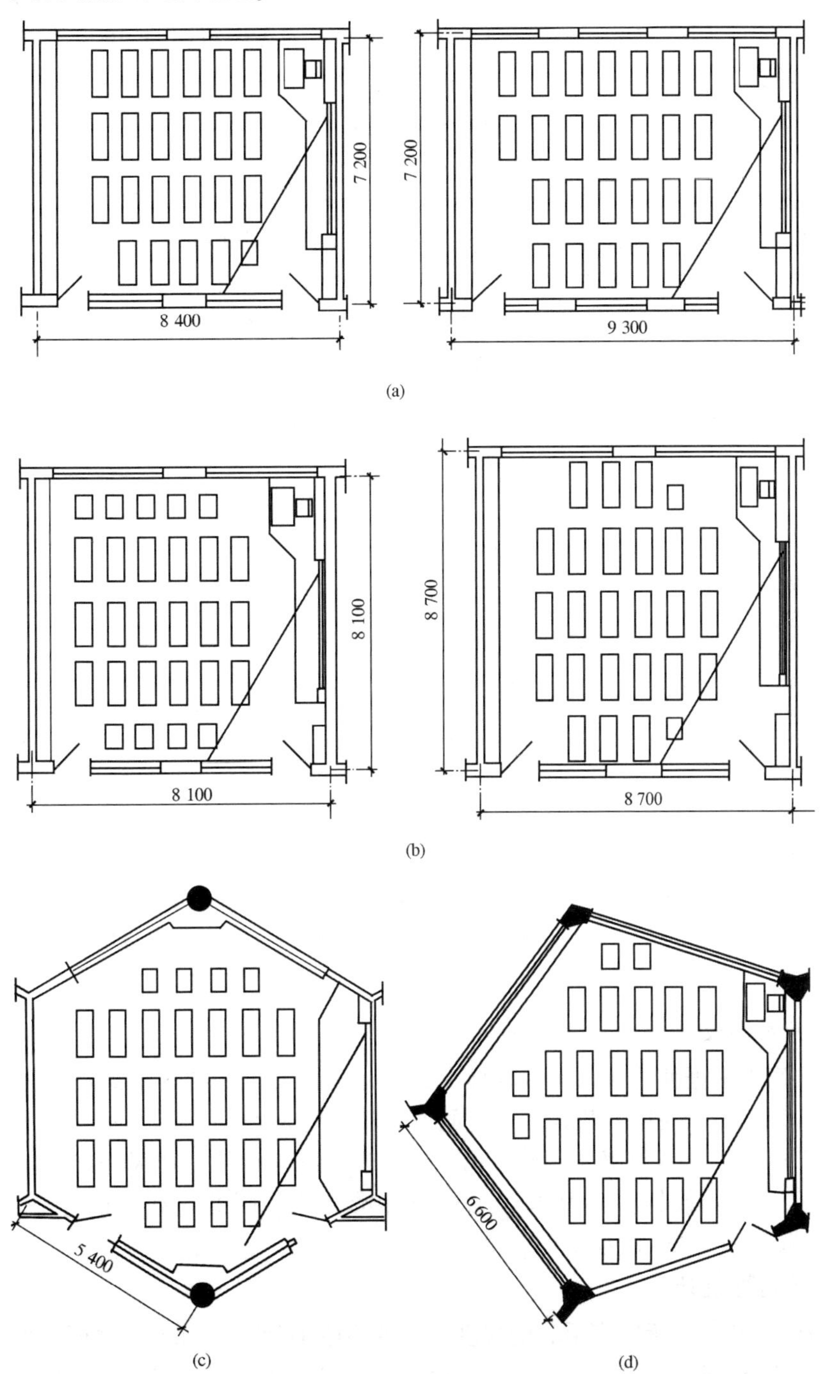

图 7-2　教室一般平面形式

(a)矩形教室；(b)方形教室；(c)六边形教室；(d)五边形教室

3. 教室的门窗设计

(1)教室门的设计。门的设计应考虑出入便捷、疏散迅速、开启灵活。门的数量和宽度应考虑学校的使用特点，通常一间普通教室设置两个门，且应放在教室内纵墙的前后两端，并距墙角 240 mm。门的宽度一般取 900～1 000 mm，为考虑室内通风和增加黑板的垂直照度，门的上部应设置亮子，因此，门的总高度一般为 2 400～2 700 mm。学校教室为保证防火疏散要求，门一般应向外开启，但在走廊式组合形式中，为方便走廊内人流活动，采用内开门。

(2)教室窗的设计。教室窗的设计要有利于采光通风，并便于开启。窗内开时，不影响室内学生听课；外开时，应保证擦洗安全。因此可适当选用推拉式窗。

《中小学校设计规范》(GB 50099—2011)规定，教室、办公室的窗地面积比(指窗的透光面积与房间地板面积之比)一般取 1/4～1/6。通常教室的窗宽为 1 500～2 400 mm，高为 2 100～2 400 mm。不同房间的窗地面积比见表 7-4。

表 7-4　学校用房工作面或地面上的采光系数标准和窗地面积比

房间名称	规定采光系数的平面	采光系数最低值/%	窗地面积比
普通教室、史地教室、美术教室、书法教室、语言教室、音乐教室、合班教室、阅览室	课桌面	2.0	1∶5.0
科学教室、实验室	实验桌面	2.0	1∶5.0
计算机教室	机台面	2.0	1∶5.0
舞蹈教室、操场	地面	2.0	1∶5.0
办公室、保健室	地面	2.0	1∶5.0
饮水处、厕所、浴室	地面	0.5	1∶10.0
走道、楼梯间	地面	1.0	—

注：表中所列采光系数值适用于我国Ⅲ类光气候区，其他光气候区应将表中的采光系数值乘以相应的光气候系数，其中，光气候系数应符合现行国家标准《建筑采光设计标准》(GB 50033—2013)的有关规定。

4. 教室的层高设计

教室的层高需根据使用人数、卫生标准、采光通风要求、结构形式及空间比例等因素来确定。学校教室由于使用人数较多、房间面积较大，从空间比例方面分析，其高度应为跨度的 1/1.5～1/3。为保证教室有较好的卫生条件，除应组织好通风外，还应考虑教室内正常的空气容量。人数越多，要求空气容量标准越高。因此，教室的净高一般不小于 3.4 m，层高取 3.6～3.9 m 为宜。

5. 教室的内部设计

(1)黑板的尺寸。黑板应有适宜的尺度。高度不应小于 1 000 mm；宽度：小学不宜小于 3 600 mm，中学不宜小于 4 000 mm；黑板下沿与讲台面的垂直距离：小学宜为 800～900 mm，中学宜为 1 000～1 100 mm。

为了避免产生眩光，前墙黑板宜采用耐磨和无光泽的材料，如磨砂玻璃黑板等。后墙黑板通常用作学习园地及布告栏，可用水泥面制作。

(2)讲台的尺寸。为使教室后排的学生不受前排遮挡，并便于教师在黑板上书写，应在教室前方黑板下设置讲台。讲台高度一般为 200 mm；宽度不应小于 800 mm；长度应满足宽出黑板长向每边不少于 200 mm。同时，讲台的设置应考虑教室的前部留有适当的横向通行宽度。

(二)专用教室的设计

1. 实验室设计

实验室的大小主要取决于学校规模、使用人数、试验设备形状和尺寸以及设备布置方式等因素。实验室的基本设备为实验台、演示桌、讲台、黑板等，中学实验室的教室面积为70～90 m²。每个实验室为方便实验准备工作、存放仪器和药品，一般均需设置一间准备室。准备室内一般有办公桌、工作台、仪器与药品柜等，其面积为 30～50 m²。同时，实验室与准备室靠近布置并应有门相连通，如图 7-3 所示。

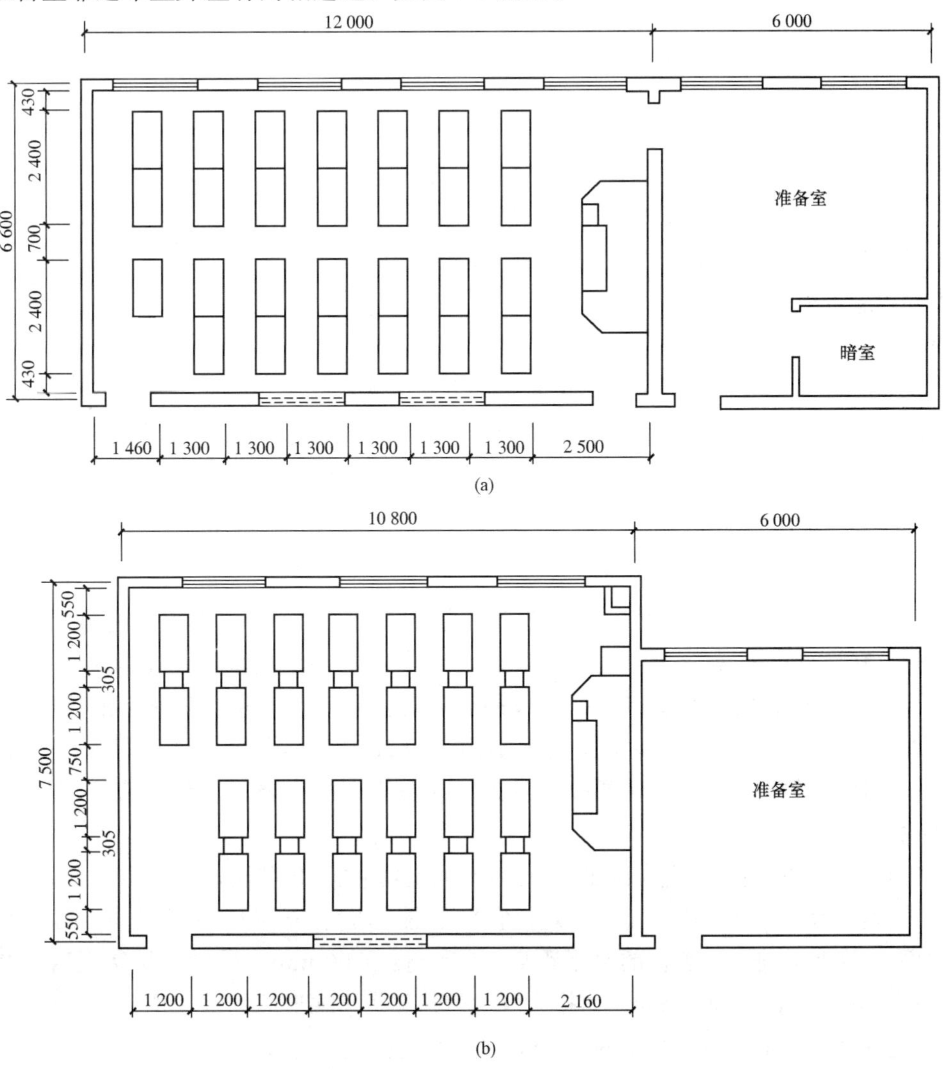

图 7-3　实验室平面布置示意图

(a)生物、物理实验室平面布置；(b)化学实验室平面布置实验室内一般需设黑板，实验桌通常平行黑板布置。第一排实验桌前沿距黑板不应小于2.5 m；最后一排实验桌后沿距黑板不应大于11 m，距后墙不应小于1.2 m；实验桌排距不应小于1.2 m；实验台间纵向走道宽度应根据实验台的尺寸、排列人数及方式确定。其最小值不应小于600 mm。

实验室设计中应考虑适宜的朝向、良好的通风，同时还应根据不同的功能要求，合理布置上下水管道及水盆设施、供电与排风系统、燃气管道及防火措施。

2. 音乐教室设计

音乐教室的大小形状与普通教室相同。若考虑兼作文体排练和其他用途时，面积可适当加大。音乐教室一般附有乐器室，两者紧密相连，开设门相通，面积相当于实验室大小，通常为70～75 m^2。

由于音乐教室使用中发出的声响会干扰其他教室上课，因此教学楼内的音乐教室最好设置在尽端或顶层，并将窗子开向不至于干扰其他房间的方向。当条件允许时，最好将音乐教室单独设置，并与教学区分开。

3. 语言教室设计

语言教室是利用电教手段、装备有声响器械进行语言课教学的专用房间。

语言教室的位置应选择在教学楼中安静并便于管理和使用的地方。语言教室的容量应按一个班人数设计，其面积大小应按教室的使用人数、学习桌尺寸、座位布置形式及学生就座方便程度等因素确定。

语言教室的座位布置近似普通教室，座位布置应便于学生就座及离座，以采用双人连桌且两侧有纵向过道为宜。当条件不足时，也可采用3人或4人连桌的布置形式。

语言教室设有控制台，控制台可设于教室的讲台上或设于独立的控制室内。控制室一般设置在教室前部，面向学生；也可设于教室后部的邻室内，背向学生；还可设于教室的侧面并面向学生。

4. 多功能大教室设计

多功能大教室是供两个或两个以上班级上合班课或集会使用。教室内通常装备有电教教学设备，宜设置投影器、幻灯机、电视机、录放像机和小型电影放映机等。

多功能大教室的规模大小应根据学校的教学需要和现行面积、定额标准等要求确定。一般情况下，18个班的中学多功能大教室面积可按150人规模设置，每人使用面积为1.0 m^2。另外，考虑到教师的观摩教学及进修人员听课的需要，设计时应适当增加10～20人的容量。

多功能大教室的座位布置应满足每个座位均有良好的视角范围，通常应满足以下要求：

(1)教室的课桌椅宜采用固定式，座椅宜采用翻板椅。

(2)第一排课桌前沿与黑板的水平距离不宜小于2 500 mm；最后一排课桌后沿与黑板的水平距离不应大于18 000 mm；前排边座学生与黑板远端形成的水平视角不应小于30°。

(3)座位排距：小学不应小于800 mm，中学不应小于850 mm。

(4)纵、横向走道的净宽度不应小于900 mm；靠墙纵向走道宽度不应小于550 mm；座位宽度不应小于450～500 mm。

多功能大教室应设置一个电教器材贮存修理兼放映的房间，与教室紧密相连。放映室的净宽度宜为教室长度的1/4～1/2，放映孔底面的标高与最后排座位的地面标高的高差不宜小于1 800 mm，通常有前放式和后放式两种。多功能大教室的平面形式一般有矩形、方形、多边形、扇形等。多功能大教室的面积较大，根据防火规范要求，教室的疏散门不应少于2个，容量大的教室应将其疏散门分散设置在教室的前部和后部。

5. 阅览室设计

中小学校的阅览室和书库应设在教学楼僻静的角落或顶层。书库设计要求具有良好的采光、通风、干燥及防火等条件，为避免阳光直射室内，窗子宜朝北，其他朝向的窗应增设遮阳设施。书库的面积主要取决于藏书量。

阅览室应设于与教学用房联系方便的位置。教师阅览与学生阅览应分开设置，教师阅览室座位数宜为全校教师人数的1/3；学生阅览座位数：小学宜为全校学生人数的1/20，中学宜为全校学生人数的1/12。每个座位所占面积：中学为1.5 m^2；小学为1.2 m^2。教师为满足阅览兼备课功能，一般每座为2.5～3.5 m^2。

(三)办公及生活服务用房的设计

1. 办公用房设计

办公用房包括行政办公用房和教学办公用房。教学办公用房要求与教室联系方便，环境安静；行政办公用房要求对内、对外联系都方便，以对外为主。因此，教学办公用房多设在教学楼内。当行政办公用房独立设置时，宜位于学校校门附近；行政办公用房若设在教学楼内时，宜集中布置在教学楼一端。此时，教学办公用房可组合在行政办公用房之上，从而构成教学楼的办公区；另外，也可将办公用房统一布置在教学楼的底层。办公用房要有良好的采光和通风，数量按学校规模和实际需要而定，一般教师人数，按中学2.5～3.0人/班、小学1.3～1.97人/班配备，每人使用面积为3.54 m^2。办公用房的大小要有利于家具设备的布置，通常开间为3 300～3 900 mm，进深为5 100～6 600 mm。

2. 生活服务用房设计

学校生活服务用房应包括饮水处、卫生间、配餐室、发餐室、设备用房，宜包括食堂、淋浴室、停车库(棚)。寄宿制学校还应有学生宿舍。

(1)饮水处。中小学校的饮用水管线与室外公厕、垃圾站等污染源间的距离应大于25.00 m。

教学用建筑内应在每层设饮水处，每处应按每40～45人设置一个饮水水嘴，计算水嘴的数量。教学用建筑每层的饮水处前应设置等候空间，等候空间不得挤占走道等疏散空间。

(2)卫生间。教学用建筑每层均应分设男、女学生卫生间及男、女教师卫生间。当教学用建筑中每层学生少于3个班时，男、女生卫生间可隔层设置，布置形式如图7-4所示。卫生间位置应方便使用且不影响其周边教学环境卫生。

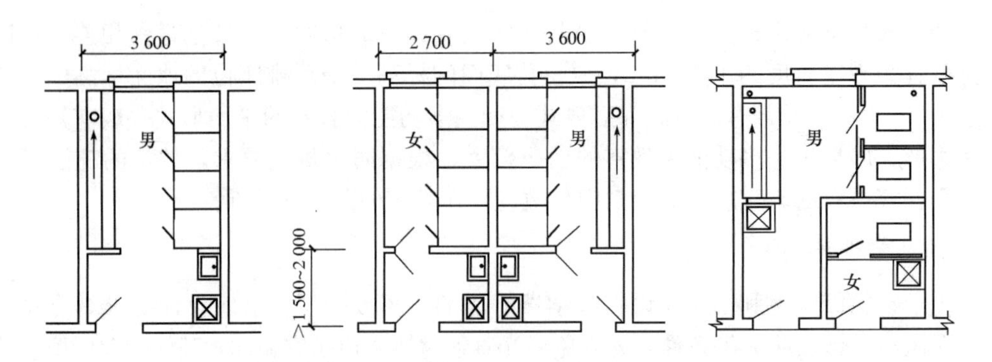

图 7-4　男、女生卫生间布置形式

卫生间有一定的固定卫生设备，主要包括大便器、小便器、洗手盆和洗涤池等。在教学楼设计时，卫生间大便器多选择蹲式或集中冲洗的大便槽，小便器有小便斗和小便槽两种。卫生间的设计应注意以下几点：

1)学生使用卫生间多集中在课间休息时，因此必须有足够数量的设备，一般以中小学男女生比例各为一半计算，见表 7-5。

表 7-5　卫生间卫生器具计算数据

项　　目	男　厕		女　厕		附　　注
	教学楼	宿舍	教学楼	宿舍	
每个大便器使用人数	40 人 (50)人	20 人	20 人 (25)人	12 人	或 1(1.10) m 长大便槽
每米长小便槽使用人数	40 人 (50)人	40 人			
洗手盆	每 90 人设一个或 0.6 m 长洗手槽				
女生卫生间				100 人一间	不小于大便器隔间
面积指标	每个大便器 4 m²		每个大便器 4 m²		
注：(　)内数字为中学。					

2)卫生间的位置一般不宜设在主楼梯旁及人流集中的地方，通常设于走廊的尽端及两排楼中间的连接处等。教师厕所与学生厕所宜分开设置，一般可设在办公用房附近。

3)卫生间应有自然采光和通风条件，可设在教学楼的北面或西面，以保证主要房间有较好的朝向。室内厕所位置既要方便使用，又应当尽可能隐蔽。通常厕所都设有前室，并设置双重门。前室的深度一般不小于 1 500～2 000 mm，门的位置和开启方向要注意遮挡外面视线，但又不能过于曲折。在前室内布置洗手盆和洗涤池。卫生间地坪标高一般比其他地面低 20～30 mm，并应设地漏。

（四）交通系统设计

1. 门厅设计

门厅是教学楼组织分配人流的交通枢纽，也是用来布置板报、宣传栏和供学生活动的地方。其面积，通常按每生 0.06～0.08 m^2 来确定其面积大小。设计时必须注意以下几点：

（1）门厅内的人流路线应简洁、通畅。

（2）门厅应具有良好的自然采光和通风。

（3）门厅内的人流路线应尽量避免交叉、迂回。

（4）门厅入口处应有较大的雨篷，作为出入教学楼的缓冲停留空间。

门厅的宽度一般为 4.5～9 m，按防火规范的要求，门厅对外出入口的宽度不得小于通向该门的走道楼梯等疏散宽度的总和。门厅的布置方式有对称式和非对称式两种。对称式有明显的轴线关系，常用于对称的建筑平面中；非对称式平面布置灵活，便于按不同的使用部分组织人流，常位于几个体部的衔接处或主要体部的一端。

2. 楼梯设计

楼梯是上下楼层联系的通道，位置要明显，疏散要方便，宽度和数量要满足疏散和防火要求。楼梯设计主要应根据使用要求、人流通行及防火规范要求等综合确定楼梯的位置、数量、宽度及形式等。

楼梯的位置要求明显、突出，路线通畅且光线充足，能起到引导人流的作用。主要楼梯一般与主要出入口相连，位置明显，在设计时要避免垂直交通与水平交通交接处拥挤堵塞，在各层楼梯口处应设一定的缓冲地带。

为保证主要房间更好的朝向，楼梯间多半布置于朝向较差的一面，或设在建筑物的转角处。此外，楼梯间应尽量靠外墙布置，以便直接采光。

对于一般楼梯，根据防火要求，两楼梯之间的房间、房门至最近楼梯间的最大距离应满足规定。楼梯多采用平行双跑楼梯，梯井不宜大于 200 mm；当大于 200 mm 时，应采取围护措施。

中小学校教学用房的楼梯梯段宽度应为人流股数的整数倍。梯段宽度不应小于1.20 m，并应按 0.60 m 的整数倍增加梯段宽度。每个梯段可增加不超过 0.15 m 的摆幅宽度。楼梯每个梯段的踏步级数不应少于 3 级，且不应多于 18 级，并应符合下列规定：

（1）各类小学楼梯踏步的宽度不得小于 0.26 m，高度不得大于 0.15 m；

（2）各类中学楼梯踏步的宽度不得小于 0.28 m，高度不得大于 0.16 m；

（3）楼梯的坡度不得大于 30°。

疏散楼梯不得采用螺旋楼梯和扇形踏步。楼梯两梯段间楼梯井净宽不得大于 0.11 m；当大于 0.11 m 时，应采取有效的安全防护措施。两梯段扶手间的水平净距宜为 0.10～0.20 m。楼梯扶手的设置应符合下列规定：

（1）楼梯宽度为 2 股人流时，应至少在一侧设置扶手；

（2）楼梯宽度达 3 股人流时，两侧均应设置扶手；

（3）楼梯宽度达 4 股人流时，应加设中间扶手，中间扶手两侧的净宽均应满足《中小学校设计规范》(GB 50099—2011)第 8.7.2 条的规定；

（4）室内楼梯扶手高度不应低于 0.90 m，室外楼梯扶手高度不应低于 1.10 m；水平扶手高度不应低于 1.10 m；

(5)楼梯栏杆不得采用易于攀登的构造和花饰；杆件或花饰的镂空处净距不得大于 0.11 m；

(6)楼梯扶手上应加装防止学生溜滑的设施。

除首层及顶层外，教学楼疏散楼梯在中间层的楼层平台与梯段接口处宜设置缓冲空间，缓冲空间的宽度不宜小于梯段宽度。楼梯两相邻梯段间不得设置遮挡视线的隔墙。

教学楼的楼梯间应有天然采光和自然通风条件。

(五)平面的组合设计

1. 平面组合的原则

(1)教学用房大部分要有合适的朝向和良好的通风条件，朝向以南向和东南向为主。

(2)各类不同性质的用房应分区设置，既要功能分区合理，又要联系方便，避免互相干扰。

(3)建筑空间布置紧凑，注意节约用地、节约能源。

(4)合理组织交通路线，避免人流交叉，保证疏散畅通、防火安全。

(5)教学楼应选择合理的结构形式及最佳的开间、进深尺寸。

2. 教学楼的功能分析及组合关系

教学楼的各组成部分应构成一个有机整体。根据各部分使用性质和联系程度不同，学校建筑可以将普通教室、实验室、语音教室等组成教学活动区域；将行政办公室、教师办公室组成办公区域；将食堂、宿舍、锅炉房定为附属建筑；另外，还有室外活动区域。在进行平面组合设计时，通常用简单的功能分析图进行概括，以便于进一步确定活动分区及各区之间的相互关系。

(1)主要房间和次要房间的联系。教学楼的教室、实验室是主要房间；行政办公室、教师办公室、厕所是次要房间。在平面组合设计时，一般将主要房间布置在朝向好、靠近主要出入口，并有良好采光通风条件的位置；次要房间则可布置在较差位置，使主次分明，使用方便。

(2)行政与后勤的联系。教学楼的行政办公室、后勤管理办公室的设计，既要便于对内联系又应便于对外接洽，因此在平面组合时，通常将其与教学区分开设置，一般可设于教学楼的底层，或设于教学楼的一端，或设于两部分教学用房之间的门厅附近等。

(3)普通教室与专用教室的联系。教学楼中的普通教室和音乐教室虽同属教学用房，两者联系密切，但为避免噪声干扰，又要保持适当的距离。一般，可将音乐教室组合在教学楼的一端，也可作为凸出部分毗连在一侧，或独立设置并以较长的走廊连接。另外，还可以将音乐教室设置在教学楼顶层。

(4)教室的组合。教学楼教室的组合设计应充分考虑人流活动的密集性，人流方向、密度和时间的关系，使教学楼内部各种用房之间、普通教室与其他教学用房之间布置适当，交通空间设置合理，从而满足流线简捷、通道光线充足的要求。它不仅在人流密集时交通顺畅，同时又能满足紧急疏散时的要求。

(六)教学楼的体型、立面设计

不同功能要求的建筑类型，具有不同的内部空间组合特点，建筑的外部体型和立面应该正确表现这些建筑类型的特征，如建筑体型的大小、高低、组合的简单或复杂、墙面门窗位置的安排以及大小和形式等。

中小学教学楼的体型及立面设计要反映学校的性格与特征，建筑形象应明朗、轻快、坚实、整洁、富有美感，表现出青少年健康、向上、求实和勇于探索的精神。教学楼由于采光要求较高，人流出入大，在立面上常形成高大明快、成组排列的窗户和宽敞的入口，给人以开朗、活泼、亲切和愉快的感觉。在教学楼体型及立面设计中，除了从功能要求、技术经济条件及总体规划和基地环境等因素考虑外，还要符合建筑美学原则。

第三节　教学楼设计方法与步骤

在进行学校建筑设计时，通常先从平面入手，同时认真考虑剖面及立面的可能性与合理性及对平面设计的影响。只有综合考虑平面、立面和剖面三者的关系，按完整的三度空间概念去进行设计，才能做好一个建筑设计。

教学楼具体设计步骤如下：

(1)分析研究设计任务书，明确设计的目的和要求，根据所给条件，算出各类房间所需数目及面积。

(2)带着问题学习任务书上所提到的参考资料，参观已建成的同类建筑，扩大眼界，广开思路。

(3)在学习参观的基础上，对设计要求、具体条件及环境进行功能分析，从功能角度找出各部分、各房间的相互关系及位置。

(4)进行块体设计，即将各类房间所占面积粗略地估计平面和空间尺寸，用徒手单线画出初步方案的块体示意草图(比例 1∶500 或 1∶200)。在进行块体组合时，要多思考，多动手(即多画)，多修改。从平面入手，但应着眼于空间。先考虑总体，后考虑细部，抓住主要矛盾，只要大布局合理就行。

(5)在块体设计基础上划分房间，进一步调整各类房间和细部之间的关系，深入发展成为定稿的平、立、剖面草图，比例为 1∶100～1∶200。

(6)根据审定的初步方案(草图)设计绘制施工图。

第四节　教学楼设计实例

某学校教学楼施工图如图 7-5～图 7-9 所示。

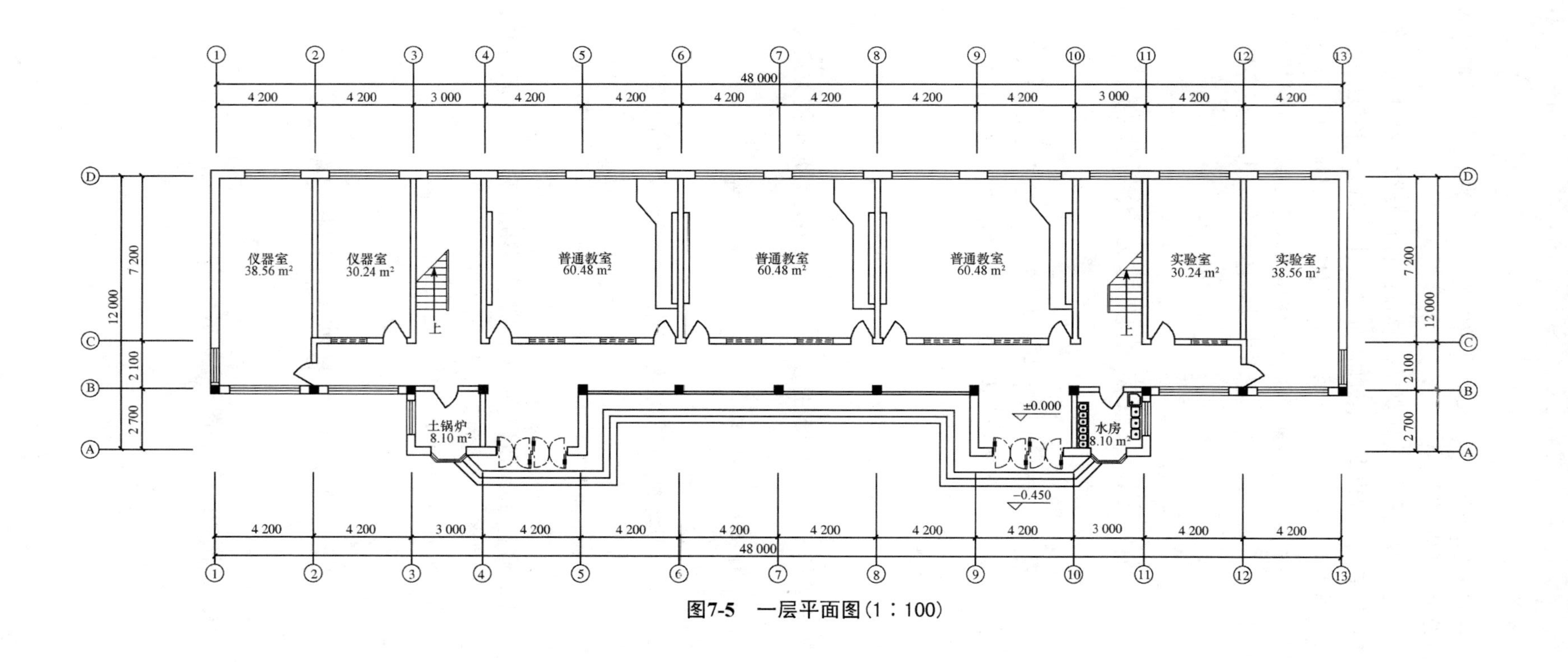

图7-5 一层平面图（1：100）

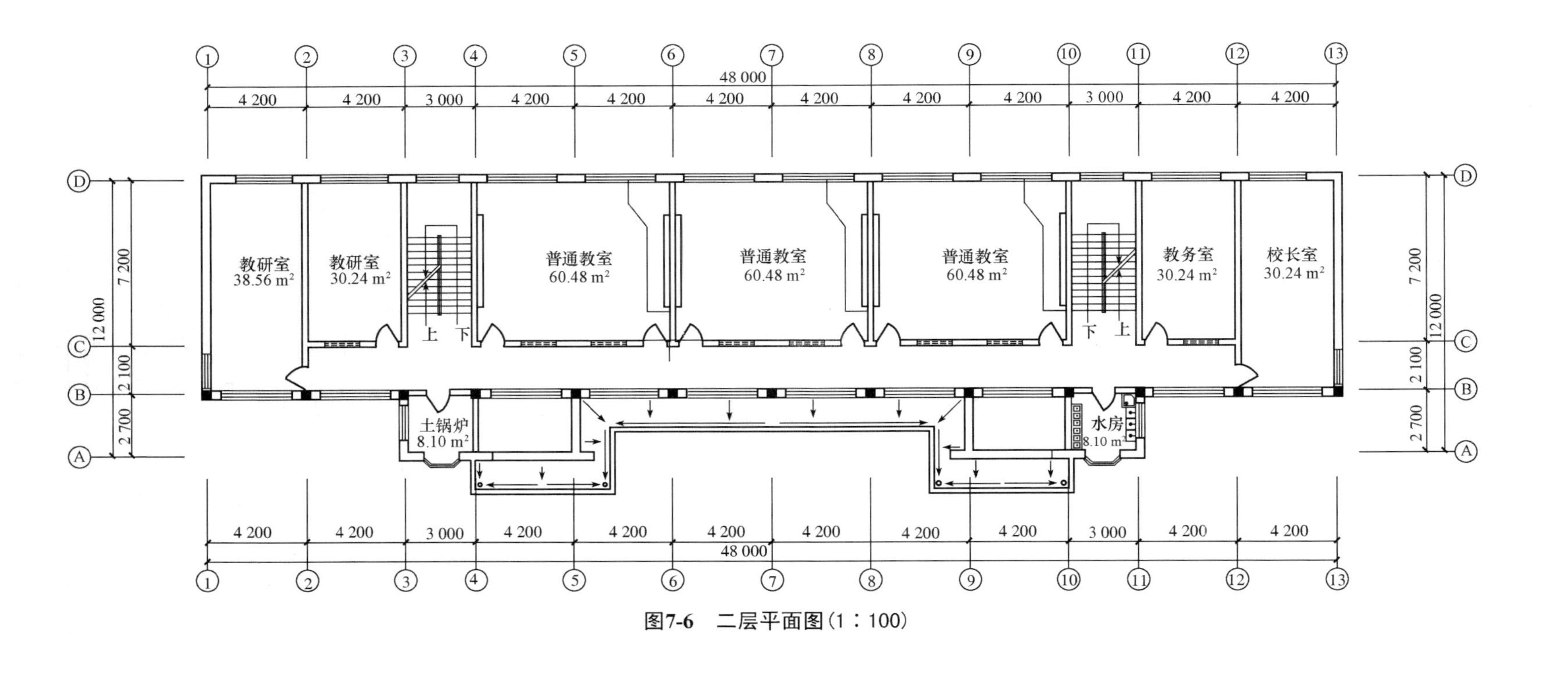

图7-6　二层平面图（1：100）

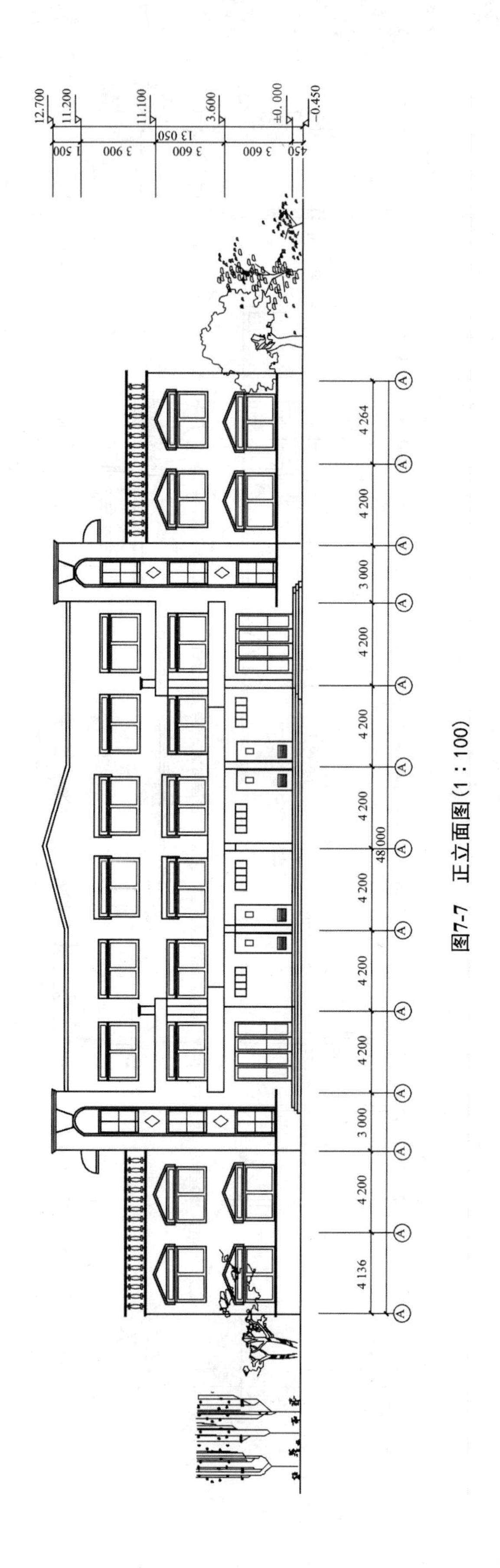

图7-7 正立面图(1∶100)

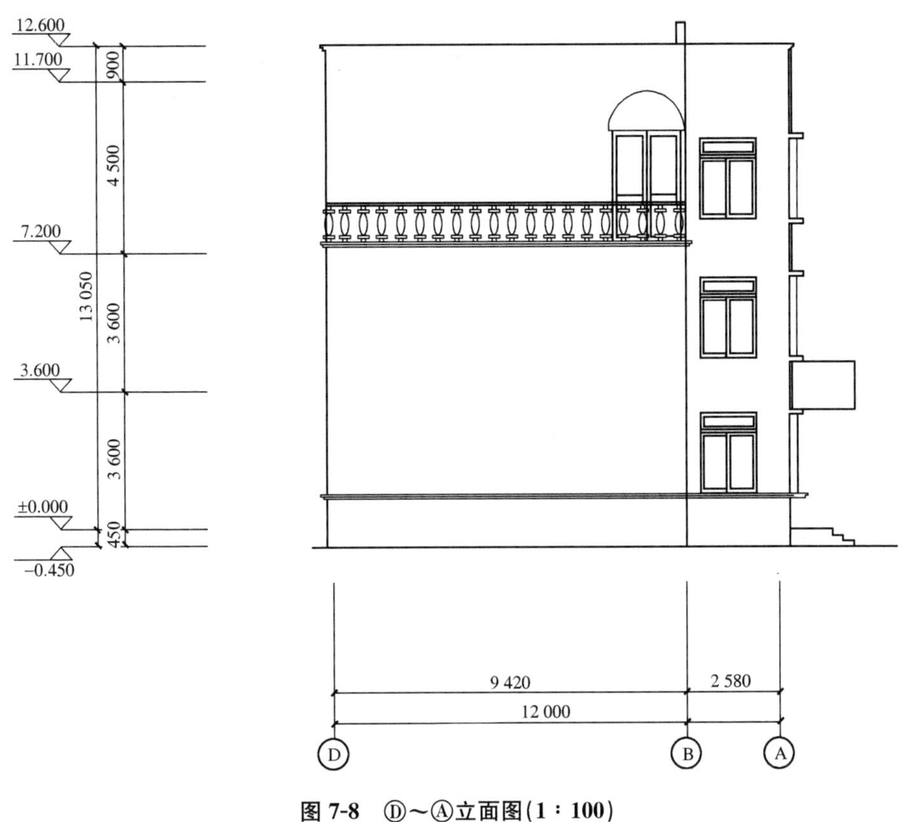

图 7-8　Ⓓ～Ⓐ立面图(1∶100)

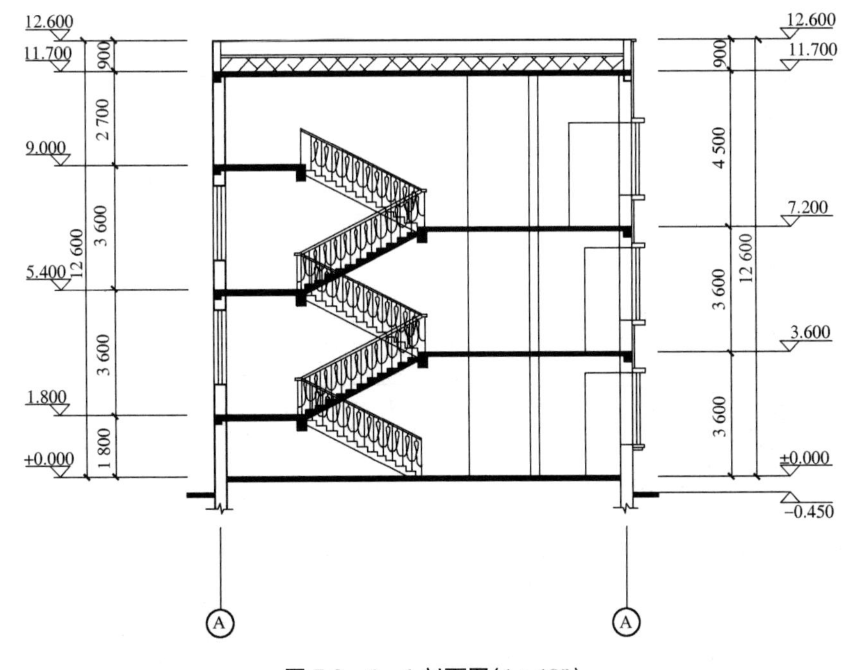

图 7-9　1—1 剖面图(1∶100)

某中学教学实验楼施工图如图 7-10～图 7-15 所示。

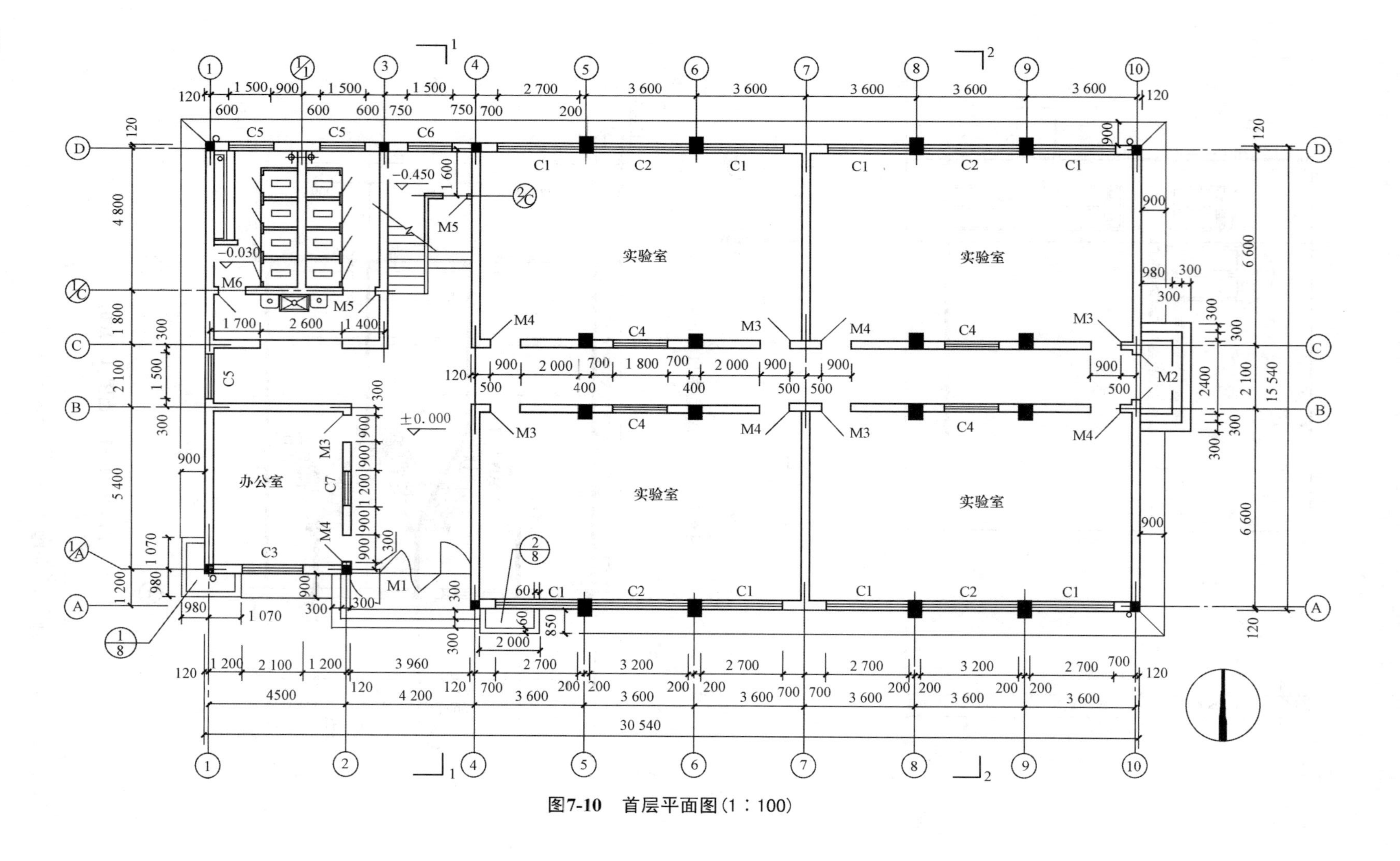

图7-10　首层平面图(1：100)

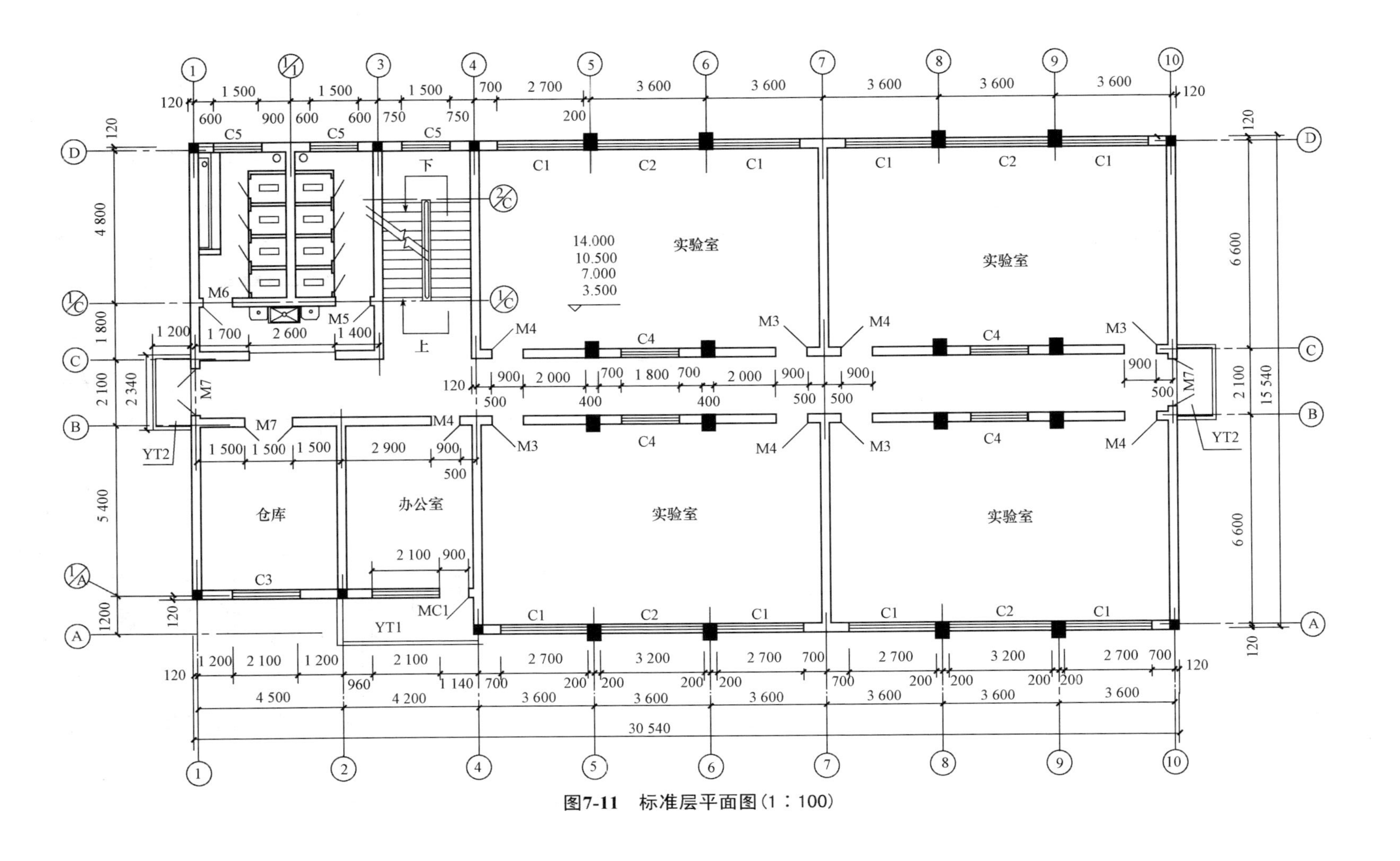

图7-11　标准层平面图（1：100）

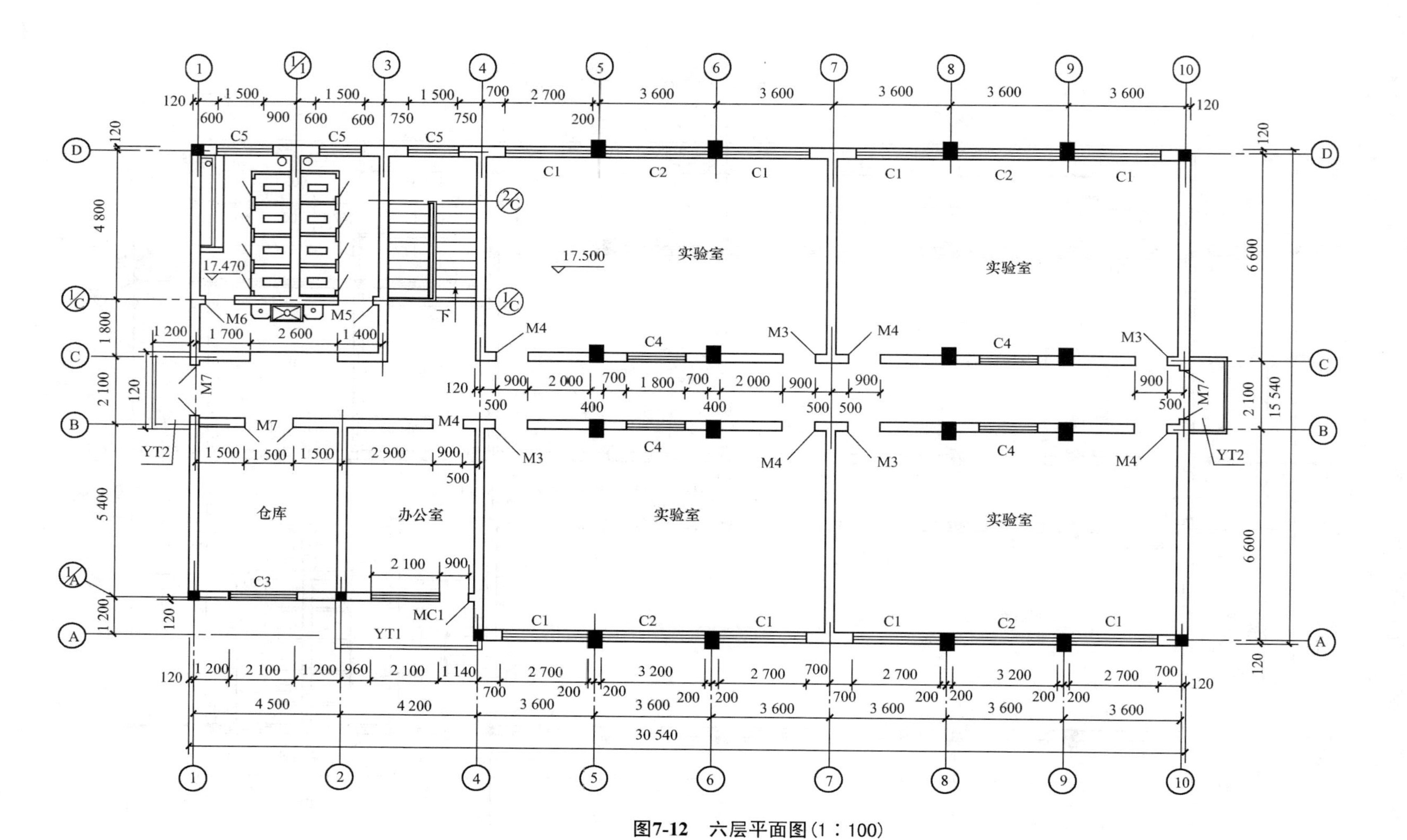

图7-12　六层平面图（1：100）

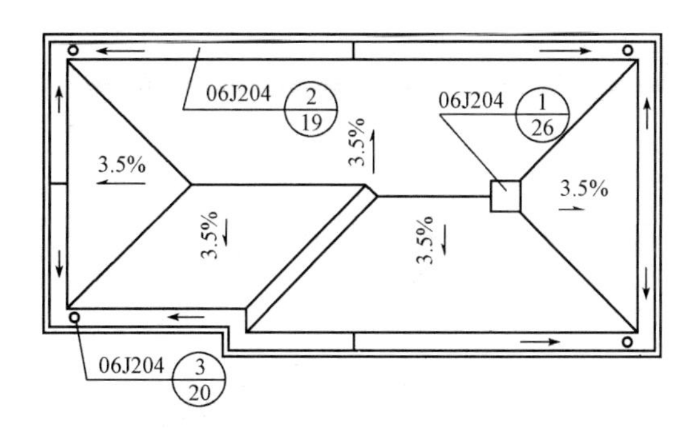

图 7-13　屋顶平面图(1∶200)

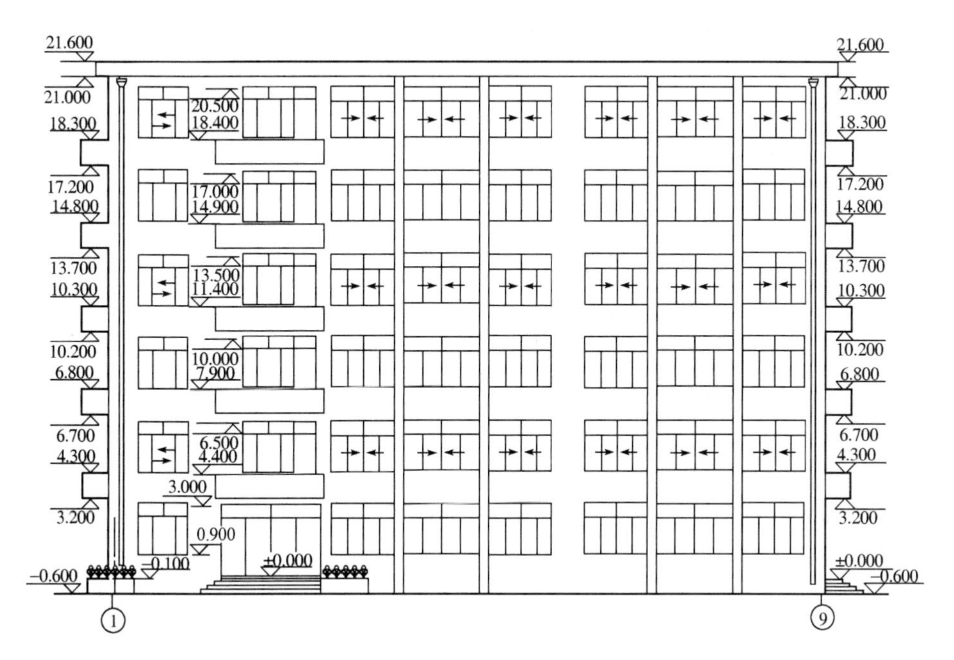

图 7-14　立面图(1∶100)

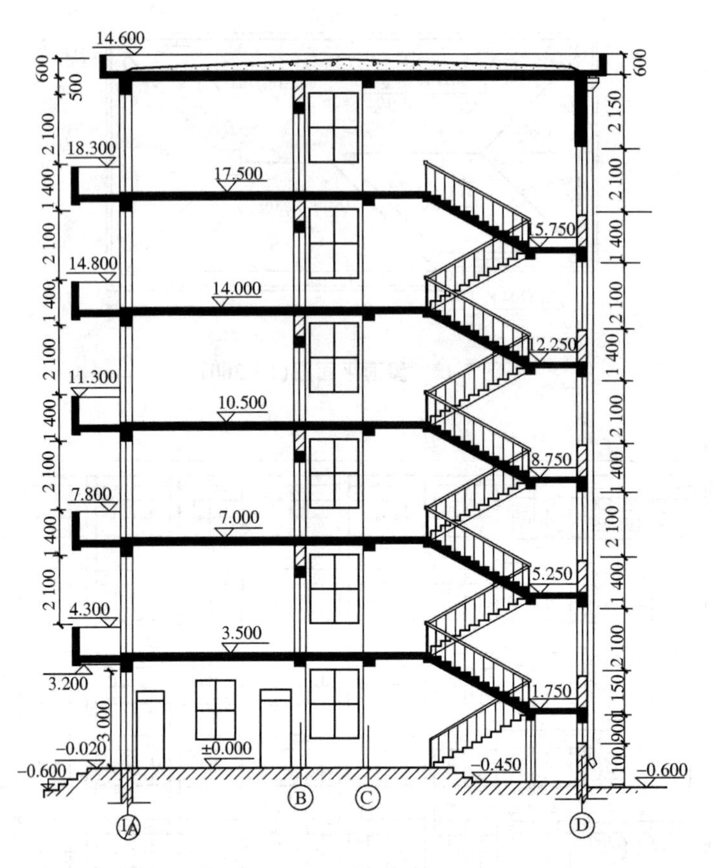

图 7-15　1—1 剖面图(1∶100)

第八章　宿舍楼设计

第一节　宿舍楼设计任务书

一、设计题目

宿舍楼设计。

二、目的要求

通过设计实践，学生能够运用已学过的建筑空间环境设计的理论和方法进行一般的建筑设计，进一步理解建筑设计的基本原理，提高分析问题和解决问题的能力，从而掌握建筑设计的方法和步骤。

三、设计要求

1. 建设地点

场地西北侧为校园内道路，南侧为校园内集中绿地，东侧为教学区，场地平整，如图 8-1所示。

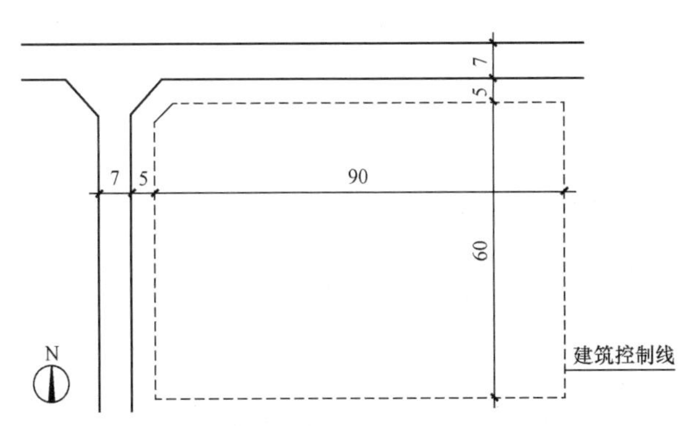

图 8-1　拟建建筑物位置

2. 房间名称和使用面积

房间组成及参考面积见表 8-1。

表 8-1　宿舍房间组成及参考面积一览表

房间名称	间数	房间使用面积/m^2	备注
接待室	1	20～25	
传达值班室	1	15～20	
储藏室	1	35～45	
阅览室	1	60～80	
书库	1	40～50	
文娱活动室	1	60～80	
居室	60	20～25	
公共盥洗室		按规定标准计算	
公共卫生间		按规定标准计算	

3. 建筑标准

(1)层数：4～5 层。

(2)层高：门厅 3.6～4.5 m；居室 3.3～3.6 m。

(3)耐火等级：二级。

(4)抗震设防烈度：6 度。

(5)结构形式：框架结构。

四、设计内容及图纸要求

1. 设计内容

(1)底层平面图(比例为 1∶100)。

(2)标准层平面图(比例为 1∶100)。

(3)立面图：主要立面及侧立面(比例为 1∶100)。

(4)剖面图(1～2 个，比例为 1∶100)。

(5)单元标准层平面图(比例为 1∶50)。

(6)屋顶平面布置图(比例为 1∶100)。

(7)墙身大样详图(比例为 1∶200)。

(8)楼梯建筑施工图(比例为 1∶100)。

(9)圈梁、构造柱、门窗表及大样。

2. 图纸要求

本次设计达到施工图深度要求，图例表示均按《建筑制图标准》(GB8/T 50104—2010)制图，所有图纸以白纸、铅笔线完成，线型分明，字体工整，要求用仿宋体书写。

要求完成以下图纸内容：

(1)平面图(比例 1∶100)：确定功能分区、平面组合、体块组合及各结构部分的尺寸。房间布置和平面组合要符合使用要求和建筑特点。

(2)立面图(比例 1∶100)：确定的建筑内部空间组合的平、剖面关系，如建筑的大小、层高，门窗的位置、大小等，描绘出建筑各立面的基本轮廓。

(3)剖面图(比例1∶100)：至少一个剖面图(剖楼梯间)。剖面图的剖切位置宜通过楼梯间及建筑主入口，应选择最能反映全貌和构造特点的部位；剖面应反映出结构形式。

(4)详图(2～6个，结点任选，必须有楼梯详图)：比例自定，但必须保证尺寸清楚，符合施工图要求。详细标注各构件的材料组合方式、材料名称、规格及尺寸，构件间的连接关系以及承重墙的关系。

第二节　宿舍楼设计指导

一、宿舍楼的分类

宿舍楼是学校在校学生或工厂在厂职工所居住的地方。宿舍楼一般可分为走道式、单元式和公寓式三种。其中，走道式布置的宿舍楼根据走道长度可分为长廊式和短廊式，凡宿舍居室间数超过5间者为长廊式，否则为短廊式。单元式布置的宿舍楼是以居室、寝室、盥洗室、厕所等空间组合为单元，几个单元组合在一起，由楼梯或电梯解决其垂直交通。公寓式宿舍楼设有必要的管理用房，为居住者提供床上和必要生活用品并实行缴费管理。

二、宿舍楼总平面设计

宿舍楼的总平面设计应符合以下要求：

(1)宿舍楼的选址宜选择有日照条件、通风良好、场地干燥、便于排水的地段。

(2)接近生活服务设施，如食堂、小卖部、文娱活动室、浴室、开水间等。

(3)基地附近宜有小型活动场地、集中绿化用地、晒衣设施及自行车存放处等。

(4)宿舍区内应避免过境汽车穿行，应避免噪声和各种污染源的影响，并应符合有关卫生防护标准的规定。

三、宿舍楼平面设计

宿舍楼内居室宜成组布置，每组规模不宜过大。每组或若干组居室应设厕所、盥洗室或卫生间。每幢宿舍楼宜设管理室、公共活动室和晾晒空间。厕所、盥洗室和公共用房的位置应避免对居室产生干扰。宿舍楼内多数居室应有良好朝向。炎热地区朝西的居室应有遮阳设施。宿舍楼内的居室和辅助用房应有直接自然通风条件；严寒地区的居室和辅助用房冬季应有通风道等有效的换气措施。

宿舍楼平面关系如图8-2所示。

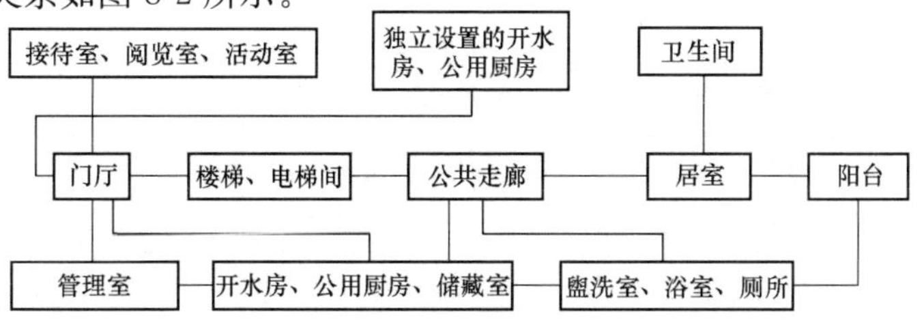

图8-2　宿舍楼平面关系

居室应大小合适、良好的朝向(半数以上的居室)、较好的采光通风、结构简单、施工方便。单个居室的设计具体要求见表 8-2。

表 8-2 单个居室的设计要求

序号	项 目	内 容
1	居室的面积、尺寸	居室面积、尺寸的大小主要与居住人数、家具(如床、柜、桌椅等)尺寸及布置方式有关。 1. 双层床,六人间,每人使用面积不小于 4m;双层床,八人间,每人使用面积不小于 3 m^2。 2. 床位布置尺寸应符合下列规定:两个单床长边之间的距离不应小于 0.6 m;两床床头之间的距离不应小于 0.1 m;两排床或床与墙之间的走道宽度不应小于 1.2 m。 3. 每人净储藏空间不应小于 0.5 m^2。 4. 储藏空间的净深不应小于 0.55 m。设固定箱子架时,每格净空长度不宜小于高度且不应小于 0.35 m。 5. 居室的开间和进深尺寸宜符合水平扩大模数
2	居室的形状	为便于家具的布置,且考虑结构简单、施工方便等因素,居室的形状一般选用矩形

当卫生间设置于居室内部时,卫生间面积不应小于 2 m^2,当使用人数在 4 人及 4 人以上时,厕所与盥洗室应分隔设置。炎热地区应在宿舍内设淋浴设施,其他地区可根据条件设分散或集中的淋浴设施。宿舍楼主入口处宜设置面积不应小于 8 m^2 的管理室。宿舍楼内可根据需要设置相关的公共活动室、公用厨房、烧水间。公用厨房和烧水间应有排烟气设施。

四、宿舍楼剖面设计

建筑剖面设计主要是确定建筑物在垂直方向上的空间组合关系,重点解决建筑物各部分应有的高度、建筑层数、建筑空间组合和利用等。宿舍楼剖面设计见表 8-3。

表 8-3 宿舍楼剖面设计

序号	项 目	内 容
1	各部分高度的确定	1. 居室采用双层床,层高不宜低于 3.60 m,净高不应低于 3.40 m。 2. 辅助用房的净高不应低于 2.50 m。 3. 七层及七层以上的宿舍或居室最高入口层楼面距室外设计地面的高度大于 21 m 时,应设置电梯。 4. 宿舍的外窗窗台不应低于 0.90 m,开向公共走道的窗扇,其底面距本层地面的高度不宜低于 2.0 m。设亮窗的门洞口高度不应小于 2.40 m,不设亮窗的门洞口高度不应小于 2.10 m。 5. 多层宿舍阳台栏杆的净高不应低于 1.05 m。 6. 室内外高差不宜小于 0.45 m
2	层数	建筑层数除要满足使用要求外,还要满足建筑防火要求。耐火等级为一、二级的建筑,层数原则上不受限制;耐火等级为三级的建筑,层数不应超过五层
3	剖面组合设计	一般宜把层高相同、功能上密切联系的布置在同一层;对外联系较多、出入人员较多的布置在底层

五、宿舍楼立面设计及细部设计

1. 立面设计

宿舍楼主要是供学生或职工生活、休息的地方，因此，宿舍应给人以轻松、亲切、安静、温馨和愉快的感觉。立面上可以通过色彩的搭配、墙面线条的划分及门窗的大小与排列方式来体现。体量上也不宜过大。

2. 细部设计

宿舍楼细部设计的重点是入口处、檐口处。挑出的阳台及走廊等本身的形式上要新颖，装饰材料的质地、颜色要与大片墙体的颜色和谐且变化多样。

第三节　宿舍楼设计方法与步骤

在进行宿舍楼设计时，通常从平面设计、剖面设计、立面设计三个不同的方面来综合考虑。平面设计是关键，所以在进行方案设计时，总是从平面入手。同时，认真考虑剖面及立面的可能性与合理性及对平面设计的影响。只有综合考虑平、立、剖三者的关系，才能做好宿舍楼设计。

宿舍楼设计具体步骤如下：

(1)分析研究设计任务书，明确目的、要求及条件。

(2)广泛查阅相关设计资料，参观已建成的大学生宿舍，扩大眼界，广开思路。

(3)在学习参观的基础上，根据宿舍楼各房间的功能要求及各房间的相互关系进行平面组合设计(比例 1∶100 或 1∶200)。

(4)在进行平面组合时，要多思考、多动手(即多画)、多修改。

(5)在平面组合设计的基础上，进行立面和剖面设计，继续深入，发展为定稿的平、立、剖草图(比例 1∶100 或 1∶200)。

第四节　宿舍楼设计实例

某学生宿舍楼施工图如图 8-3～图 8-7 所示。

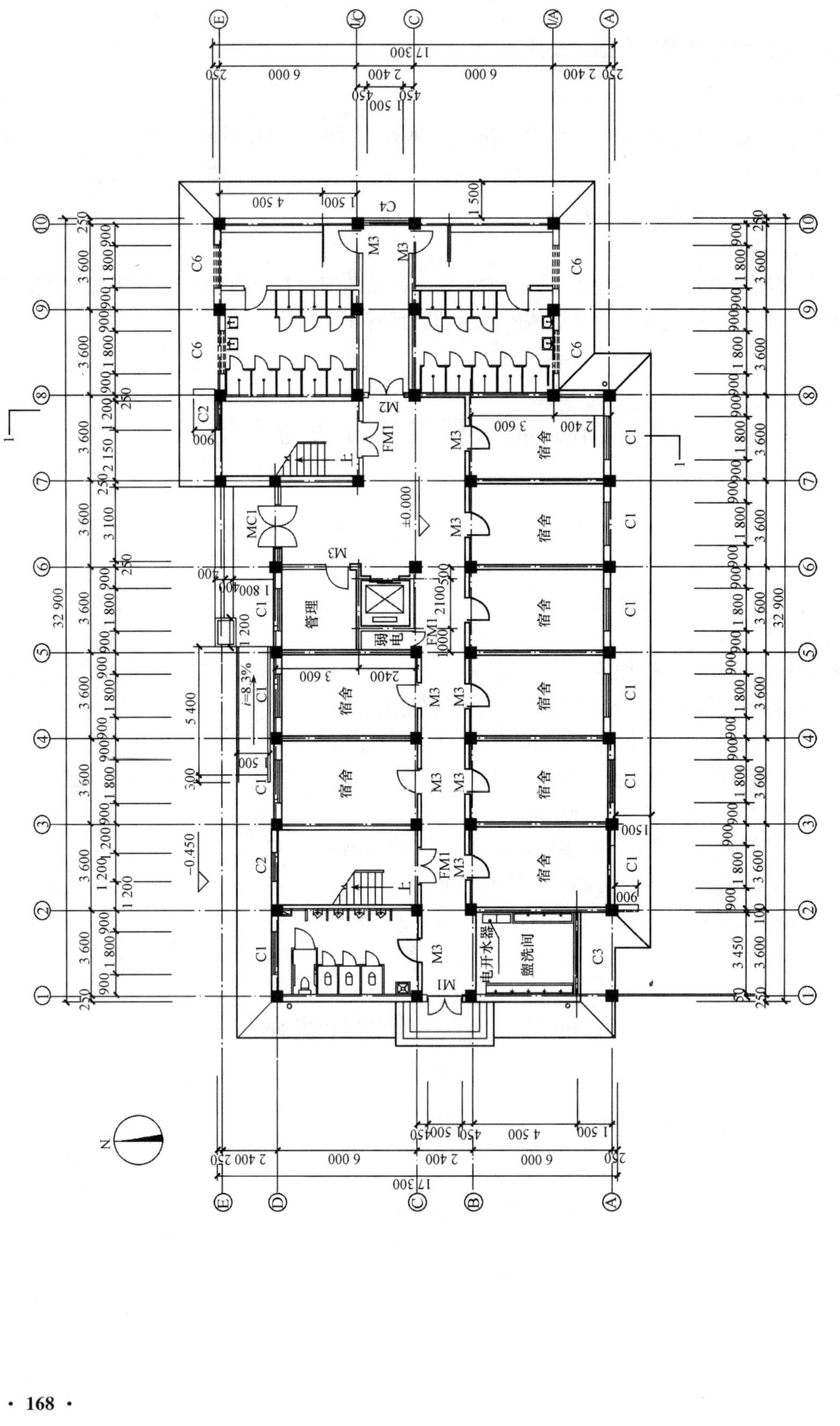

图8-3　一层平面图1：100

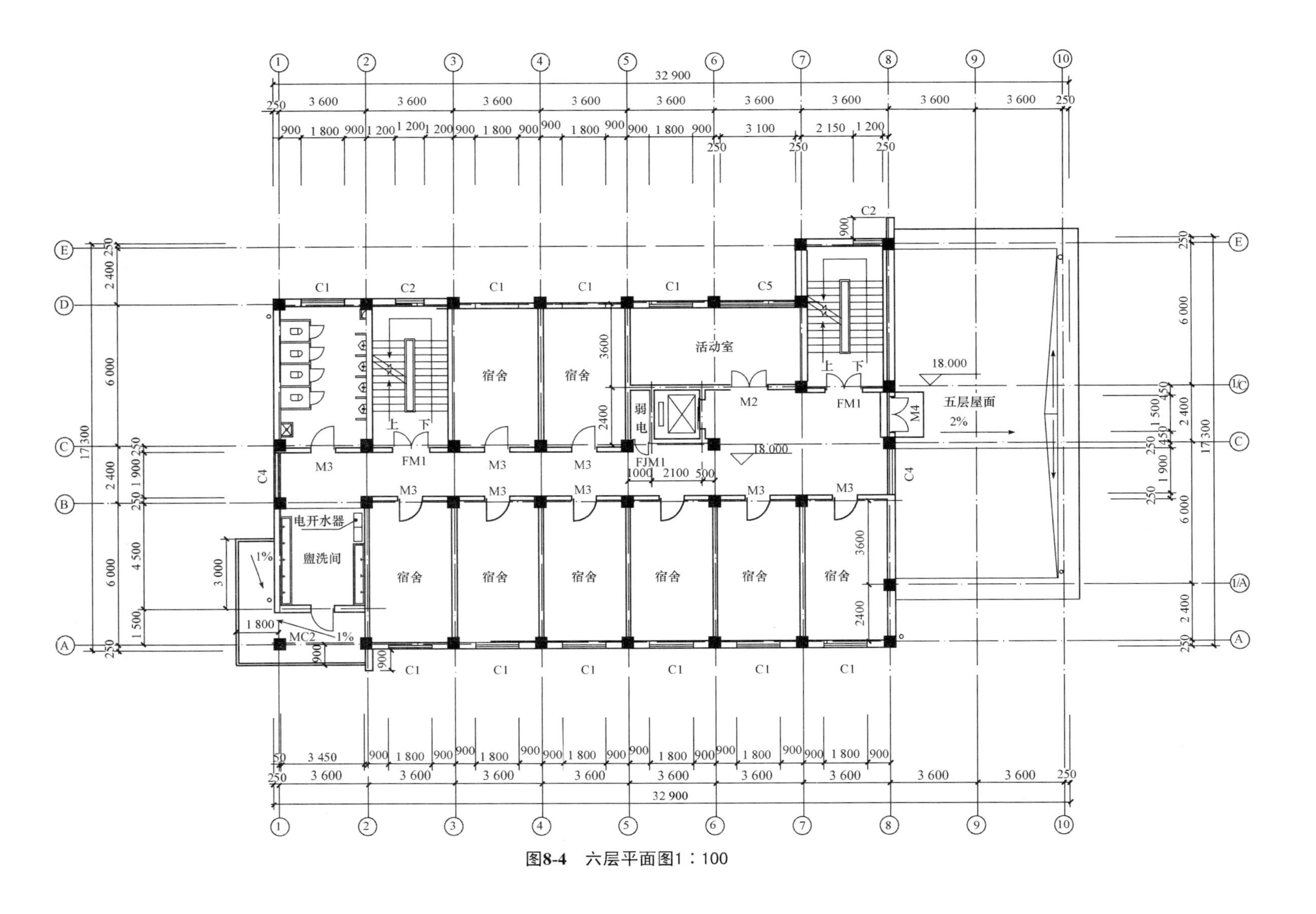

图8-4　六层平面图1：100

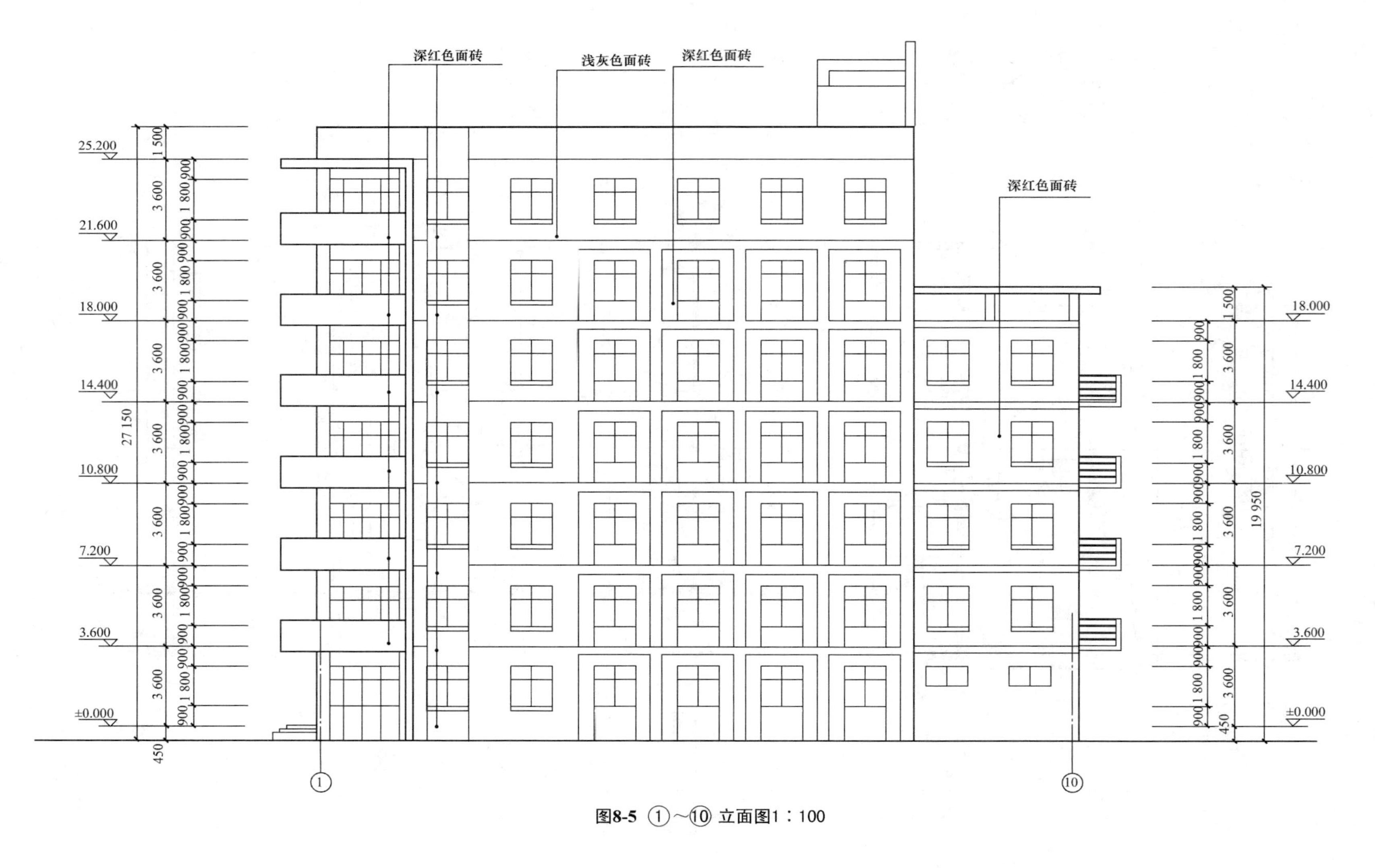

图8-5 ①～⑩ 立面图1：100

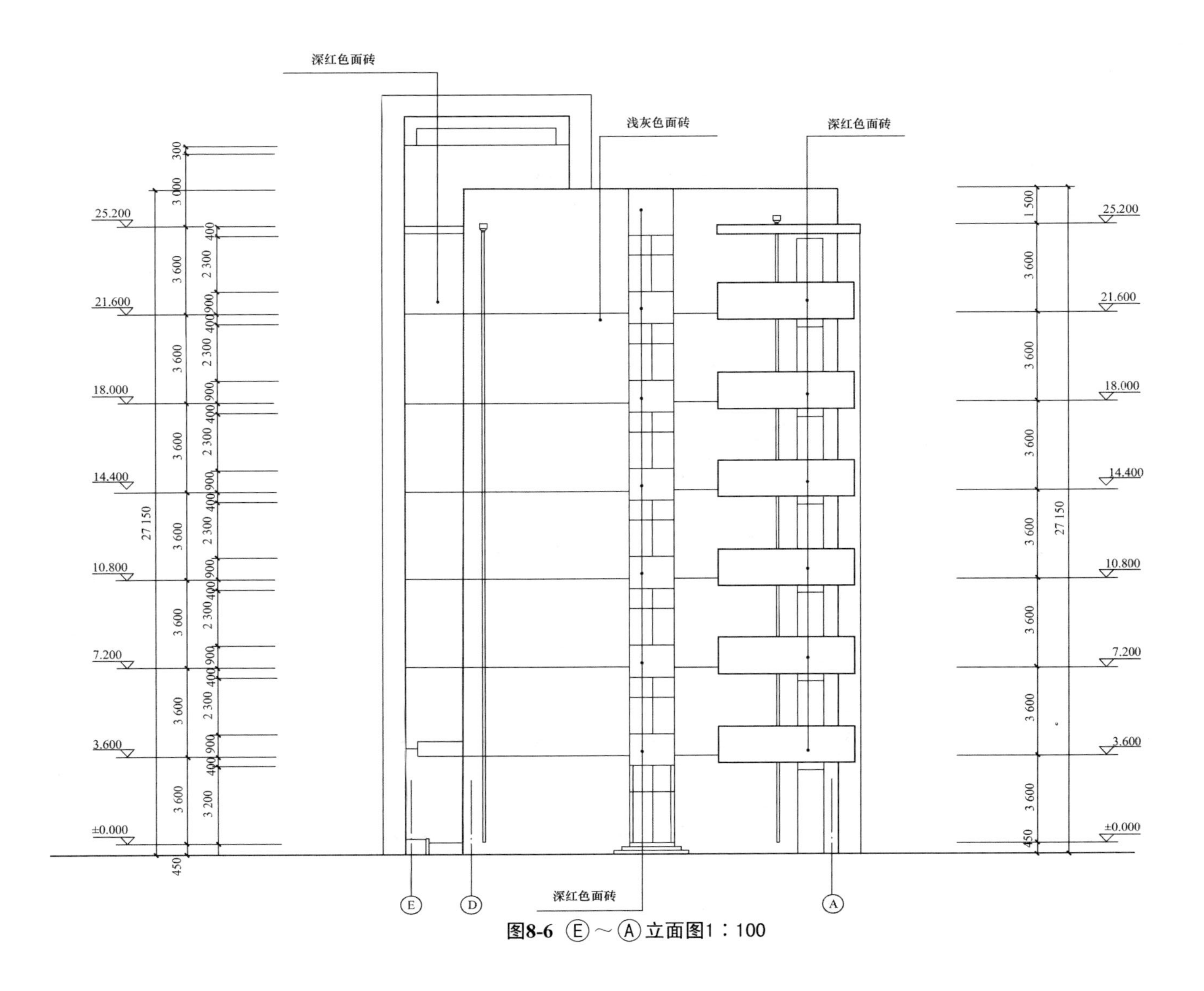

深红色面砖
浅灰色面砖
深红色面砖
深红色面砖
25.200
21.600
18.000
14.400
10.800
7.200
3.600
±0.000
27 150
1 500
3 600
450
3 200
2 300
900
400
300
3 000
E
D
A

图8-6 Ⓔ～Ⓐ立面图1：100

第九章　幼儿园设计

第一节　幼儿园设计任务书

一、设计题目

幼儿园设计。

二、目的要求

通过设计实践，学生初步了解一般民用建筑的设计原理，培养综合运用建筑设计原理分析问题和解决问题的能力，从中掌握方案设计的方法和步骤。

三、设计条件

(1)该建筑位于某居民区内，场地平整。

(2)建筑层数不大于 2 层，防火等级为二级，结构形式为砖混结构。

(3)房间分布见表 9-1。

表 9-1　房间分布

房间名称		间数	每间使用面积/m^2
生活用房	活动室	6	60
	寝室	6	60
	卫生间	6	15
	衣帽储藏间	6	9
	音体活动室	1	120
服务用房	医务保健室	1	12
	隔离室	1	8
	晨检室	1	12
	办公室	2	12
	会议室	1	15
	传达值班室	1	12
	教工厕所	1	15
	储藏室	1	10
供应用房	厨房	1	80
	消毒间	1	10
	洗衣间	1	12

四、设计内容及图纸要求

1. 平面图

(1)标注尺寸。总尺寸、轴线尺寸及房间名称。
(2)确定门窗的位置、大小。
(3)楼梯按比例尺寸画出梯段、平台及踏步，并标出上下行箭头。
(4)标出剖面线及编号，比例在1∶100～1∶200之间自定。

2. 立面图

(1)外轮廓线画中粗线，地坪线画粗实线，其余画细实线。
(2)立面不标注尺寸及外墙做法，比例同平面图要求。

3. 剖面图

(1)标注各层层高及建筑总高，比例宜为1∶100。
(2)标注各层楼面标高，室内外地面标高、屋面标高。

4. 总平面图

比例为1∶500，场地内应进行绿化布置并设置足够面积的室外活动场地。

5. 图纸规格及要求

A2图纸，可用铅笔、墨线绘制。要求图面布置均匀、线条清楚、字体工整、比例正确。

第二节　幼儿园设计指导

幼儿园的建筑设计，除了要遵守国家有关定额、规范、指标和标准外，在园区总体布局、生活用房、服务用房和供应用房等的设计中，要充分照顾幼儿生理、心理发育、德育特点和过程，为幼儿创造一个安全、卫生、宜人的成长环境。

一、幼儿园设计要点

(1)幼儿园由于其服务对象的生理、心理特征以及保教活动的独特方式，决定了幼儿园建筑必须满足幼儿的特殊使用要求。
(2)幼儿园建筑应适合幼儿生活规律的要求。
(3)幼儿园建筑设计应创造良好的卫生、防疫环境。
(4)幼儿园建筑设计应满足保障幼儿安全的要求。
(5)幼儿园建筑设计应有利于保教人员的管理。

二、幼儿园的规模

幼儿园规模及每班的容纳人数(班容量)是根据幼儿年龄的差异而反映出其生活处理能

力的不同及保教人员的工作量决定的。班数的多少是幼儿园建筑规模大小的标志。幼儿园的规模(包括托、幼合建的)可见表 9-2。

表 9-2　幼儿园规模

规　　模	班　　数	人　　数
大型	10～12	300～360
中型	6～9	180～270
小型	5 以下	150 以下

三、幼儿园的平面组成及面积指标

1. 幼儿园建筑的平面组成

幼儿园一般由生活用房、服务用房、供应用房及室外活动场地组成。

(1)生活用房指活动室、寝室、卫生间(包括厕所、盥洗、洗浴)、衣帽贮藏室、音体活动室等。

(2)服务用房包括医务保健室、隔离室、晨检室、教职工办公室、会议室、值班室(包括收发室)及教职工厕所、浴室等。

(3)供应用房指幼儿厨房、消毒室、烧水间、洗衣房及库房等。

(4)室外活动场地包括班级活动场地和公共活动场地。

2. 幼儿园建筑各类房间的面积指标

(1)房间面积的影响因素。幼儿园各房间面积大小的确定，一般应由房间的使用人数、使用功能、家具尺寸及其布置、交通流线、设备占用面积等因素决定。此外，还与相关政策及经济条件等因素有关。

(2)根据《托儿所、幼儿园建筑设计规范》(JGJ 39—1987)规定，幼儿园主要房间面积不应小于表 9-3 的规定。

表 9-3　幼儿园主要房间最小使用面积　　m^2

房间名称		规模		
		大　型	中　型	小　型
幼儿生活用房	活动室(每班面积)	50	50	50
	寝室(每班面积)	50	50	50
	卫生间(每班面积)	15	15	15
	衣帽贮藏间(每班面积)	9	9	9
	音体活动室	150	120	90
服务用房	医务保健室	12	12	10
	隔离室	2×8	8	8
	晨检室	15	12	10

续表

房间名称			规模		
			大型	中型	小型
供应用房	幼儿用厨房	主副食加工间	46	36	30
		主食库	15	10	15
		副食库	15	10	
		冷藏库	8	6	4
		配餐间	18	15	10
	消毒间		12	10	8
	洗衣房		15	12	8

注：1. 全日制幼儿园活动室与卧室合并设置时，其面积按两者面积之和的80%计算；
2. 全日制幼儿园(或寄宿制幼儿园集中设置洗浴设施时)每班的卫生间面积可减少2 m^2；寄宿制幼儿园集中设置洗浴室时，面积应按规模的大小确定；
3. 实验性或示范性幼儿园，可适当增设某些专业用房和设备，其使用面积按设计任务书的要求设置；
4. 职工用厨房如与幼儿用厨房合建时，其面积可略小于按两部分面积之和；
5. 厨房内设有主副食加工机械时，可适当增加主副食加工间的使用面积；
6. 本表根据《托儿所、幼儿园建筑设计规范》(JGJ 39—1987)编制。

(3)原国家教育委员会、原建设部颁布的《城市幼儿园建筑面积定额(试行)》明确城市幼儿园园舍面积定额，见表9-4。

表9-4 城市幼儿园园舍面积定额

房间名称		每间使用面积/m^2	6班(180人)		9班(270人)		12班(360人)	
			间数/间	使用面积小计/m^2	间数/间	使用面积小计/m^2	间数/间	使用面积小计/m^2
活动及辅助用房	活动室	90	6	540	9	810	12	1 080
	卫生间	15	6	90	9	135	12	180
	衣帽教具贮藏室	9	6	54	9	81	12	180
	音体活动室		1	120	1	140	1	160
	使用面积小计			804		1 166		1 528
	每生使用面积			4.47		4.32		4.24
办公及辅助用房	办公室			75		112		139
	资料兼会议室		1	20	1	25	1	30
	教具制作兼陈列室		1	12	1	15	1	20
	保健室		1	14	1	16	1	18
	晨检、接待室		1	18	1	21	1	24
	值班室	12	1	12	1	12	1	12
	贮藏室		3	36	4	42	4	48
	传达室	10	1	10	1	10	1	10
	教工厕所			12		12		12
	使用面积小计			209		265		313
	每生使用面积			1.16		0.98		0.87

续表

房间名称		每间使用面积/m^2	6班(180人)		9班(270人)		12班(360人)	
			间数/间	使用面积小计/m^2	间数/间	使用面积小计/m^2	间数/间	使用面积小计/m^2
生活用房	主副食加工间			54		61		67
	主副食库			15		20		30
	烧火间			8		9		10
	炊事员休息室			13		18		23
	开水、消毒间			8		10		12
	使用面积小计			98		118		142
	每生使用面积			0.54		0.43		0.39
	使用面积合计			1 111		1 549		1 983
	每生使用面积			6.17		5.74		5.51

注：1. 幼儿园的规模与表中所列规模不同时，其使用面积可用插入法取值；
2. 规模小于6个班时，可参考6个班的面积定额适当增加。

四、幼儿园总平面设计

幼儿园应根据设计任务书的要求对建筑物、室外游戏场地、绿化用地等进行总体布置，做到功能分区合理及方便管理，创造符合幼儿生理、心理特点的环境空间。

1. 出入口的设计

出入口应结合周围道路和儿童入园的人流方向，设在方便家长接送儿童的路线上。小型幼儿园可仅设一个出入口，但必须使儿童路线和工作路线分开。

根据基地条件的不同，一般出入口的布置方式有：主、次出入口并设；主、次出入口面临同一街道分设；主次出入口面临两条街道。主要出入口应面临主要街道，且位置明显易识别。次要出入口则相对隐蔽，不一定面临主要街道。

2. 建筑物的设计

(1)朝向设计。要保证儿童生活用房能获得良好的日照条件。冬季能获得较多的直射阳光，夏季避免灼热的日晒。在我国寒冷地区，儿童生活用房应避免朝北；炎热地区则尽量朝南，以利通风。

(2)层数设计。幼儿园的层数不宜超过3层，这样易于解决幼儿的室外活动问题，使幼儿充分享受大自然的阳光、空气，以利于增强幼儿的体质。

3. 室外活动场地

幼儿园必须设置各班专用的室外游戏场地。每班的游戏场地面积不应小于60 m^2。各游戏场地之间宜采取分隔措施。

全园共用的室外游戏场地，其面积不宜小于下式计算值：

$$室外共用游戏场地面积(m^2)=180+20(N-1)$$

式中　180、20——常数；

N——班数。

幼儿园场内除布置一般游戏器具外，还应布置 30 m 跑道、沙坑、洗手池和贮水深度不超过 0.3 m 的戏水池等。

4. 总平面布局形式

幼儿园总平面布局形式一般分为集中式及分散式两种。

(1)集中式。将幼儿园的活动及辅助用房、办公及辅助用房和生活用房组合在一起，根据各自的功能要求确定其相对位置，班组游戏场地及公共活动场地也相应集中设置。

集中式布局的优点是布置紧凑，联系方便，幼儿园各组成部分与儿童活动单元既有隔离又有较方便的联系，节约用地和管线设备。但其不能完全满足卫生、防疫要求，易交叉感染，需加以防范，其采光、日照、通风等方面也不如分散式理想。

(2)分散式。将幼儿园的活动及辅助用房、生活及辅助用房和生活用房分散布置，由于规模及用地条件不同，分散布局的程度也不同，一般将幼儿使用部分与成人使用部分分开设置在两栋楼内，场地也有不同程度的分散。

分散式布局的优点是较好地满足了卫生、防疫要求。各儿童活动单元独立性强，干扰少；各儿童活动单元朝向、采光、通风都能较理想地得到解决；班游戏场地较独立，室内外空间结合较好。但其占地大，且各班联系不便；管道长，不利于集中采暖；厨房送饭菜不便。

五、幼儿园各类房间的设计

(一)幼儿园活动及辅助用房设计

1. 基本要求

幼儿园的活动及辅助用房应布置在当地日照最好的地方，并满足冬至日底层满窗日照不少于 3 h 的规定。建筑侧窗采光的窗地面积比不应小于表 9 5 的规定，活动及辅助用房的室内净高不低于表 9-6 的规定。

表 9-5 窗地面积比

房 间 名 称	窗地面积比
音体活动室、活动室	1/5
寝室、医务保健室、隔离室	1/6
其他房间	1/8
注：单侧采光时，房间进深与窗上口距地面高度的比值不宜大于 2.5。	

表 9-6 活动及辅助用房室内最低净高

m

房间名称	净高
活动室、寝室	2.80
音体活动室	3.60
注：特殊形状的顶棚，最低处距地面净高不应低于 2.20 m。	

幼儿园的活动及辅助用房面积不应小于表 9-7 的规定。寄宿制幼儿园的活动室、寝室、卫生间等应单独设置。

表 9-7　活动及辅助用房的最小使用面积　m^2

房间名称	大型	中型	小型	备注
活动室	50	50	50	每班面积
寝室	50	50	50	每班面积
卫生间	15	15	15	每班面积
衣帽贮藏室	9	9	9	每班面积
音体活动室	150	120	90	全园共用面积

2. 活动室设计

活动室是供幼儿室内游戏、进餐、上课等日常活动的用房，最好朝南，以保证良好的日照、采光和通风。

(1)平面形式的选择。活动室的平面形式应满足幼儿教学、游戏、活动等多种使用功能的要求。其平面形式应活泼、多样、富有韵律感，以适应幼儿生理、心理的需求。

常用的活动室平面形式有矩形、方形、六边形、八边形、扇形及局部曲、折形等。其中，矩形、方形平面有利于家具布置且结构简单、施工方便，是国内外活动室平面采用最普遍的形式；而六边形、八边形及扇形等平面适应幼儿的心理特征。平面形式活泼，可组合成多种形式。

(2)室内的家具与设施设计。活动室内常用的家具与设施可分为教学类和生活类两大类。前者包括桌椅、玩具柜、教具、作业柜、黑板等，后者包括餐桌、饮水桶及口杯架等。

幼儿家具设备应根据幼儿体格发育的特征、适应幼儿人体工学的要求、考虑幼儿使用的安全和方便、避免尖锐棱角，宜做成圆弧状。家具应坚固、轻巧，便于幼儿搬动，造型和色泽应新颖、美观，富有启发性和趣味性，以适应幼儿多种活动的需要。

3. 寝室设计

寝室是专供幼儿睡眠的用房。小班一般不另设寝室，在活动室内设床位并辟出一定的面积供幼儿活动。寝室应布置在朝向好的方位，温暖、炎热地区要避免日晒或设遮阳设施，并应与卫生间临近。

寝室的设计应符合以下要求：

(1)应满足全班幼儿(以每班平均 30 人计)睡眠、休息的需要。

(2)应有安静、舒适、整洁的睡眠环境。

(3)应有较好的朝向和良好的通风条件，避免阳光直射。炎热地区应避免日晒，亦可装遮阳设施，寒冷地区应保证冬季室内有足够的新鲜空气容量。

(4)应适于床位排列并便于保教人员巡视、照顾及管理工作。幼儿床的设计要适应儿童尺度(表 9-8)，制作要坚固省料，使用安全，便于清洁。床的布置要便于保教人员巡视照顾，并使每个床位有一长边靠走道。靠窗和靠外墙的床要留出一定距离，如图 9-1 所示。

表 9-8　幼儿床尺寸　mm

班级	L	W	H_1	H_2
大班	1 400	700	350	700
中班	1 300	650	320	650
小班	1 200	600	300	600
注：L—长度，W—宽度，H_1—床板高度，H_2—床栏板高度。				

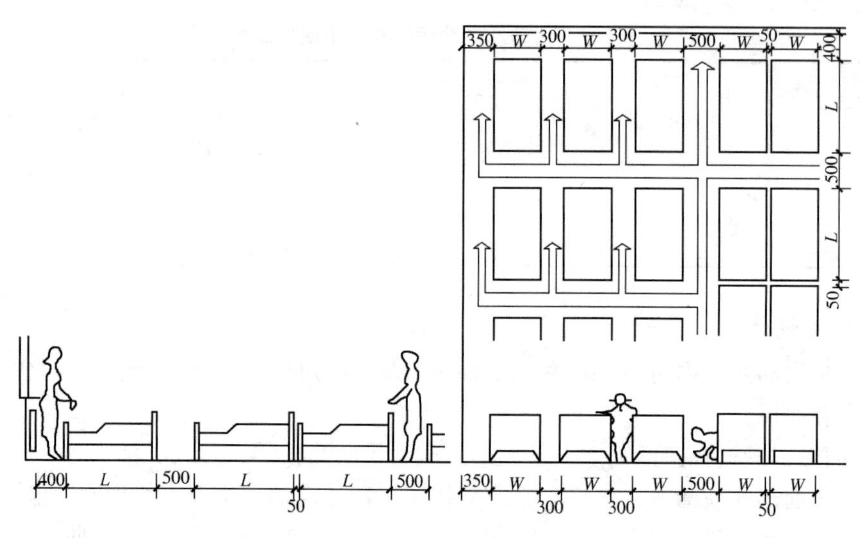

图 9-1　寝室床位布置图

4. 卫生间

卫生间是幼儿活动单元中不可缺少的一部分，必须一个班设置一个。卫生间主要由盥洗室、浴室、更衣室、厕所等部分组成。卫生间应临近活动室和寝室，厕所和盥洗室应分间或分隔，并应有直接的自然通风。每班卫生间的卫生设备数量不应少于表 9-9 的规定。卫生间地面要易清洗、不渗水、防滑，卫生洁具尺度应适应幼儿使用。

表 9-9　每班卫生间内最少设备数量

污水池/个	大便器或沟槽/个(或位)	小便槽/位	盥洗台(水龙头)/个	淋浴/位
1	4	4	6～8	2

(二)办公及辅助用房设计

办公及辅助用房是幼儿园的保教、管理工作用房，分为办公、卫生保健等用房。

1. 办公用房

办公用房是幼儿园建筑的教学、管理用房，分为教学办公室、行政办公室及传达、值班室。

(1)教学办公室主要是供教师进行教学备课及教学研究使用，由教学备课室、教具制作及陈列、资料兼会议室等组成。教学办公室也可与行政办公部分组合在一起，组成办公单元，集中设置于总平面入口区或设在主体建筑内。

(2)行政办公室主要是供行政、管理使用的办公用房，由园长室、接待室、财务室、总务办公室及总务库房等组成。其位置应对内、对外联系方便且避免家长或外部人员联系工作时而深入园内部，一般设于入口附近。

(3)传达、值班室是园区的门户，常与入口、大门、围墙相结合并设于幼儿园建筑入口处。

2. 卫生保健用房

卫生保健用房最好设在一个独立单元之内，医务保健和隔离室宜相邻设置，与幼儿园办公及辅助用房应有适当距离。隔离室应设独立的厕所。晨检室宜设在建筑物的主出入口处。服务用房的使用面积不应小于表 9-10 的规定。

表 9-10　服务用房最小使用面积　　m^2

规模	医务保健室	隔离室	晨检室
大型	12	2×8	15
中型	12	8	12
小型	10	8	10

(三)生活用房设计

生活用房是幼儿园的后勤服务用房，包括幼儿厨房、消毒室、烧水间、洗衣房及库房等，其使用面积不应小于表 9-11 的规定。厨房设置应避免油烟影响活动室和卧室。厨房门不应直接开向儿童公共活动部分。

表 9-11　生活用房最小使用面积　　m^2

	房间名称	大型	中型	小型
厨房	主副食加工间	45	36	30
	主食库	15	10	15
	副食库	15	10	
	冷藏室	8	6	4
	配餐间	18	15	10
消毒间		12	10	8
洗衣房		15	12	8

烘干室附设在厨房旁，要有良好的隔离。洗衣房可与烘干室相连。

六、建筑的平面组合及造型设计

(一)平面组合

平面组合是通过建筑的空间组合、形式处理、材料结构的特征、色彩的运用、建筑小品及其他手法的处理，使建筑室内外的空间形象活泼、简洁明快，反映出儿童建筑的特点。

1. 基本要求

(1)各类房间的功能关系要合理。

(2)应注意朝向、采光和通风，以利于创造良好的室内环境条件。

(3)注意儿童的安全防护和卫生保健。注意各生活单元的隔离及隔离室与生活单元的关系。

2. 组合方式

幼儿园建筑的组合方式是多种多样的，按房间组合的内在联系方式分类，有以下几种：

(1)走廊式。走廊式是指以走廊(内廊或外廊、单面或双面布置房间)联系房间的方式，如图 9-2、图 9-3 所示。这种走廊式组合对组织房间、安排朝向、采光和通风等具有很多优越的条件。

(2)大厅式。大厅式是指以大厅联系房间的方式，如图 9-4 所示。这种大厅式组合是以大厅为中心联系各儿童活动单元，联系方便，交通路线便捷。

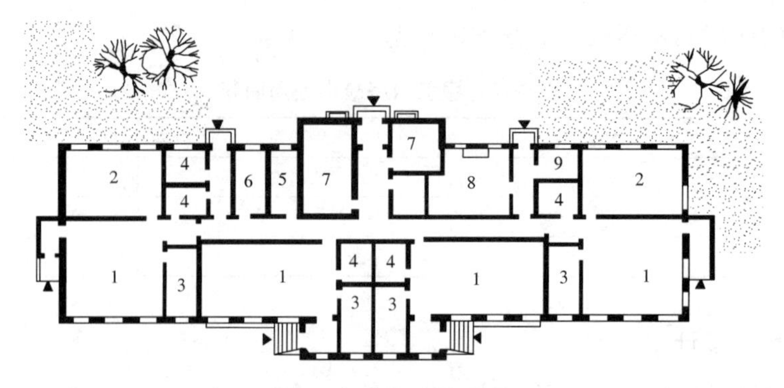

图 9-2　内廊式幼儿园

1—活动室；2—寝室；3—卫生间；4—储藏室；5—医务保健室；

6—隔离室；7—办公室；8—厨房；9—洗衣房

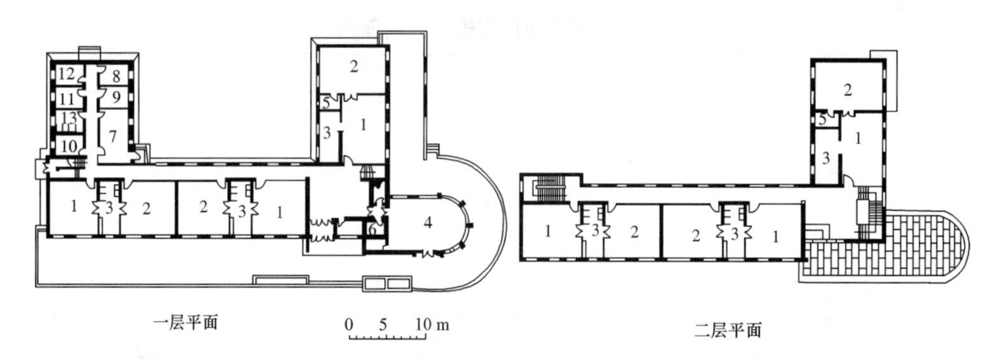

图 9-3　外廊式幼儿园

1—活动室；2—寝室；3—卫生间；4—音体活动室；5—储藏室；6—教具室；7—厨房

8—洗衣房；9—库房；10—办公室；11—医务保健室；12—隔离室；13—教职工厕所

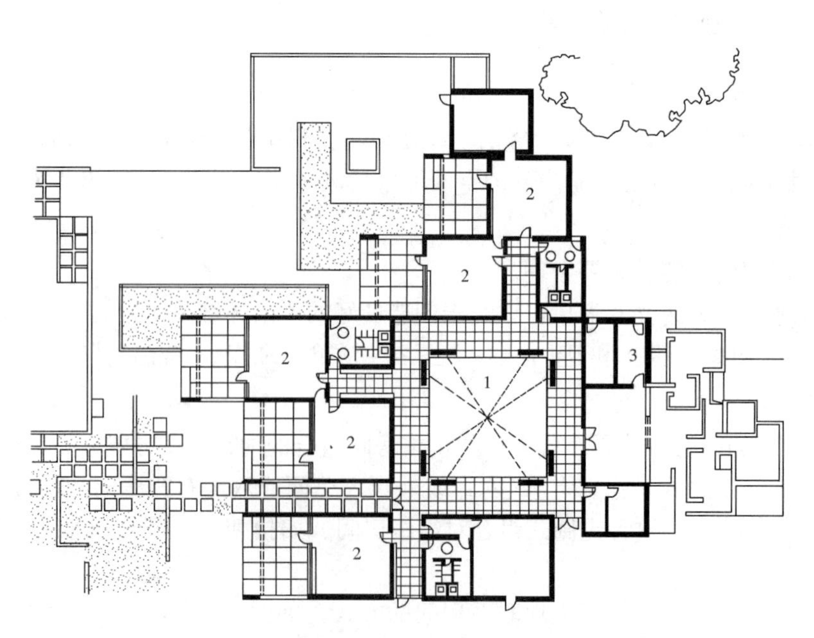

图 9-4　大厅式幼儿园

1—中央大厅；2—教室；3—办公室

(3)分散式。按功能不同，组织若干独立部分，分幢分散组合的称为“分散式”。

(4)庭院式。围绕庭院布置各种用房称为“庭院式”或“院落式”，如图 9-5 所示。庭院内部空间安静，绿化成荫，可建设良好的户外活动场地，也可布置各种儿童设施，同时兼有通风采光的作用。

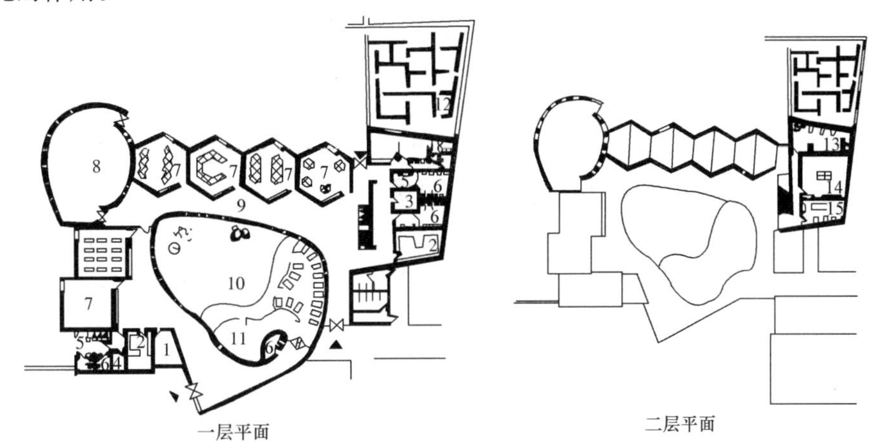

图 9-5　院落式幼儿园

1—保育员室；2—衣帽室；3—库房；4—浴室；5—洗脸间；6—厕所
7—保育室；8—游戏室；9—联络道路；10—游戏场地；11—匍匐室
12—迷路；13—读书室；14—乒乓球室；15—工作室

(5)混合式。兼有以上多种组合的形式。

(二)造型设计

幼儿园建筑造型是指构成幼儿园建筑的外部形态的美学形式，是被人直接感知的建筑环境和建筑空间。

1. 幼儿园建筑造型特征

幼儿园建筑的造型设计应反映公共建筑造型的共同规律及幼儿建筑自身所特有的环境特征及空间特征。它们是通过各种与造型相关的要素，如体量的组合、虚实的排列、色彩的处理、光影的变化及材料、质地效果等来创造托、幼建筑所特有的心理感觉与个性特征。

一般来说，幼儿园建筑具有以下造型特征：

(1)体量不大，尺度小巧。

(2)错落有致，虚实变幻。

(3)布局活泼，造型生动。

(4)新奇、童稚、直观、鲜明。

2. 幼儿园建筑的造型设计手法

幼儿园建筑的造型设计手法多种多样，一般有以下几种：

(1)主从式造型。幼儿园建筑主体是幼儿活动及辅助用房，办公及辅助用房、生活用房是其配体。儿童活动单元因其数量多且反映幼教建筑个性，常组合成富有韵律感的建筑群，形成托幼、建筑的主体，占主导支配地位。音体活动室因其功能要求及体量较大，常独立设置，从而形成了儿童活动单元组群与音体活动室之间的主从关系。在建筑形体组合时应

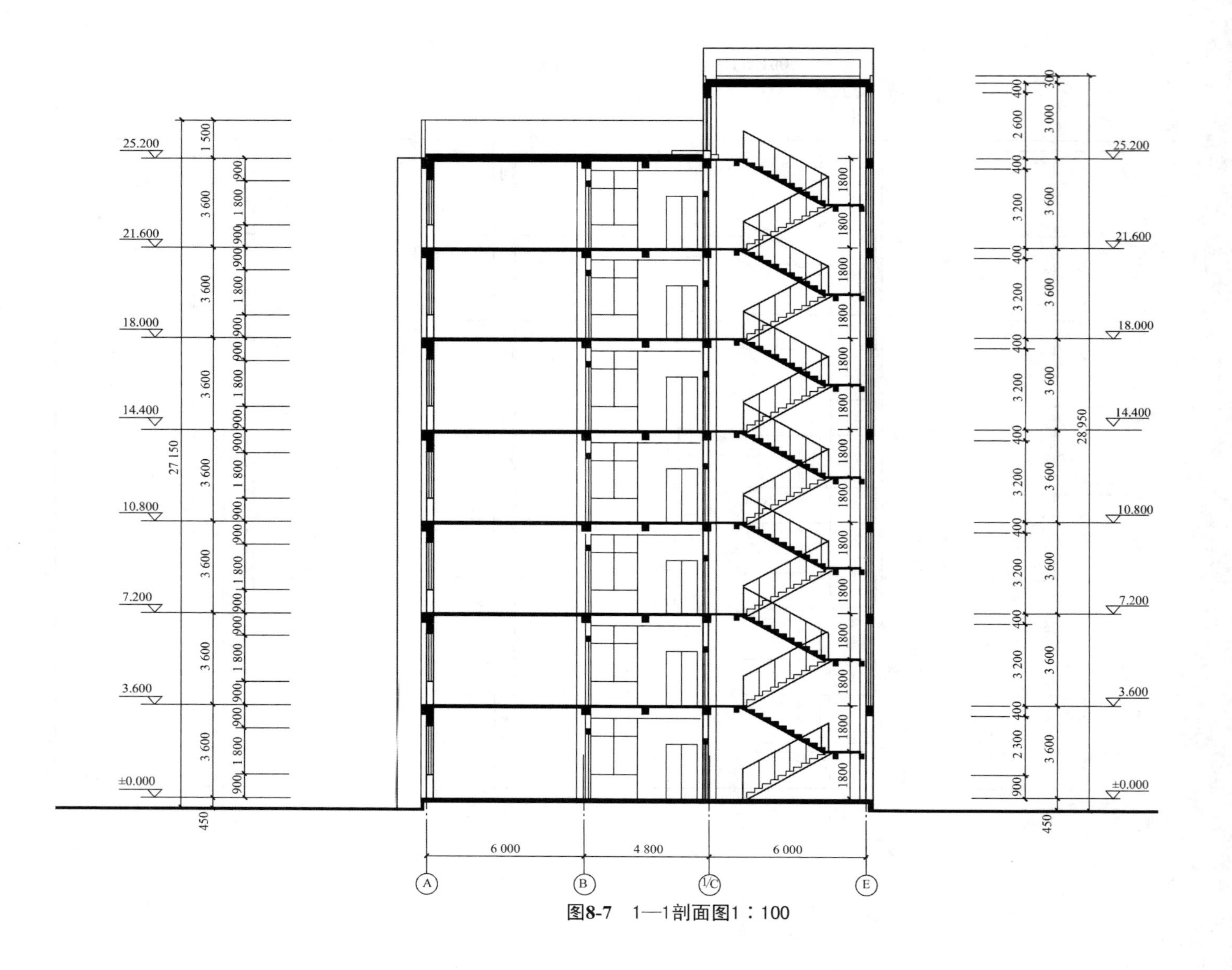

图8-7 1—1剖面图1：100

突出主体富有韵律感的形态，强调某一建筑符号的重复运用，强调形成整体组合群，并考虑活动单元群与其他体量之间的均衡。

(2)母题式造型。母题式造型即运用同一要素作主题，在建筑造型上反复运用，并以统一中求变化的原则使“母题”产生一定的相异性，以达到托、幼建筑的活泼、生动之感。

幼儿园建筑的儿童活动单元因其形状、大小、色、质等相同或类似，而且数量多，应强调并重复使用某种要素如体型、屋面、门窗等构成“母题”强烈的韵律感。“母题”有多种形式，幼儿园建筑的形体一般运用简单的几何形体，如正方形、矩形、六边形、圆形及圆弧与直线相结合的复合形体作为建筑外形的基本要素，幼儿园建筑母题的内容还包括门、窗、屋面、墙面及某些装饰等均可作为幼儿园建筑母题的基本要素。

(3)积木式造型。积木式造型常采用模拟手法表达“童话”意境，如有的似城堡、钟楼，有的似林中营寨，有的似大自然中的动物等，形象生动活泼，静中求动，多姿多彩，颇有童稚之气和新奇之感。

第三节　幼儿园设计方法与步骤

幼儿园设计方法与步骤如下：

(1)分析研究设计任务书，明确设计的目的和要求，根据所给条件，算出各类房间所需数目及面积。

(2)带着问题学习任务书上所提及的参考资料，参观已建成的同类建筑，扩大眼界，广开思路。

(3)在学习参观的基础上，对设计要求、具体条件及环境进行功能分析，从功能角度找出各部分、各房间的相互关系及位置。

(4)进行块体设计，即将各类房间所占面积粗略地估计平面和空间尺寸，用徒手单线画出初步方案的块体示意草图(比例 1∶500 或 1∶200)。

在进行块体组合时，要多思考、多动手(即多画)、多修改。从平面入手，但应着眼于空间。先考虑总体，后考虑细部，抓住主要矛盾，只要大布局合理就行。

(5)在块体设计基础上，划分房间，进一步调整各类房间和细部之间的关系，深入发展为定稿的平、立、剖面草图(比例 1∶100～1∶200)。

(6)根据审定的初步方案(草图)设计绘制施工图。

第四节　幼儿园设计实例

某幼儿园施工图如图 9-6～图 9-13 所示。

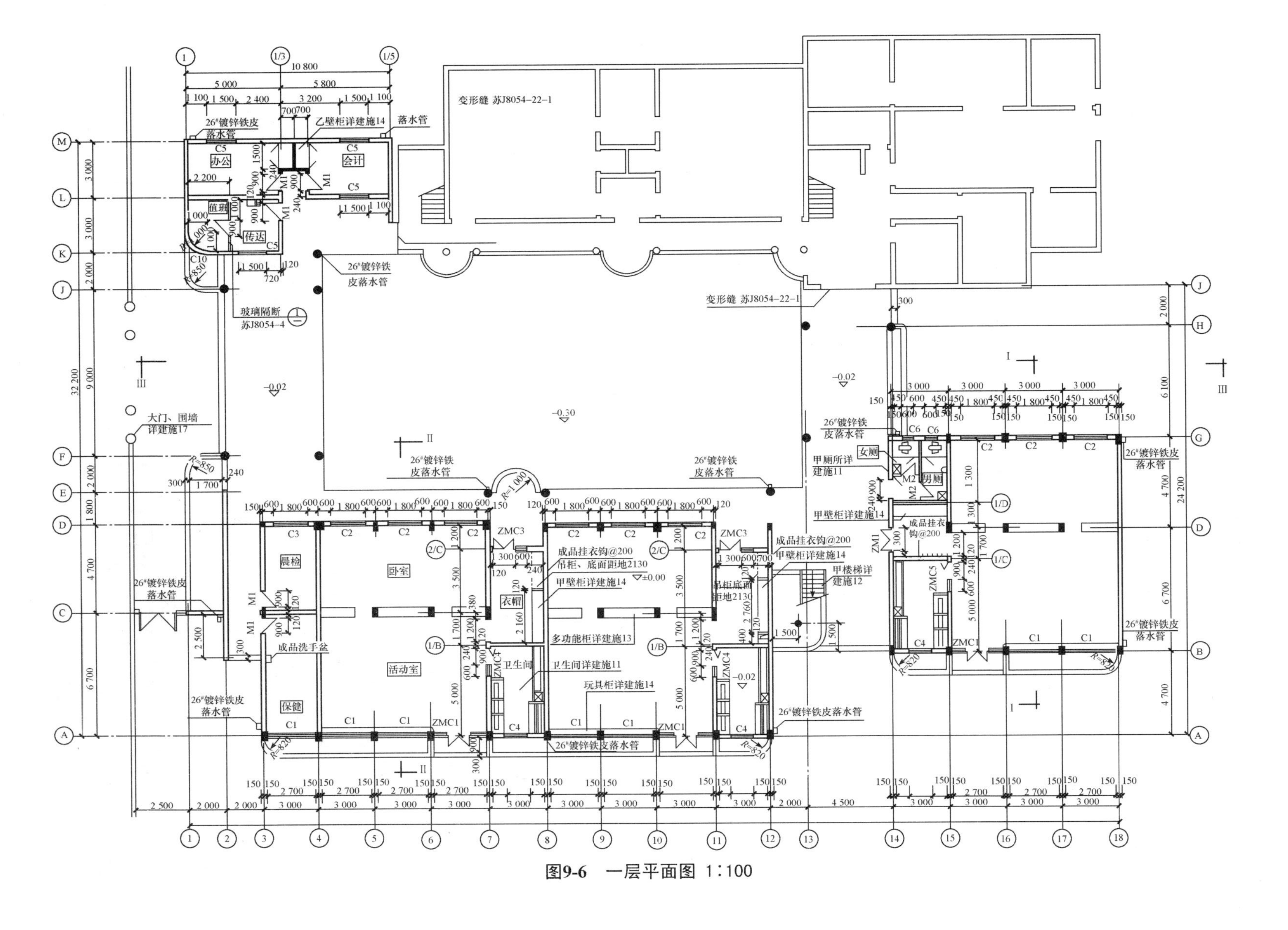

图9-6 一层平面图 1:100

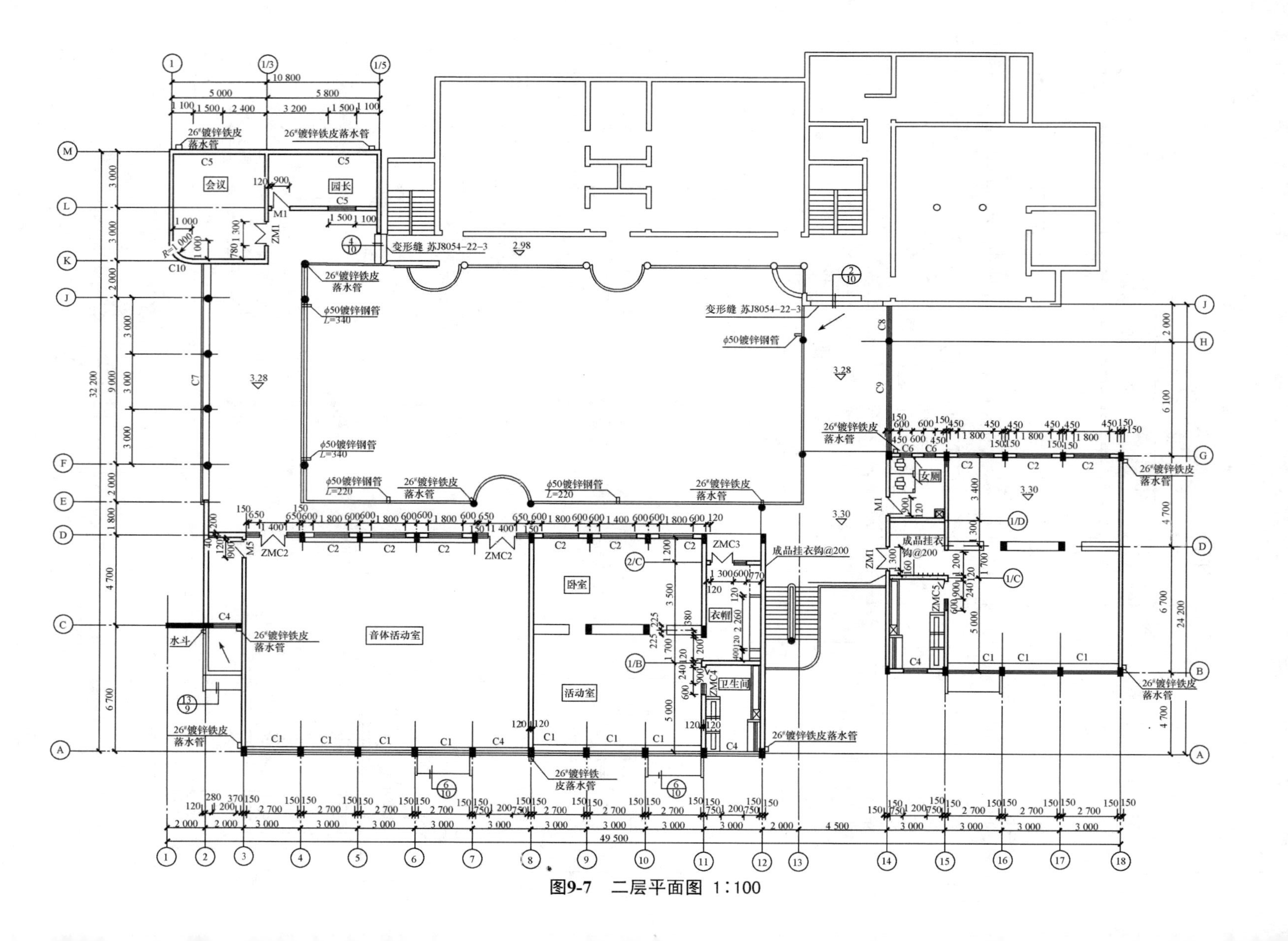

图9-7 二层平面图 1:100

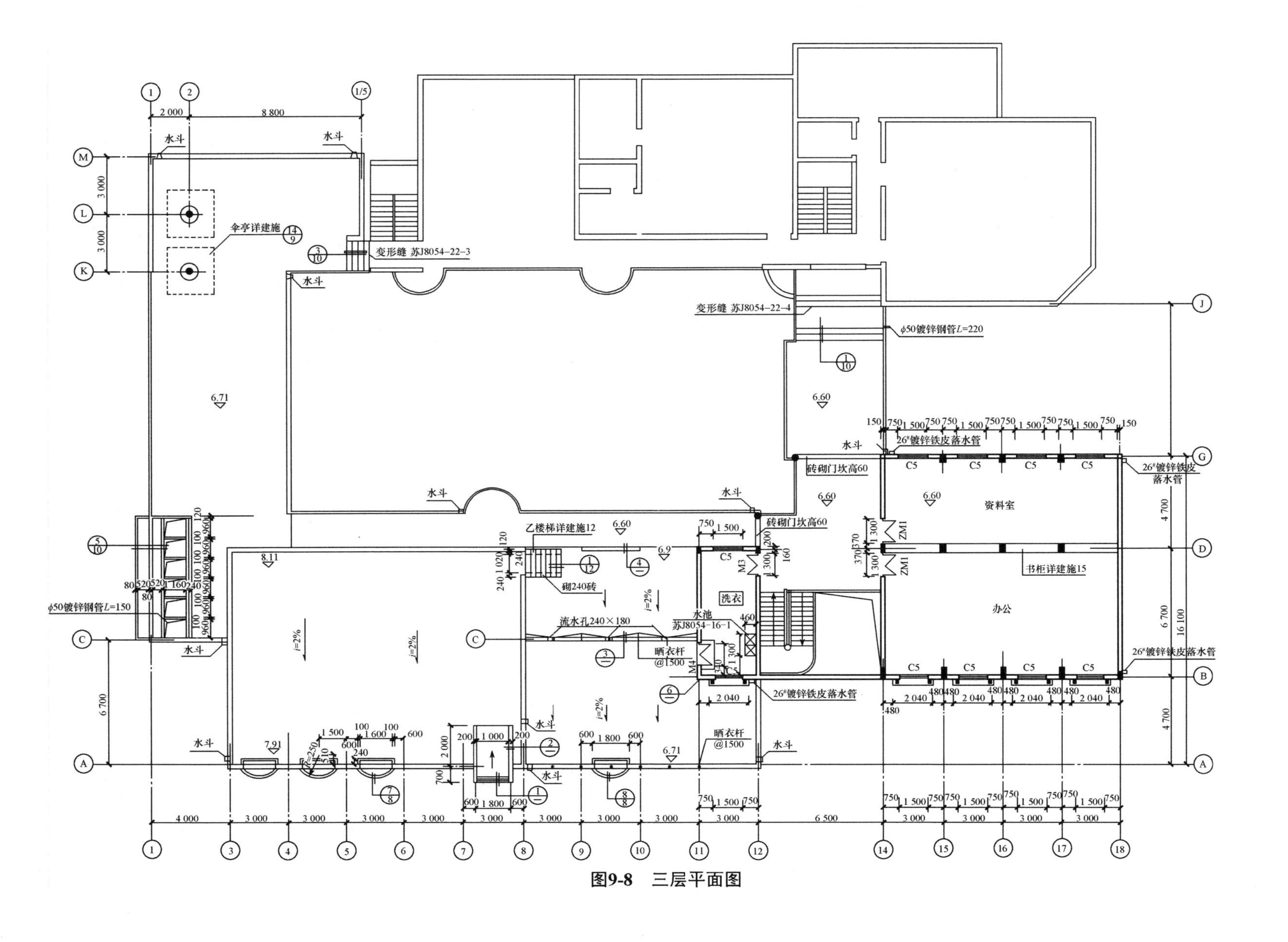

伞亭详建施
变形缝 苏J8054-22-3
变形缝 苏J8054-22-4
φ50镀锌钢管L=220
φ50镀锌钢管L=150
26#镀锌铁皮落水管
26#镀锌铁皮落水管
砖砌门坎高60
资料室
办公
书柜详建施15
乙楼梯详建施12
砌240砖
洗衣
水池 苏J8054-16-1
流水孔240×180
晒衣杆@1500
水斗
i=2%
16 100

图9-8　三层平面图

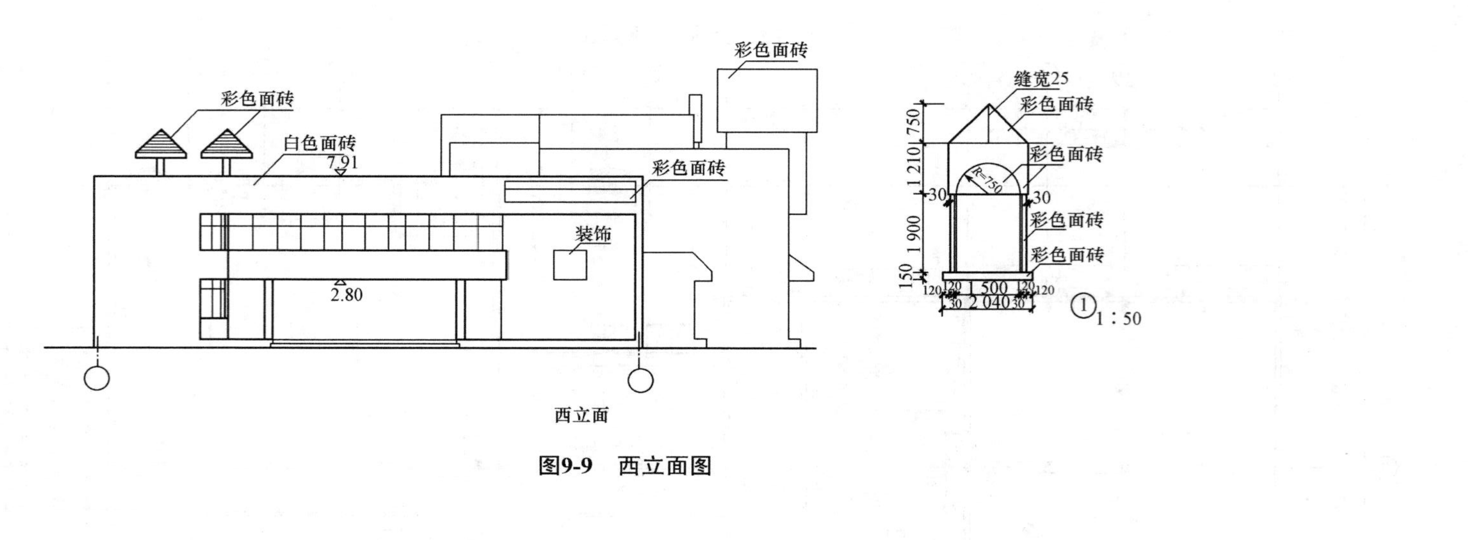

图9-9 西立面图

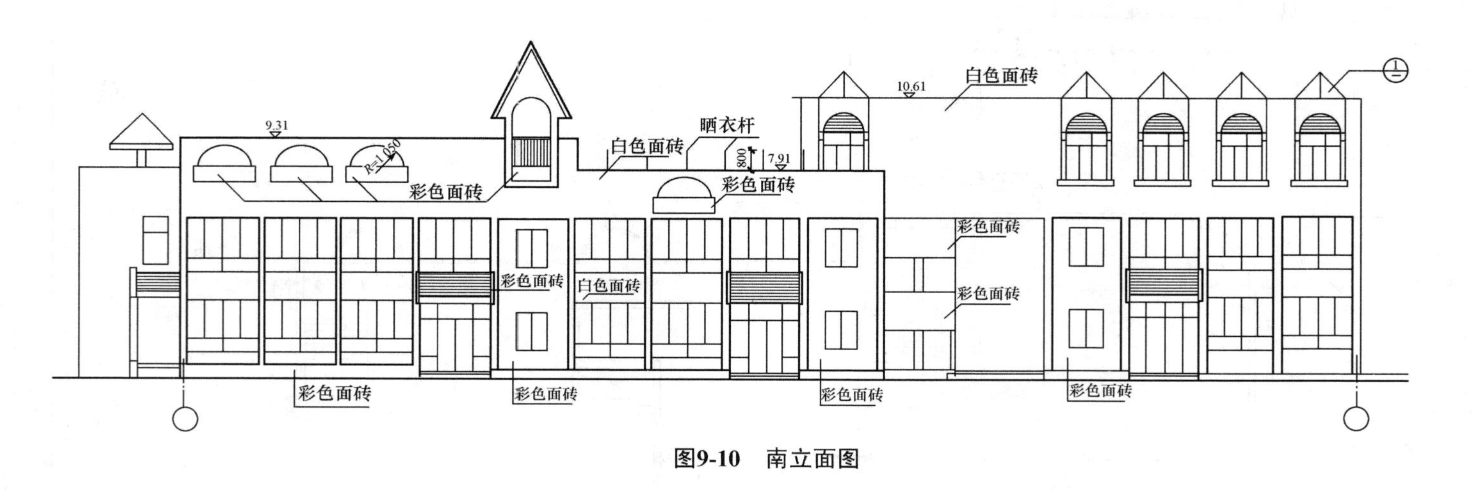

图9-10 南立面图

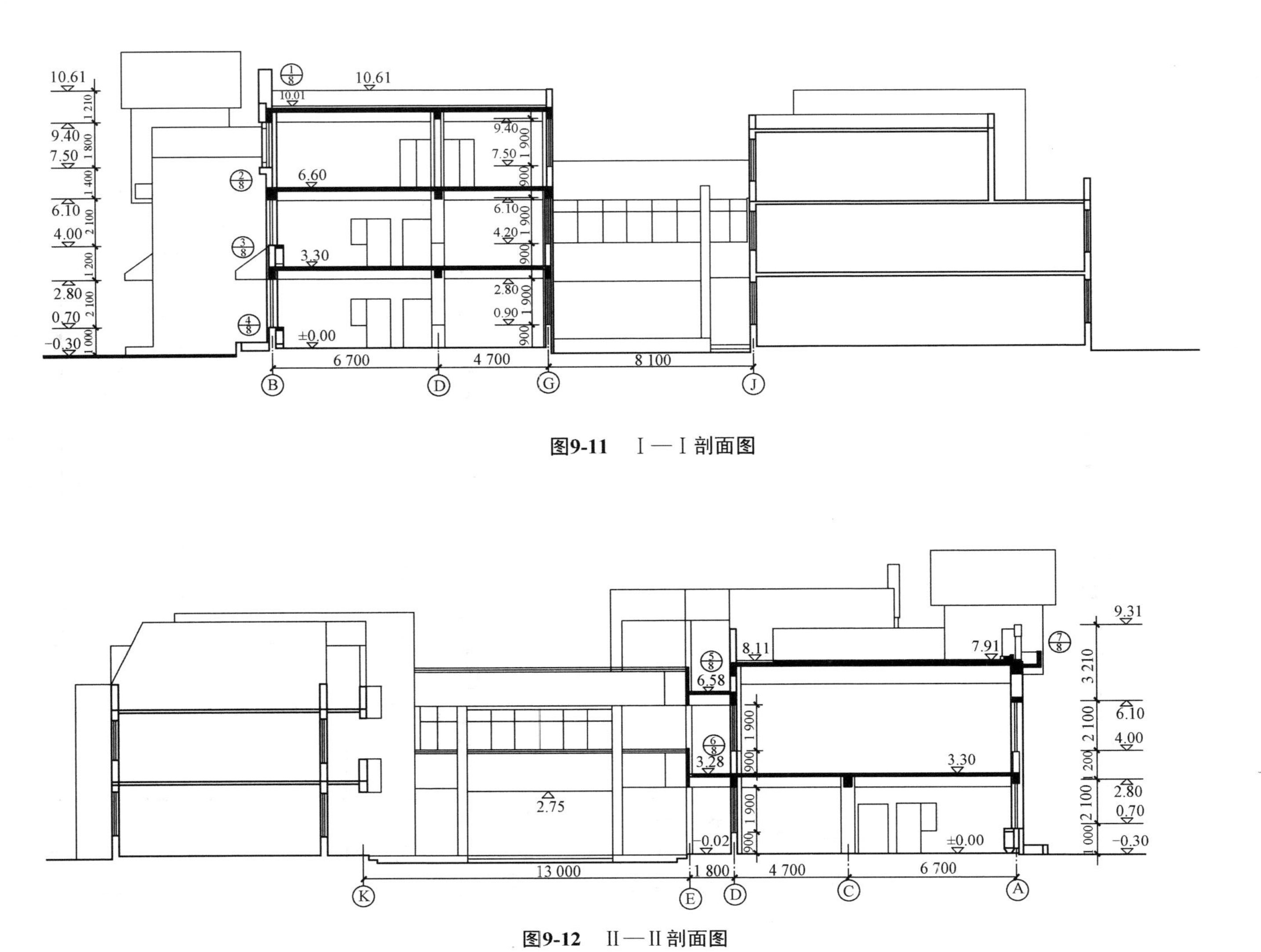

图9-11　I—I 剖面图

图9-12　II—II 剖面图

第十章　单层工业厂房设计

第一节　单层工业厂房设计任务书

一、设计题目

单层 18 m+18 m 跨等高冷加工车间设计。

二、目的要求

通过单层厂房的平面及剖面设计的练习，学生能巩固课堂教学，深入领会单层厂房平面及剖面设计的特点；熟悉单层工业厂房的结构形式及其构造要点，训练绘制和识读施工图的能力。

三、设计条件

(1)图 10-1 为某装配车间平面形式。纵向两跨是机械加工工段，跨度分别为 18 m、18 m，横跨是装配工段，跨度为 24 m。每跨内的起重运输设备为桥式起重机，起重机工作制为中级，设起重机起重量为 Q、起重机跨度为 L_K 和轨顶标高为 H_1。

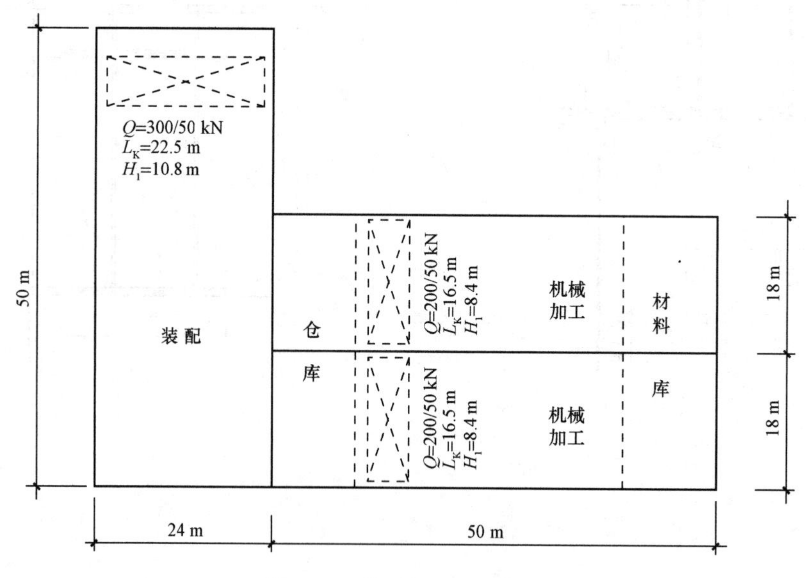

图 10-1　装配车间平面形式

(2)结构类型为装配式钢筋混凝土排架结构。

(3)外墙采用普通砖墙或钢筋混凝土墙板。

(4)屋面采用卷材防水，排水方式为有组织排水。

(5)建筑地区条件。

1)该厂位于南方某市郊主干道旁。

2)自然条件：厂区地势平坦，地质条件良好，地下水位深。

3)建材供应及施工技术条件均较好。

四、设计内容及图纸要求

(一)平面图和平面结点详图

1. 平面图

(1)布置车间柱网、外墙和抗风柱。确定门窗位置和大小(按比例绘出，不标 Q 注尺寸)，出入口处设置坡道。

(2)标注定位轴线及编号。画出起重机轨道中心线，标注起重机轨道中心线与纵向定位轴线的关系尺寸。

(3)画出起重机平面轮廓，注明起重机起重量 Q 和起重机跨度 L_k。

(4)外部标注两道尺寸(即总尺寸和轴线尺寸)以及端部柱中心线与横向定位轴线的关系尺寸、边柱外缘与纵向定位轴线的关系尺寸等局部尺寸。

(5)标注剖切符号、详图索引符号，注写图名和比例(1∶200)。

2. 平面结点详图

要求标注横向定位轴线和纵向定位轴线及其编号，表示清楚外墙、柱与定位轴线的关系，并标注有关尺寸，比例为 1∶20 或 1∶30。

(二)剖面图

(1)剖切到的钢筋混凝土部分涂黑表示，砖墙以双粗实线表示，可见部分以细实线表示。遇有纵剖面时，可绘出两端各两个完整的柱距，中间相同部分可用折断线断开省略。

(2)确定剖面形式和高度，确定侧窗和天窗形式、位置及大小。

(3)表示出柱、起重机梁、屋架、屋面板等主要构件的形式和相互关系。

(4)标注标高：外部标注室内外地面、门窗洞口顶面和底面以及檐口等处的标高，内部标注轨顶和柱顶标高。

(5)标注总高尺寸和相邻的标高差尺寸，并标注定位轴线、编号及轴线间的尺寸。

(6)注写图名和比例(1∶200)。

(三)屋顶平面图和屋顶结点详图

1. 屋顶平面图

(1)表示出各坡面交线、排水方向和坡度、天窗、檐沟、天沟、落水口、屋面检修梯等的位置。

(2)标注各转角处的定位轴线和编号以及轴线间的尺寸，标注落水口的位置尺寸和间距。

(3)标注详图索引符号，注写图名和比例(1∶300)。

2. 屋顶结点详图

(1)檐口构造。

(2)等高跨处内天沟构造。

(3)高低跨处屋面泛水构造。

(4)纵横跨相交处屋面变形缝构造。

(5)天窗细部构造。

要求表示清楚各部分的构造关系，标明构造做法，标注有关细部尺寸，标注定位轴线及编号，注写图名和比例。

第二节　单层工业厂房设计基本知识

一、外墙的设计

厂房外墙主要有承重墙、自承重墙、填充墙和幕墙，可根据生产工艺、结构条件和气候条件等要求进行设计。一般冷加工车间外墙除考虑结构承重外，常常还有热工方面的要求。而散发大量余热的热加工车间，外墙一般不要求保温，只起围护作用。精密生产的厂房为了保证生产工艺条件，往往有空间恒温、恒湿要求，这种厂房的外墙在设计和构造上比一般做法要复杂得多。有腐蚀性介质的厂房外墙又往往有防酸、碱等有害物质侵蚀的特殊要求。

为防止单层厂房外墙由于受风力、地震或振动等而破坏，在构造上应使墙与柱、山墙与抗风柱、墙与屋架或屋面梁之间有可靠的连接，以保证墙体有足够的稳定性与刚度。

(一)砖墙

1. 承重砖墙

承重砖墙是由墙体承受屋顶及起重机荷载，在地震区还要承受地震荷载。其形式可做成带壁柱的承重墙，墙下设条形基础，并在适当位置设置圈梁。承重砖墙只适用于跨度小于15 m、起重机吨位不超过 5 t、柱高不大于 9 m 以及柱距不大于 6 m 的厂房。

2. 非承重砖墙

当起重机吨位大、厂房较高大时，一般均采用强度较高的材料(钢筋混凝土或钢)作骨架来承重，外墙只起围护作用和承受自身重量及风荷载作用。单层厂房非承重外墙一般不做带形基础，而是直接支撑在基础梁上。采用基础梁支撑墙体重量时，当墙体高度(240 mm厚)超过 15 m 时，上部墙体由连系梁支撑，经柱牛腿传给柱子再传至基础，下部墙体重量则通过基础梁传至柱基础。砖墙与柱(包括抗风柱)、屋架端部采用钢筋连接，由柱、屋架沿高度每隔500～600 mm 伸出 2Φ6 钢筋砌入砖墙水平缝内，以达到锚拉的作用。

(二)板材墙

板材墙可根据不同需要做不同的分类。如板材按规格尺寸不同，分为基本板、异形板和补充构件。基本板是指形状规整、使用量大的基本形式的墙板。异形板是指使用量少、形状特殊的板形，如窗框板、加长板、山尖板等。补充构件是指与基本板、异形板共同组成厂房墙体围护结构的其他构件，如转角构件、窗台板等。板材如按其所在墙面位置的不同，可分为檐口板、窗上板、窗框板、窗下板、一般板、山尖板、勒脚板、女儿墙板等；按其受力状况可分为承重板墙和非承重板墙；按其保温性能分为保温墙板和非保温墙板等。

(三)开敞式外墙

在炎热地区，为了使厂房获得良好的自然通风和散热效果，一些热加工车间常采用开敞式外墙，开敞式外墙通常是在下部设矮墙，上部的开敞口设置挡雨遮阳板。开敞式外墙的布置如图 10-2 所示。挡雨遮阳板每排之间的距离，与当地的飘雨角度、日照以及通风等因素有关，设计时应结合车间对防雨的要求来确定，一般飘雨角度可按 45°设计，风雨较大地区可酌情减小角度。

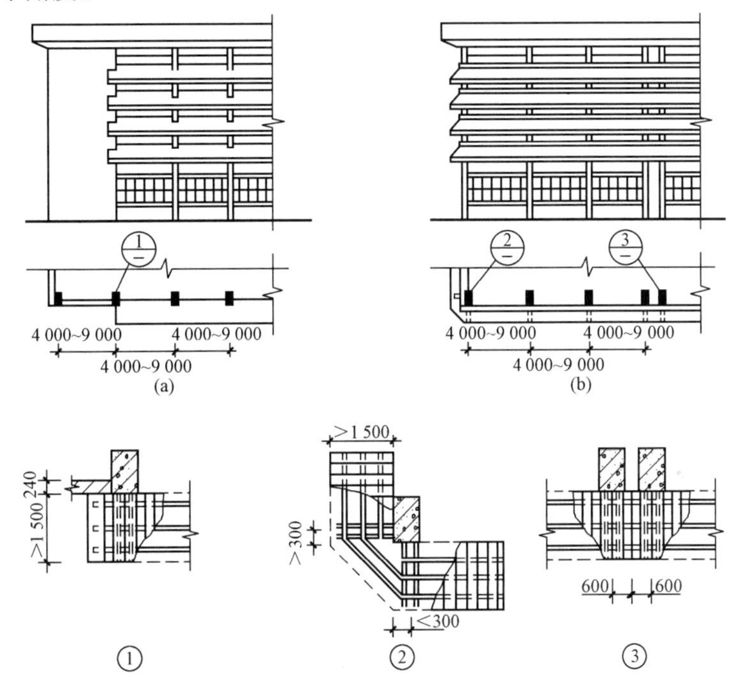

图 10-2　开敞式外墙的布置

(a)单面开敞外墙；(b)四面开敞外墙

二、屋面的设计

(一)屋面排水

1. 无组织排水

无组织排水构造简单，施工方便，造价便宜，适用于地区年降雨量不超过 900 mm、檐口高度小于 10 m 和地区年降雨量超过 900 mm 时檐口高度小于 8 m 的厂房。对于屋面容易积灰的冶炼车间和对落水管具有腐蚀作用的炼铜车间，也宜采用无组织排水。

无组织排水挑檐长度与檐口高度有关，当檐口高度在 6 m 以下时，挑檐挑出长度不宜小于 300 mm；当檐口高度超过 6 m 时，挑檐挑出长度不宜小于 500 mm。挑檐可由外伸的檐口板形成，也可利用顶部圈梁挑出挑檐板，其构造如图 10-3 所示。在多风雨的地区，挑檐尺寸要适当加大，以减少屋面落水浇淋墙面和窗口的机会。勒脚外地面需做散水，其宽度一般宜超出挑檐 200 mm，也可以做成明沟，其明沟的中心线宜对准挑檐端部。

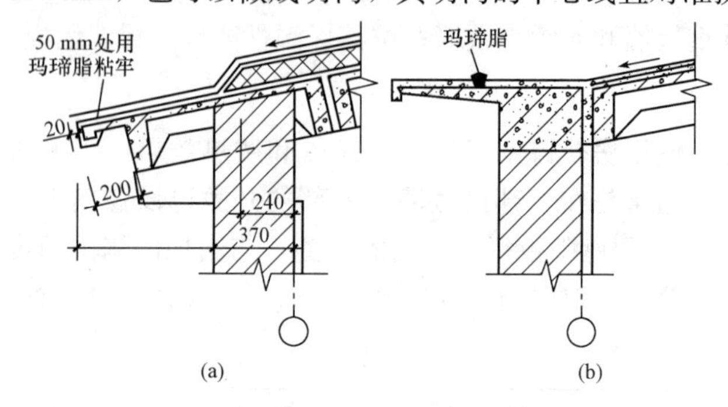

图 10-3　挑檐构造

(a)檐口板挑檐；(b)顶部圈梁挑檐

2. 有组织排水

厂房屋面面积较大，尤其是多脊双坡屋面，通常采用有组织排水方式。有组织排水又分为檐沟外排水、长天沟外排水、内排水和内落外排水等方式。

(1)檐沟外排水方式。这种排水方式具有构造简单、施工方便、造价低且不影响车间内部工艺设备的布置等特点，如图 10-4(a)所示，故在南方地区应用较广。挑檐沟一般采用钢筋混凝土槽形天沟板，天沟板支撑在屋架端部的水平挑梁上，如图 10-4(b)所示。

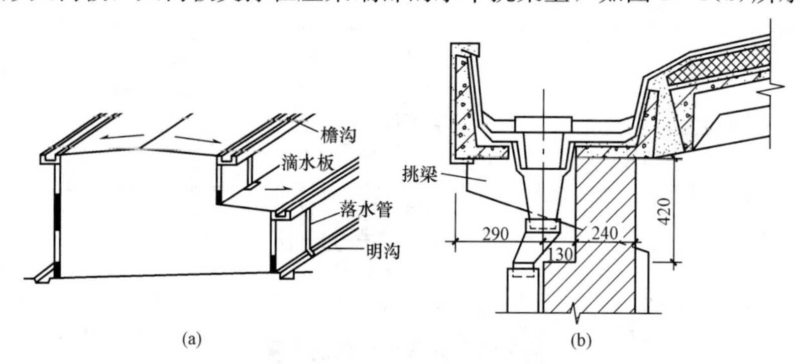

图 10-4　檐沟外排水构造

(a)檐沟外排水示意图；(b)挑檐沟构造

(2)长天沟外排水方式。即沿厂房纵向设通长天沟汇集雨水，天沟内的雨水由端部的落水管排至室外地坪的排水方式。这种排水方式构造简单，施工方便，造价较低。但天沟长度大，采用时应充分考虑地区降雨量、汇水面积、屋面材料、天沟断面和纵向坡度等因素进行确定。

当采用长天沟外排水时，应在山墙上留出洞口，天沟板伸出山墙，并在天沟板的端壁上方留出溢水口。

(3)内排水方式。即将屋面雨水由设在厂房内的落水管及地下落水管沟排出的排水方式，如图 10-5 所示。其特点是排水不受厂房高度限制，排水比较灵活，但屋面构造复杂，造价及维修费高，并且室内落水管容易与地下管道、设备基础、工艺管道等发生矛盾。内排水常用于多跨厂房，特别是严寒多雪地区的采暖厂房和有生产余热的厂房。

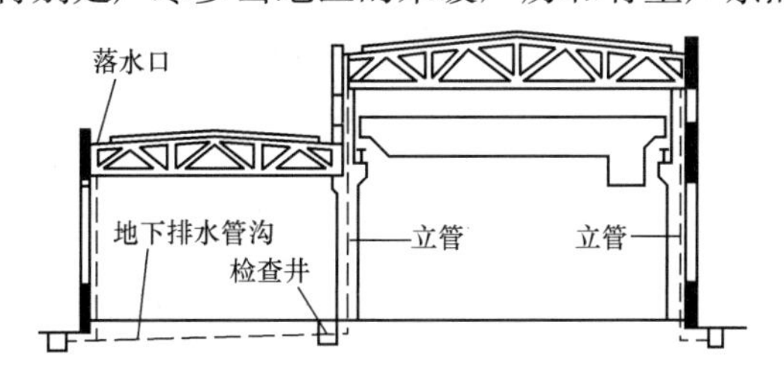

图 10-5　内排水示意图

(4)内落外排水方式。即将屋面雨水先排至室内的水平管，由室内水平管将雨水导致墙外的排水立管来排出雨水的排水方式，如图 10-6 所示。这种排水方式克服了内排水需在厂房地面下设雨水地沟、室内落水管影响工艺设备的布置等缺点，但水平管易堵塞，不宜用于屋面有大量积尘的厂房。

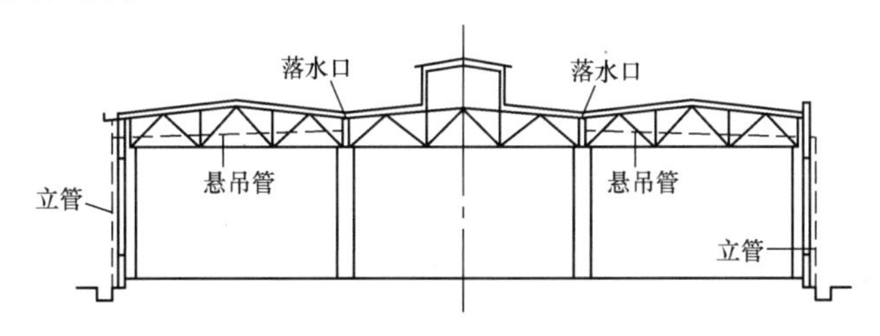

图 10-6　内落外排水示意图

(二)屋面防水

按照屋面防水材料和构造做法，单层厂房的屋面有柔性防水屋面和构件自防水屋面两种。柔性防水屋面适用于有振动影响和有保温隔热要求的厂房屋面。构件自防水屋面适用于南方地区和北方无保温要求的厂房。

卷材防水屋面在单层工业厂房中应用较为广泛，有保温和不保温两种。不保温防水屋面是由基层、找平层、防水层和保护层等几部分构成的；保温防水屋面的构造一般依次为基层、找平层、隔汽层、保温层、找平层、防水层和保护层。卷材防水屋面的构造原则和做法与民用建筑基本相同，它的防水质量关键在于基层和防水层。

三、大门的设计

1. 按用途分类

工业厂房大门按用途的不同，可以分为一般门和特殊门两种。特殊门是根据特殊要求设计的，有保温门、防火门、冷藏门、射线防护门、防风沙门、隔声门、烘干室门等。

2. 按开启方式分类

按开启方式的不同，厂房大门可以分为平开门、推拉门、平开折叠门、推拉折叠门、升降门、上翻门、卷帘门、偏心门及光电控制门等，如图 10-7 所示。

(1)平开门。平开门是单层厂房常用的一种大门，其构造简单，开启方便。通常，平开门向外开启，并设置雨篷，以保护门扇和方便出入。厂房中的平开门均为两扇，大门扇上

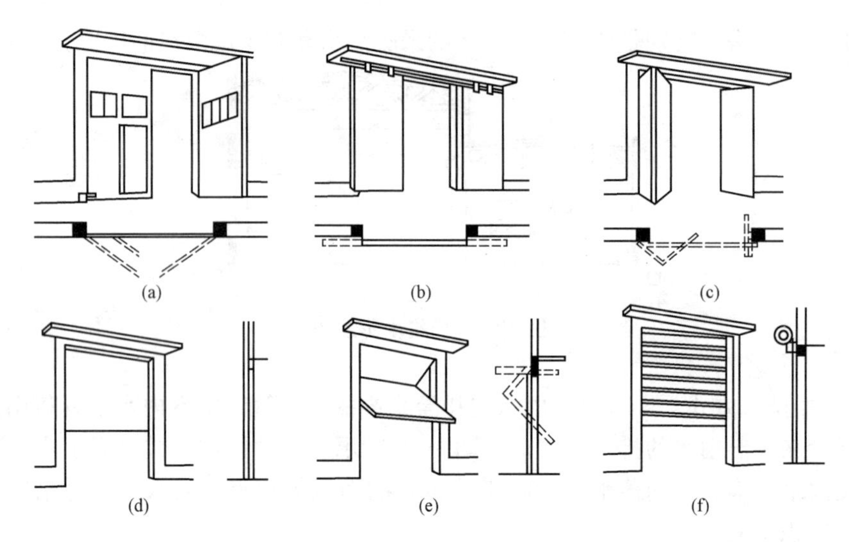

图 10-7　厂房大门的开启方式

(a)平开门；(b)推拉门；(c)折叠门；(d)升降门；(e)上翻门；(f)卷帘门

可开设一扇供人通行的小门，以便在大门关闭时使用。对于较宽的平开门，为了减小门扇用料和占地面积，可将门扇做成四扇或六扇，每边两扇或三扇门扇之间用铰链固定，可自由水平折叠开启，使用灵活方便。关闭时分别用插销固定，以防门扇变形和保证大门刚度。

由于厂房大门尺寸较大，平开门受力状态较差，易产生下垂或扭曲变形，需用斜撑等进行加固，尺寸过大时不宜采用平开门。

(2)推拉门。推拉门也是单层厂房中采用较广泛的大门形式之一。推拉门是在门洞的上下部设置轨道，使门扇通过滑轮沿导轨左右推拉开启。推拉门门扇受力状态好，构造简单，不易变形。推拉门一般为两个门扇，当门洞宽度较大时可设多个门扇，分别在各自的轨道上推行。因受室内柱子的影响，门扇一般只能设在室外一侧，因此，应设置足够宽度的雨篷加以保护。推拉门的密闭性较差，不宜用于密闭要求高的车间。

(3)折叠门。折叠门是由几个较窄的门扇互相间以铰链连接而成的。门洞的上下设有导轨，开启时门扇沿导轨左右推开，使门扇折叠在一起。这种门开启轻便，占用的空间较少，适用于较大的门洞。折叠门按门扇转轴位置的不同又可分为中轴旋转和边轴旋转两种形式，又称为中悬式折叠门和侧悬式折叠门。

(4)上翻门。门洞只设一个大门扇，门扇两侧设置滑轮或销键，上翻门开启时整个门扇翻到门顶过梁的下面，不占车间使用面积，又可避免大风及车辆造成门扇碰损破坏。门扇开启不受厂房柱子的影响，常用于车库大门。

按导轨形式和门扇形式的不同，上翻门又可分为重锤直轨吊杆上翻门、弹簧横轨杠杆上翻门和重锤直轨折叠上翻门。

(5)升降门。升降门开启时门扇沿导轨向上升，门洞高时，可沿水平方向将门扇分为几扇。这种门贴在墙面上，不占使用空间，只需在门洞上部留有足够的上升高度。开启方式可以采用手动或电动开启，适用于较高大的大型厂房。

(6)卷帘门。卷帘门的帘板由薄钢板或铝合金冲压成型，开启时由门上部的转轴将帘板卷起，这种门的高度不受限制。卷帘门有手动和电动两种，当采用电动时必须设置停电时手动开启的备用设施。卷帘门制作复杂，造价较高，适用于非频繁开启的高大门洞。

3. 按门扇制作材料分类

按门扇制作材料的不同，厂房大门可以分为木门、钢板门、钢木门、空腹薄壁钢板门和铝合金门等。

四、天窗与侧窗的设计

1. 天窗

单层厂房采用的天窗类型较多，我国目前常见的天窗形式中，用作采光的主要有矩形天窗、锯齿形天窗、平天窗、三角形天窗、横向下沉式天窗等；用作通风的主要有矩形避风天窗、纵向或横向下沉式天窗、井式天窗、M 形天窗，如图 10-8 所示。

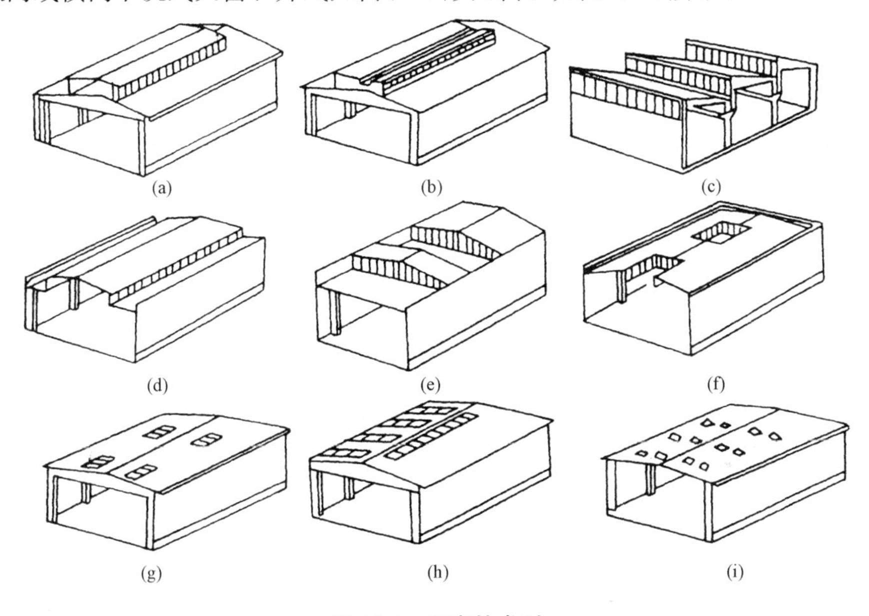

图 10-8 天窗的类型

(a)矩形天窗；(b)M 形天窗；(c)锯齿形天窗；(d)纵向下沉式天窗；(e)横向下沉式天窗；(f)井式天窗；(g)采光板平天窗；(h)采光带平天窗；(i)采光罩平天窗

(1)矩形天窗。矩形天窗一般沿厂房纵向布置，断面呈矩形，两侧的采光面垂直，如图 10-8(a)所示，因此，采光通风效果好，在单层厂房中应用最广，但其缺点是构造复杂、自重大、造价较高。

(2)M 形天窗。与矩形天窗的区别是天窗屋顶从两边向中间倾斜，倾斜的屋顶有利于通风，且能增强光线反射，如图 10-8(b)所示，所以 M 形天窗的采光、通风效果比矩形天窗好，缺点是天窗屋顶排水构造复杂。

(3)锯齿形天窗。将厂房屋顶做成锯齿形，在其垂直(或稍倾斜)面设置采光、通风口，如图 10-8(c)所示。当窗口朝北或接近北向时，可避免因光线直射而产生的眩光现象，获得均匀、稳定的光线，有利于保证厂房内恒定的温湿度，适用于纺织厂、印染厂和某些机械厂。

(4)纵向下沉式天窗。将厂房的屋面板沿纵向连续下沉搁置在屋架下弦上，利用屋面板的高度差在纵向垂直面设置天窗口，如图 10-8(d)所示。这种天窗适用于纵轴为东西向的厂房，且多用于热加工车间。

(5)横向下沉式天窗。将左右相邻的整跨屋面板上下交替布置在屋架上下弦上，利用屋面板的高度差在横向垂直面设天窗口，如图 10-8(e)所示。这种天窗适用于纵轴为南北向的厂房，天窗采光效果较好，但均匀性差，且窗扇形式受屋架形式限制，规格多，构造复杂，屋面的清扫、排水不便。

(6)井式天窗。将局部屋面板下沉铺在屋架下弦上，利用屋面板的高度差在纵横向垂直面设窗口，形成一个个凹嵌在屋面之下的井状天窗，如图 10-8(f)所示。其特点是布置灵活，排风路径短捷，通风好，采光均匀，因此广泛用于热加工车间，但屋面清扫不方便，构造较复杂，且使室内空间高度有所降低。

(7)平天窗。平天窗的形式有采光板、采光带和采光罩三种，如图 10-8(g)～(i)所示。采光板是在屋面上留孔，装设平板透光材料形成；采光带是将屋面板在纵向或横向连续空出来，铺上采光材料形成；采光罩是在屋面上留孔，装设弧形玻璃而成。其特点是采光均匀，采光效率高，布置灵活，构造简单，在冷加工车间中应用较多，但平天窗不易通风，易积灰，透光材料易受外界影响而破碎。

2. 侧窗

单层工业厂房侧窗，按材料分有木侧窗、金属侧窗、钢筋混凝土侧窗等；按层数分，有单层窗和双层窗；按开启方式分，有中悬窗、平开窗、固定窗、垂直旋转窗等。

(1)中悬窗。中悬窗的窗扇沿水平中轴转动，开启角度可达 80°，并可利用自重保持平衡。这种窗便于采用侧窗开关器进行启闭，因此在车间外墙上多有应用；其缺点是构造较复杂，开启扇之间有缝隙，易出现飘雨现象。

此外，中悬窗还可作为泄压窗，调整其转轴位置，使转轴位于窗扇重心之上，当室内达到一定的压力时，便能自动开启泄压。

(2)平开窗。平开窗窗口的阻力系数较小，通风效果好，构造简单，开关方便，便于做成双层窗。但防雨较差，风雨大时易从窗口飘进雨水。由于不便于设置联动开关控制器，只能用手逐个开关，因此，不宜布置在较高部位，常布置在外墙的下部。

(3)固定窗。固定窗的构造简单，节省材料，且造价较低，常用于较高外墙的中部，既可采光又可使热压通风的进、排气口分隔明确，便于更好地组织自然通风。有防尘密闭要求的侧窗，也多做成固定窗，以避免缝隙渗透。

(4)垂直旋转窗。垂直旋转窗又称引风窗，其窗扇沿垂直轴转动，可装置手拉联动开关设备。这种窗启闭方便，并能按风向来调节开启角度，通风性能较好，但其密闭性差，常用于要求通风好、密闭要求不高的车间及热加工车间的外墙下部，作为进风口。

五、厂房地面的处理

工业厂房的地面应能满足生产使用要求，与民用建筑地面相比，其特点是面积较大，承受较大荷载，并应满足不同生产工艺的不同要求，如防尘、防爆、耐磨、耐冲击、耐腐蚀等。同时厂房内工段多，各工段生产要求不同，地面类型也应不同，这就增加了地面构造的复杂性，所以正确而合理地选择地面材料和构造，直接影响到建筑造价和生产正常进行。

1. 厂房地面的组成

厂房地面一般是由面层、垫层和基层(地基)组成。当上述构造层不能充分满足使用要求或构造要求时，可增设其他构造层，如结合层、找平层、隔离层等，如图 10-9 所示。在某些特殊情况下，还需增设保温层、隔绝层、隔声层等。

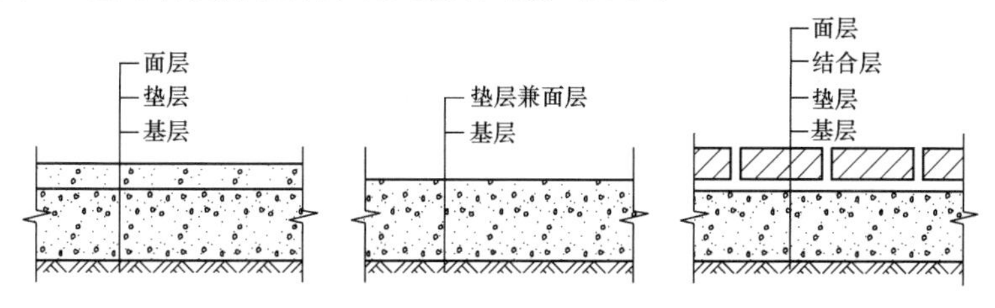

图 10-9　厂房地面的组成

2. 厂房地面面层

单层厂房地面一般按照面层材料的不同而进行分类。根据使用性质不同，地面可分为一般地面及特殊地面(如防腐、防爆等)两类；按构造不同,地面可分为整体面层和板、块料面层。由于面层是直接承受各种物理、化学作用的表面层，因此，应根据其生产特征、使用要求和技术经济条件来选择面层。

3. 厂房地面垫层

垫层是承受并传递地面荷载至土壤层的构造层。按材料性质不同，垫层可分为刚性垫层、半刚性垫层和柔性垫层三种。垫层的选择应与面层材料相适应，同时应考虑生产特征和使用要求等因素。如现浇整体式面层、卷材或塑料面层，以及用砂浆或胶泥做结合层的板块状面层，其下部的垫层采用混凝土垫层；用砂、炉渣做结合层的块材面层，宜采用柔性垫层或半刚性垫层。垫层的厚度，主要根据作用在地面上的荷载情况来确定，在确定垫层厚度时，应以生产过程中经常作用于地面的最不利荷载作为计算的主要依据。

4. 厂房地面基层

基层是承受上部荷载的土壤层，是经过处理的基土层，最常见的是素土夯实。地基土不应使用过湿土、淤泥、腐殖土、冻土以及有机物含量大于 8%的土做填料。若地基土松软，可加入碎石、碎砖或铺设灰土夯实，以提高其强度。

5. 结合层、隔离层及找平层

(1)结合层。结合层是连接块、板材或卷材面层与垫层的中间层。结合层的材料应根据面层和垫层的条件来选择，水泥砂浆或沥青砂浆结合层适用于有防水、防潮要求或要求稳定而无变形的地面。当地面有防酸和防碱要求时，结合层应采用耐酸砂浆或树脂胶泥等。对于有冲击荷载或高温作用的地面常用砂作结合层。

(2)隔离层。隔离层的作用是防止地面腐蚀性液体由上向下或地下水由下向上渗透扩散。如果厂房地面有侵蚀性液体影响垫层时，隔离层应设在垫层之上，可采用再生油毡(一毡二油)或石油沥青油毡(二毡三油)来防止渗透。

地面处于地下水位毛细管作用上升范围内，而生产上又需要有较高的防潮要求时，地面应设置防水的隔离层，且隔离层应设在垫层下，可采用一层沥青混凝土或灌沥青碎石的隔离层，如图 10-10所示。

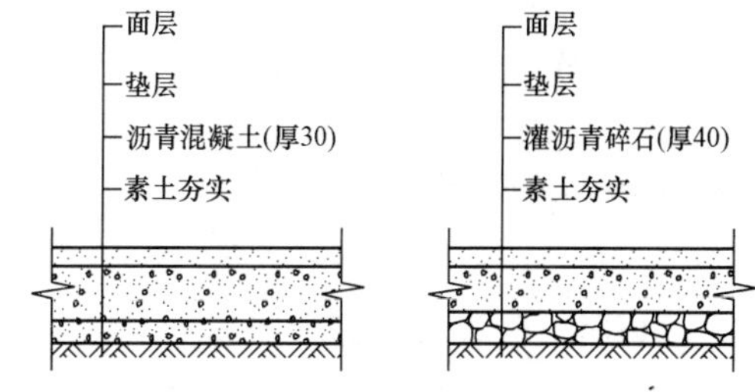

图 10-10　防止地下水影响的隔离层

(3)找平层或找坡层。当地面需要排水或需要清洗时，需设置找坡层。当面层较薄，要求面层平整或有坡度时，垫层上或找坡层上需设找平层。在刚性垫层上，找平层一般为20厚1∶3水泥砂浆；在柔性垫层上，找平层宜采用细石混凝土制作(一般为30 mm厚)。找坡层常用1∶1∶8水泥石灰炉渣做成(最薄处不大于30 mm厚)。

第三节　单层厂房设计指导

一、绘制厂房平面图

1. 柱网的确定

柱网即柱距与跨度，其尺寸在满足工艺要求及结构经济性的条件下应符合模数制要求，还应适应今后发展与通用性的需要。

柱距有6 m、12 m及内12 m(即边柱6 m、中柱12 m柱距)三种，其中6 m柱距为我国建筑中的基本柱距。跨度一般有9 m、12 m、15 m、18 m、24 m、30 m、36 m，跨度18 m以内采用30M数列，18 m以上采用60M数列，山墙抗风柱间距则采用15M数列，即3 m、4.5 m、6 m、7.5 m。

2. 轴线的划分与编号

根据《厂房建筑模数协调标准》(GB/T 5006—2010)确定其纵横定位轴线与墙柱的联系，并进行定位轴线的编号与标注。

端部柱中心线应从横向的定位轴线向内移600 mm；纵向定位轴线与柱的关系应根据起重机起重量确定是“封闭结合”还是“非封闭结合”来标定；横向伸缩缝处应采用双柱、两条定位轴线，伸缩缝两边的柱中心线应分别自定位轴线并向内移600 mm。

3. 变形缝的设置

(1)厂房长宽超过限值(排架结构超过70 m)，应设温度伸缩缝。

(2)厂房纵横跨度结合处因两侧荷载与起重机运行方向不一样，应设沉降缝。

(3)厂房与毗连式生活间因高差及结构差异也应设沉降缝。

(4)对于抗震设防烈度7度以上的地震区，当厂房相邻两部分侧向刚度或高度相差很大时，需设防震缝。

需设防震缝的厂房，其全部变形缝都应符合防震缝的要求。

4. 柱截面尺寸的确定

根据起重机起重量及轨顶高度，确定厂房柱的截面形式和尺寸。在所选定结构形式的基础上，根据起重机起重量、轨顶高度及特殊的要求，并通过技术经济比较，选定柱的截面与尺寸。

5. 通道、大门和侧窗设置

(1)通道设置。根据生产运输、工艺流程和防火等要求来合理布置通道。车间内一般每跨设一条纵向通道，通常布置在跨中，也可根据生产设备布置情况偏在一边。横向通道应根据车间长度、工段划分和防火要求设置。

(2)大门设置。车间大门的位置确定应考虑生产运输要求、厂区道路布置、车间内的通道布置和防火要求等因素。通常在通道尽端应设置大门。厂房安全出口的数量不应少于2个。根据运输工具的类型、规格和运输货物的外形尺寸，确定大门的尺寸，见表10-1。

表10-1　门洞尺寸

通行要求	单人	双人	手推车	电瓶车	轻型卡车	重型卡车	中型卡车	汽车起重机
洞口宽	900	1 500	1 800	2 100	3 000	3 300	3 600	3 900
洞口高	2 100	2 100	2 100	2 400	2 700	3 000	3 900	4 200

(3)侧窗设置。根据车间采光、通风要求和立面处理来布置侧窗，可在每个柱距内设置，也可设带形窗。侧窗的尺寸结合剖面设计确定。

二、绘制厂房剖面图

1. 侧窗和天窗的确定

(1)采光方式的确定。根据厂房的平面形式、剖面形式等确定采光方式。边跨可采用单侧采光或混合采光，通常当高跨比不小于1/2时，边跨可采用单侧采光(侧窗)；反之，应考虑混合采光，即增设天窗。中间跨应采用顶部采光。天窗形式视车间对采光和通风的要求而定，通常采用矩形天窗。

(2)采光口面积的估算。根据窗地面积比，估算采光口的面积。可先从生产车间和作业场所的采光等级举例表中查出车间的采光等级，再根据采光等级从窗地面积比的表中查出所需侧窗或天窗的窗地面积比。选择一个有代表性的柱距计算地面面积(即柱距×跨度)，根据窗地面积比即可估算出一个柱距所需的采光口面积。

(3)确定采光口的尺寸和位置。根据侧窗的平面布置、厂房的高度，考虑立面处理效果，按估算所得采光口面积确定侧窗的尺寸，侧窗沿厂房高度方向可分段设置，低侧窗的窗台高度通常为1 m左右，高侧窗的窗台宜高出起重机梁顶面600 mm左右设置；根据天窗形式按采光口的面积，确定采光口的尺寸。如矩形天窗，其采光口的宽度通常与厂房柱距相同，根据采光口的面积即可算得天窗两侧的采光口高度，采光口的高度宜采用3M的整数倍数。

2. 构件的选定

(1)柱、屋架或屋面梁的选定。根据起重机设置、柱顶标高和轨顶标高等确定柱的外形；根据厂房屋面防水方案、厂房跨度等选择屋架或屋面梁的形式。采用卷材防水屋面的厂房常用折线形屋架；当跨度不大时，也可采用屋面梁。

(2)屋面板、天沟板的选定。屋面板及天沟板常用预应力钢筋混凝土大型屋面板，以及与其配套的天沟板等。

(3)起重机梁、基础梁和连系梁的选定。

1)根据厂房柱距、起重机起重量等确定起重机梁的断面形式和尺寸。

2)外墙采用砖墙时，应根据砖墙的厚度确定基础梁和连系梁的断面形式和尺寸。

(4)天窗构件的选定。采用矩形天窗时，应确定天窗架、天窗侧板和天窗端壁等构件的形式和尺寸。根据厂房跨度、采光口的高度和厂房采光通风要求，确定天窗架的跨度和高度。天窗架的跨度通常是厂房跨度的1/3～1/2。

三、屋顶的设计指导

(一)屋顶平面设计

1. 确定屋顶排水方式

屋顶排水可采用檐沟外排水、女儿墙外排水或女儿墙内排水等。中间天沟处的排水方式可采用内排水、长天沟外排水或悬吊管外排水。天窗檐口处可采用无组织排水。

2. 确定落水管(或落水口)的间距和位置

根据当地气候条件、落水管直径的大小、排水沟的集水能力等确定落水管的间距和位置。落水管的间距一般不超过30 m，常用18～24 m。

3. 组织天沟或檐沟内的纵向排水

天沟或檐沟内应垫置坡度，其坡度值宜为0.5%～1%。

(二)屋顶细部构造

1. 檐口构造

(1)确定檐沟板的支承方式、断面形式和尺寸，做好檐沟处的防水构造，确定防水层端头的固定方法。

(2)女儿墙边天沟内排水或外排水。根据当地气候条件和屋面汇水面积来确定天沟的形式。

2. 等高跨处内天沟构造

天沟型式可采用双槽天沟板或单槽天沟板，也可在屋面上直接做天沟。确定天沟板的尺寸时，注意天沟处的防水构造。

3. 高低跨处屋面泛水构造

确定柱牛腿之间的堵缝材料和做法，确定泛水高度和防水卷材端头的固定做法。

4. 纵横跨相交处屋面变形缝构造

屋面变形缝处应做好防水处理，并应保证缝两侧能自由变形。

5. 天窗细部构造

(1)天窗侧板构造：确定天窗侧板的型式和支承方式，做好侧板与屋面交接处的泛水构造。

(2)天窗檐口构造：确定檐口排水方式及挑檐板或檐沟板的断面形式、尺寸，以及与天窗架的连接构造。

(3)天窗端壁构造：确定天窗端壁的材料和做法，有保温要求时应设保温层。

第四节　单层厂房设计方法与步骤

一、设计准备

(1)认真分析研究设计任务书，根据其工艺要求与地区条件，并结合相关资料，确定厂房的柱网尺寸、结构形式、内部布局、采光通风方式、体型与立面处理，同时对选用什么样的建筑材料、构造方式都要有一个初步设想。

(2)深入了解和熟悉设计内容、各图的具体要求等。了解厂房建筑设计的特点与制图的规定，进而能掌握其技法，熟悉《厂房建筑模数协调标准》(GB/T 5006—2010)。

二、平面设计

(1)进行柱网选择，即确定跨度和柱距。跨度已由设计条件给出，柱距可选择 6 m 和 12 m，用点画线在图纸上表示出柱网。厂房纵跨及纵横跨相交处需要设置变形缝，应留出插入距尺寸。

(2)确定柱与定位轴线的联系。根据柱距和吊车吨位确定属于“封闭结合”还是“非封闭结合”，定出每个柱子的具体位置，绘出柱子断面。

(3)布置围护结构和门窗，围护结构可采用普通砖墙。山墙处设置抗风柱，柱距可取 4～6 m。画出门窗洞口并表示出门扇和窗，绘出入口处坡道。

(4)用点画线表示吊车轨道中心线，用虚线表示吊车轮廓线。标注吊车吨位 Q、吊车跨度 L_k，标注吊车轨道中心线与纵向定位轴线的距离，绘出详图索引号。

(5)标注两道尺寸并进行轴线编号。

(6)根据平面图绘制结点详图。合理选择结点位置，标注必要尺寸或文字符号，绘出材料符号、轴线号和详图号以及比例。

三、局部剖面图设计

(1)根据平面图确定定位轴线与墙、柱在剖面图中的关系，用点画线绘出定位轴线及吊车轨顶中心线。

(2)根据设计条件，确定轨顶标高，在平行不等高跨中，纵向定位轴线(一条或两条定位轴线)两侧轨顶标高不同，纵横跨交接处应绘制出轨道，吊车梁断面，同时也绘出轨道、吊车梁等特征线。

(3)确定上柱位置、屋架端部位置，以及墙和柱、屋架的关系。

(4)标注定位轴线的编号、轨道中心线，标注有关尺寸等。

(5)注明图名和比例。

第五节　单层厂房设计参考资料

一、单层厂房外墙构造图例

1. 砖墙、圈梁与柱、屋架的连接

砖墙、圈梁与柱、屋架的连接如图 10-11 所示。

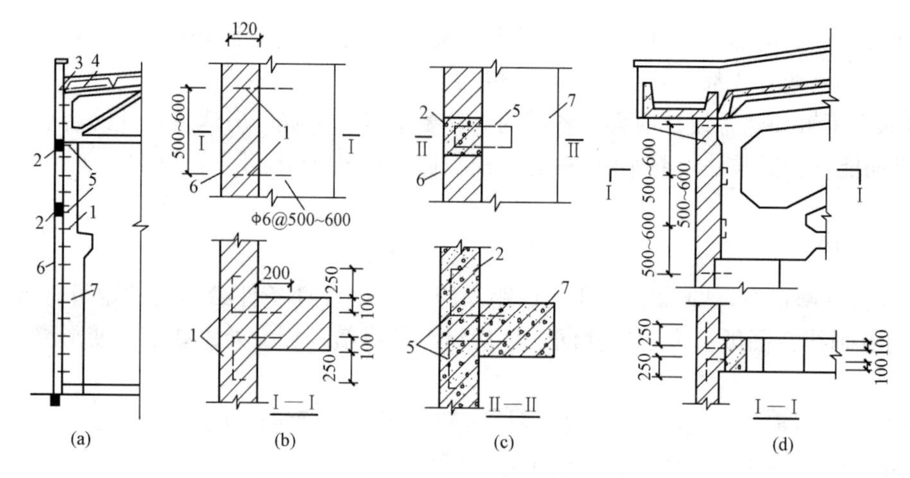

图 10-11　砖墙、圈梁与柱、屋架的连接

(a)砖墙与承重骨架连接；(b)砖墙与柱子的连接；(c)圈梁与柱子的连接；(d)墙与屋架的连接

1—墙柱连接筋 2Φ6；2—圈梁兼过梁；3—檐口墙内加筋 1Φ12，l=1 000 mm；

4—板缝加筋(1Φ12)与墙内加筋连接；5—圈梁与柱连接筋；6—砖外墙；7—柱

2. 墙板与柱柔性连接

墙板与柱柔性连接如图 10-12 所示。

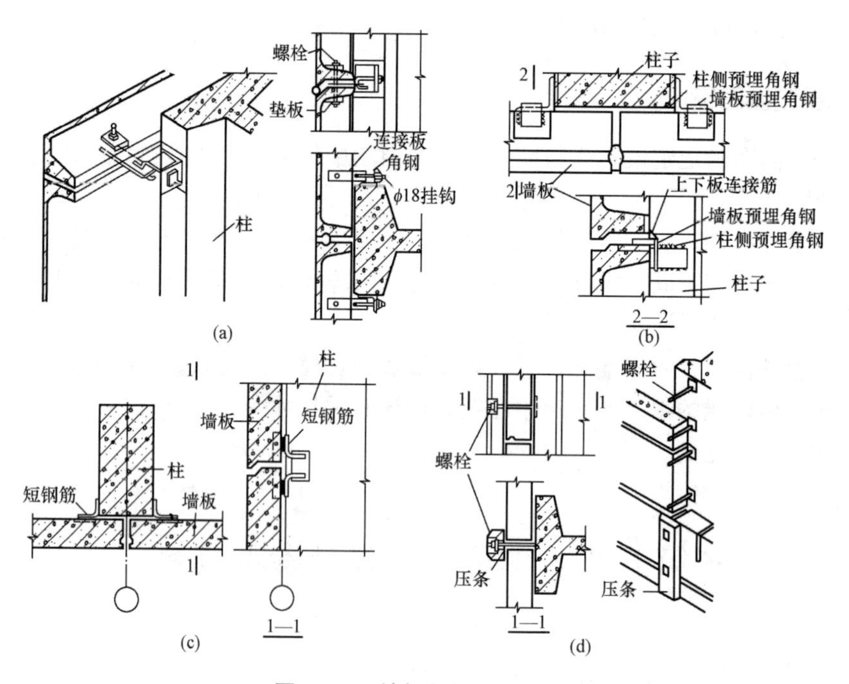

图 10-12　墙板与柱柔性连接

(a)螺栓柔性连接；(b)角钢挂钩柔性连接；(c)钢筋焊接连接；(d)压条连接

3. 墙板刚性连接

墙板刚性连接如图 10-13 所示。

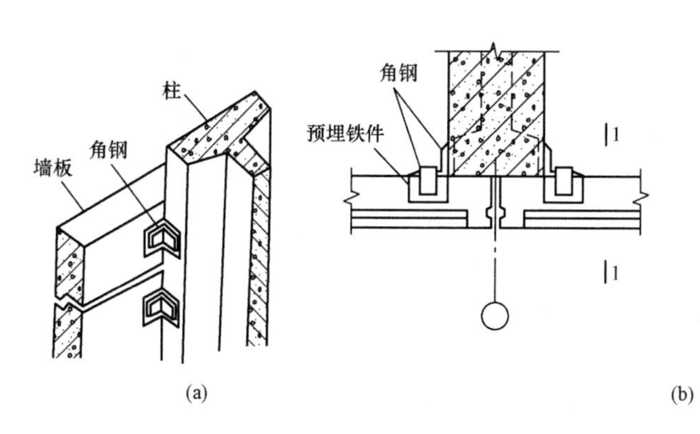

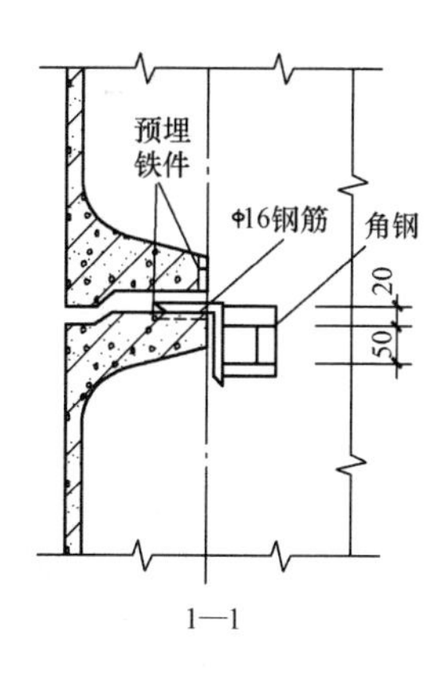

(a) (b)

图 10-13　墙板刚性连接

(a)刚性连接；(b)角钢焊接刚性连接

4. 墙板水平缝构造

墙板水平缝构造如图 10-14 所示。

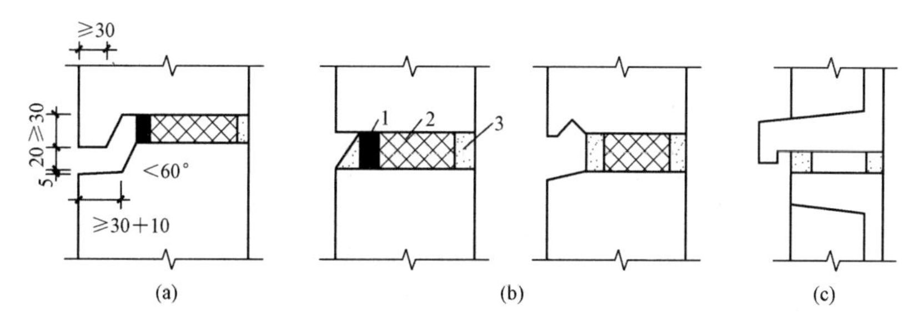

(a) (b) (c)

图 10-14　墙板水平缝构造

(a)外侧开敞式高低缝；(b)平缝；(c)有滴水的平缝

1—油膏；2—保温材料；3—水泥砂浆

5. 墙板垂直缝构造

墙板垂直缝构造如图 10-15 所示。

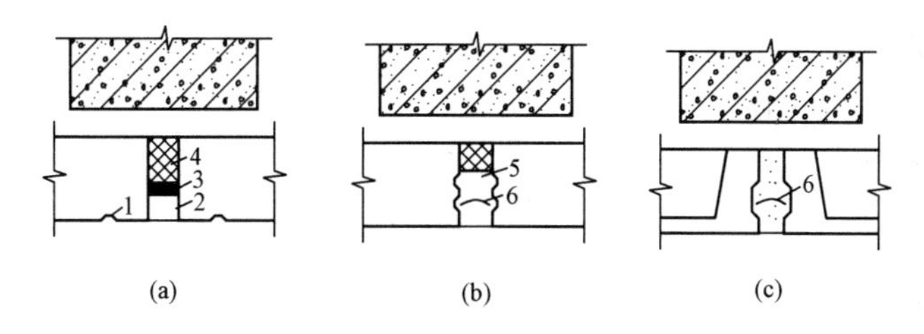

(a) (b) (c)

图 10-15　墙板垂直缝构造

1—截水沟；2—水泥砂浆或塑料砂浆；3—油膏；

4—保温材料；5—垂直空腔；6—塑料挡雨片

6. 外墙板变形缝构造

外墙板变形缝构造如图 10-16 所示。

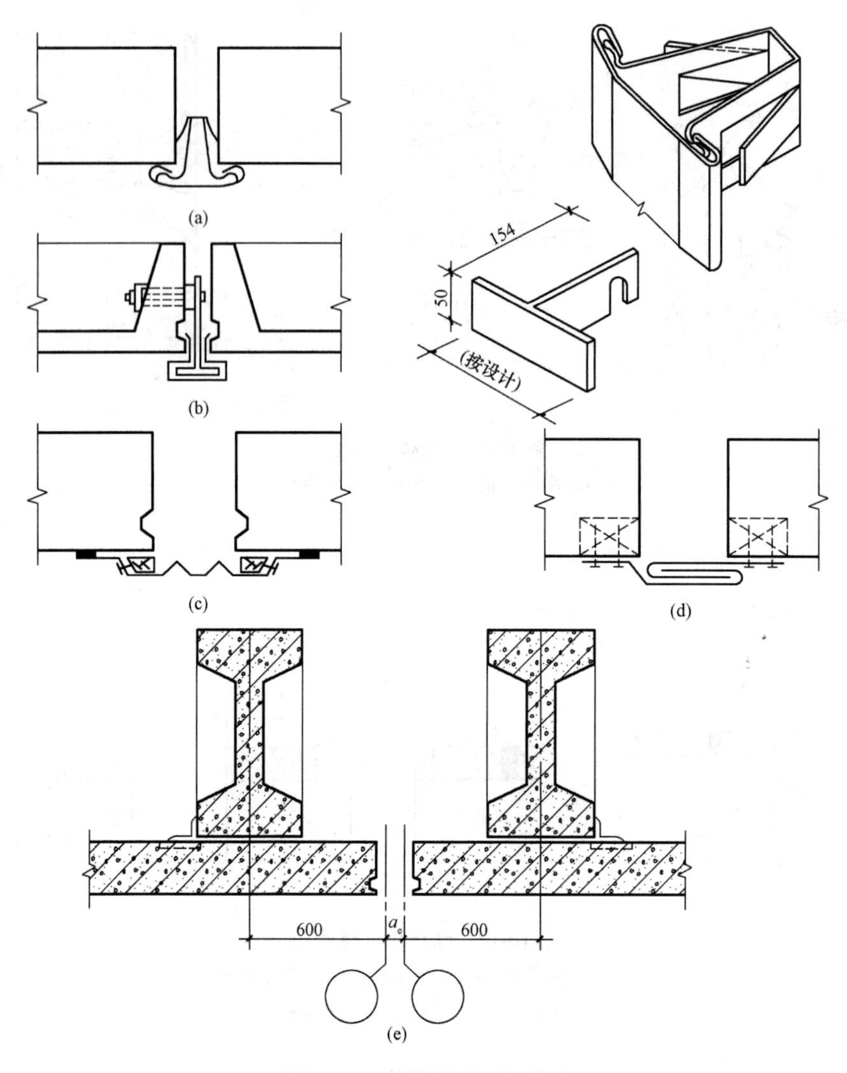

图 10-16　外墙板变形缝构造

(a)、(b)非防震缝；(c)防震缝；(d)沉降缝；(e)变形缝

7. 压型钢板外墙构造

压型钢板外墙构造如图 10-17 所示。

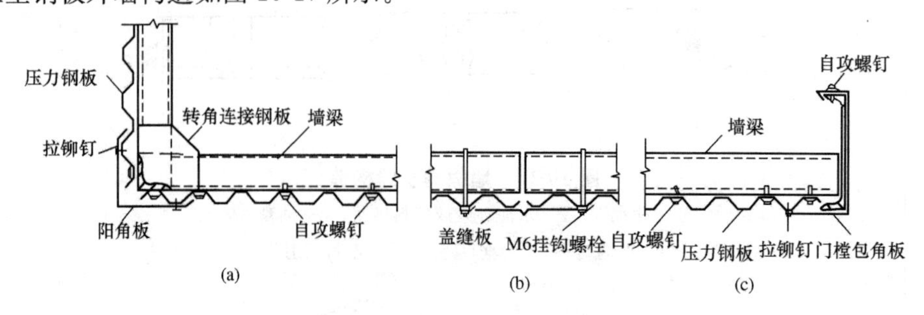

图 10-17　压型钢板外墙构造

(a)外墙转角处连接；(b)伸缩缝处连接；(c)大门处连接

8. 挡雨板构造

挡雨板构造如图 10-18 所示。

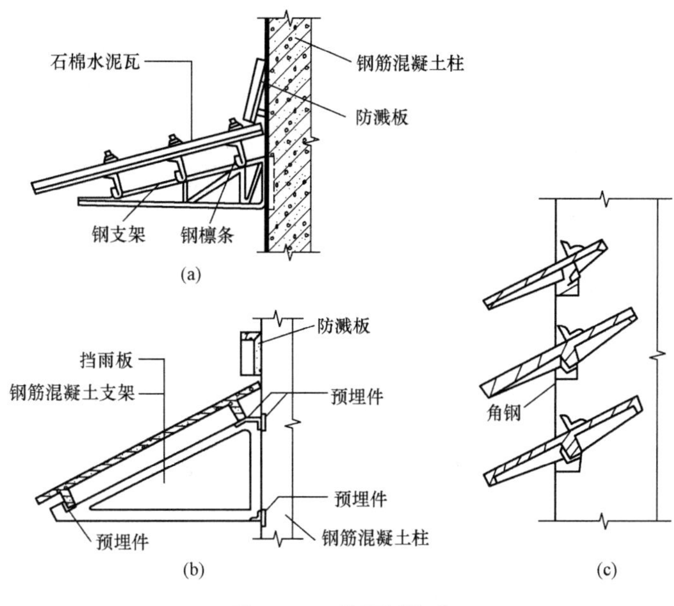

图 10-18 挡雨板构造

(a)石棉瓦挡雨板；(b)钢筋混凝土挡雨板；(c)无支架钢筋混凝土挡雨板

9. 厂房外墙基础梁防冻构造

厂房外墙基础梁防冻构造如图 10-19 所示。

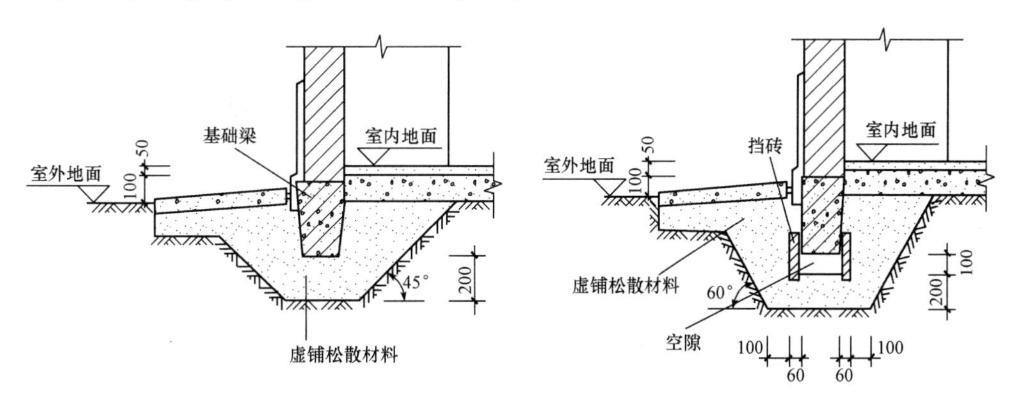

图 10-19 厂房外墙基础梁防冻构造

二、单层厂房屋顶构造图例

1. 卷材屋面的横缝处理

卷材屋面的横缝处理如图 10-20 所示。

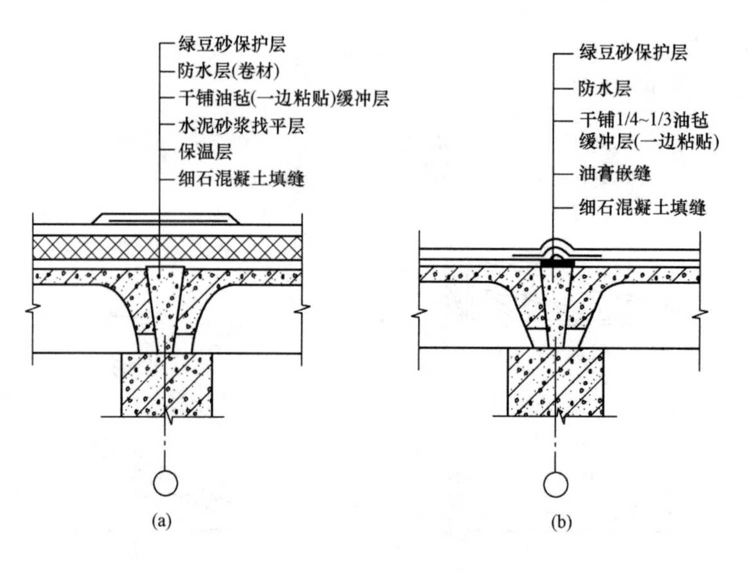

图 10-20　卷材屋面的横缝处理

(a)保温屋面；(b)非保温屋面

2. 管道泛水构造

管道泛水构造如图 10-21 所示。

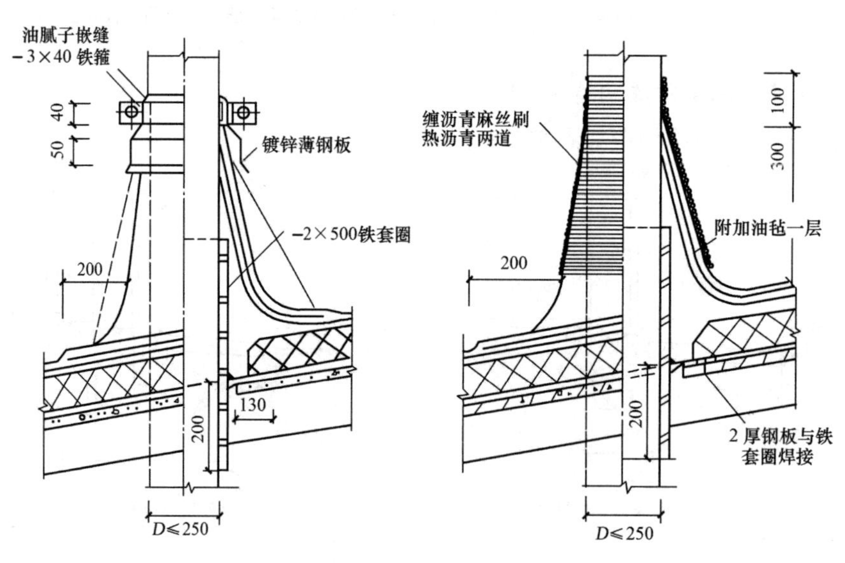

图 10-21　管道泛水构造

3. 嵌缝式、贴缝式板缝构造

嵌缝式、贴缝式板缝构造如图 10-22 所示。

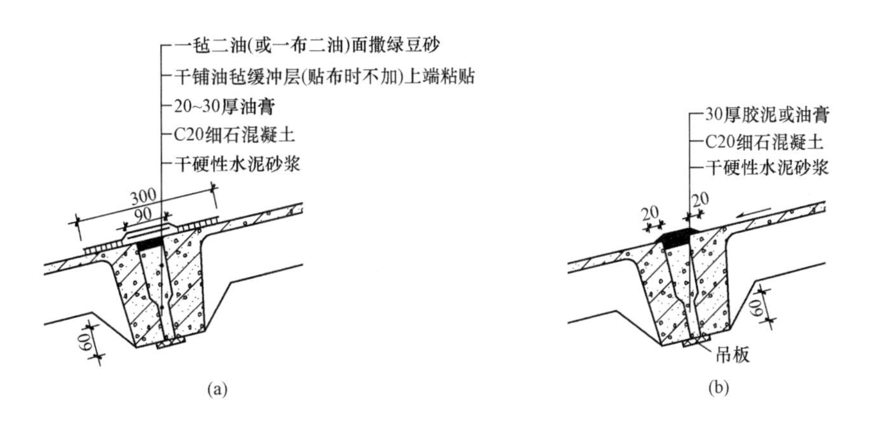

图 10-22　嵌缝式、贴缝式板缝构造

(a)有覆盖层；(b)无覆盖层

4. 中间天沟构造

中间天沟构造如图 10-23 所示。

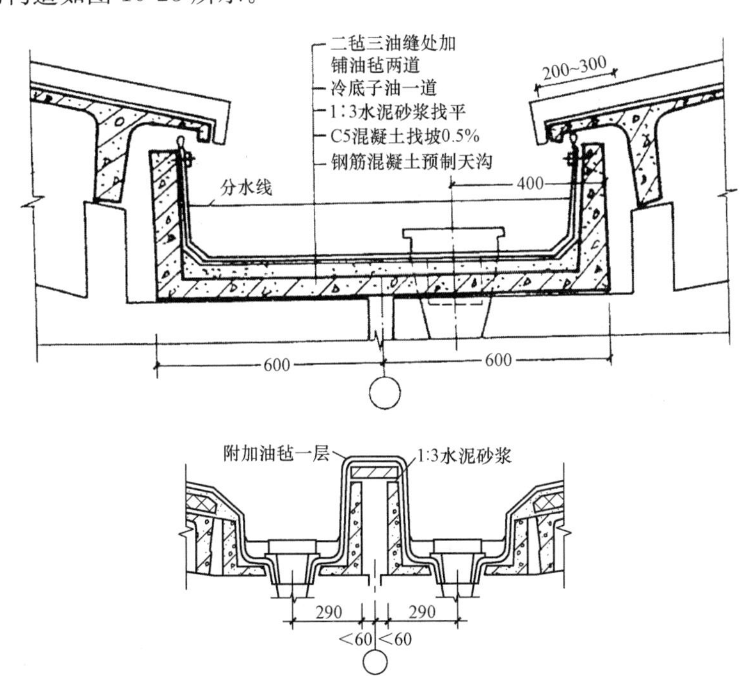

图 10-23　中间天沟构造

5. 女儿墙泛水构造

女儿墙泛水构造如图 10-24 所示。

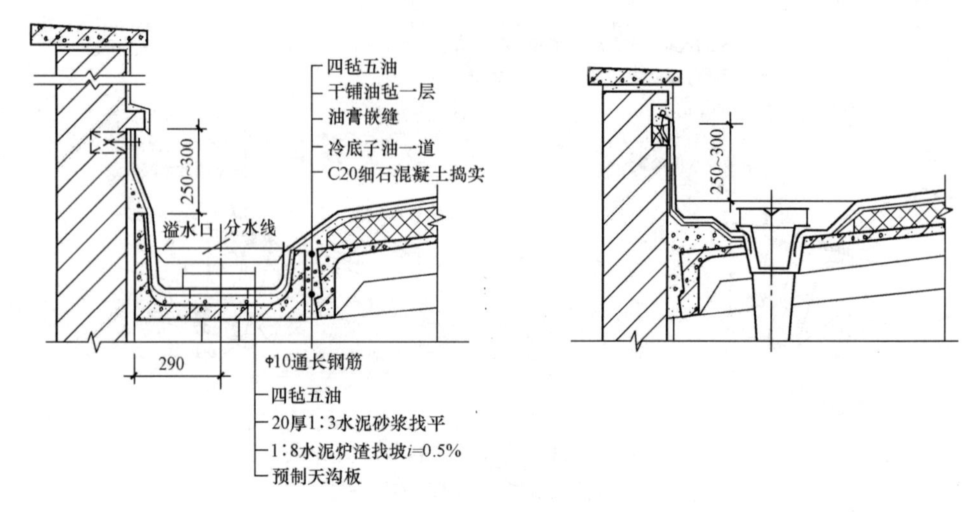

图 10-24　女儿墙泛水构造

6. 雨水口构造

雨水口构造如图 10-25 所示。

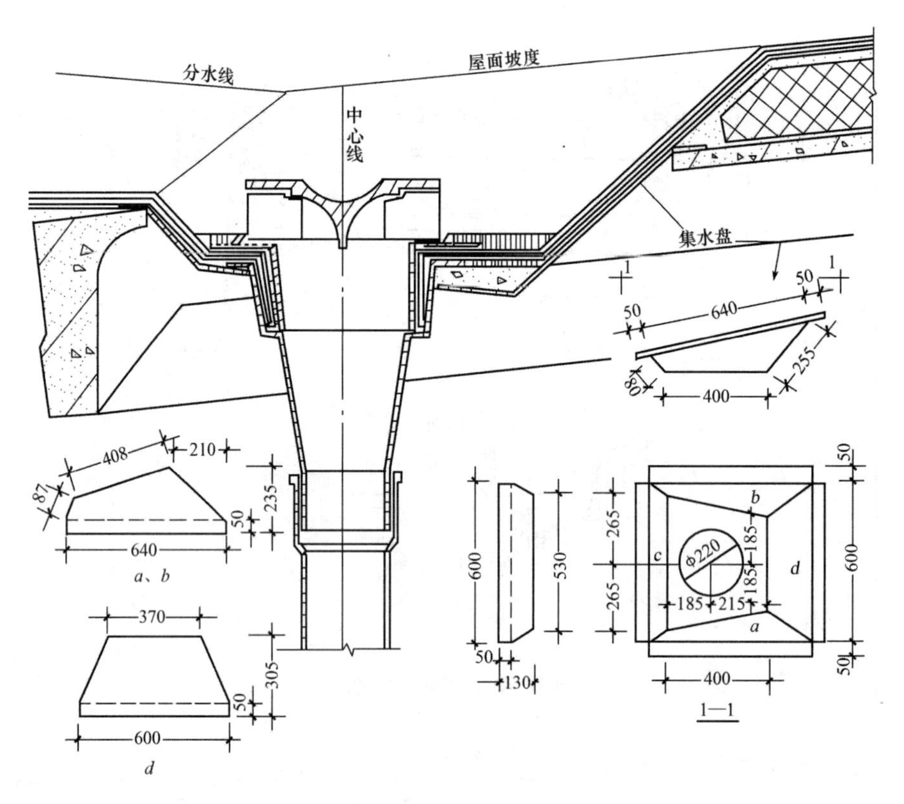

图 10-25　雨水口构造

7. F 板屋面结点构造

F 板屋面结点构造如图 10-26 所示。

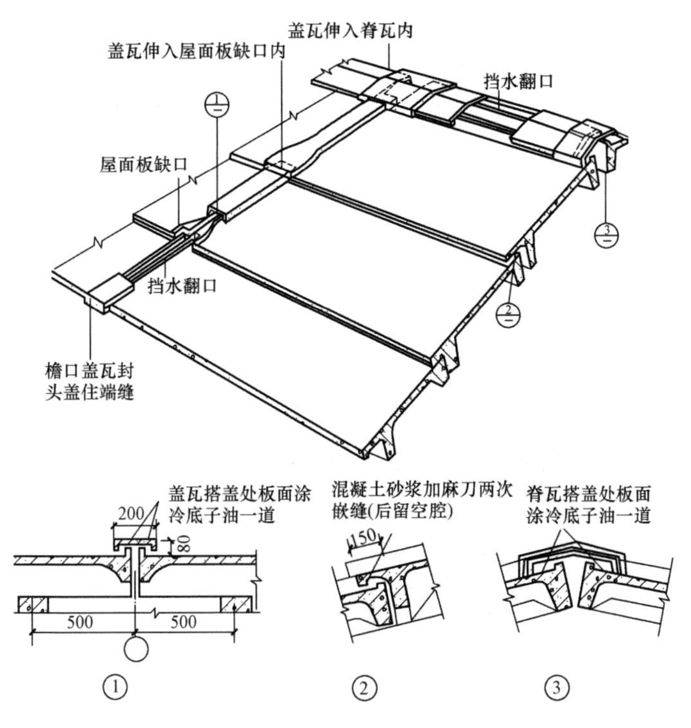

图 10-26　F 板屋面结点构造

8. W 形压型钢板瓦构造

W 形压型钢板瓦构造如图 10-27 所示。

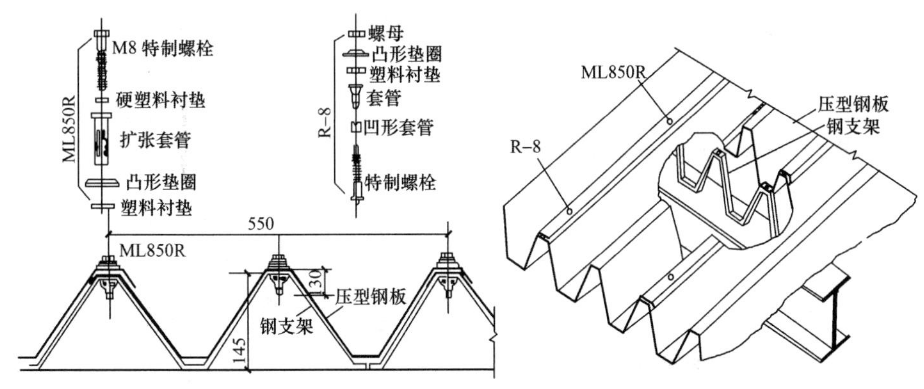

图 10-27　W 形压型钢板瓦构造

三、天窗、侧窗及大门构造

1. 钢筋混凝土天窗架与屋架的连接

钢筋混凝土天窗架与屋架的连接如图 10-28 所示。

2. 上悬天窗扇构造

上悬天窗扇构造如图 10-29 所示。

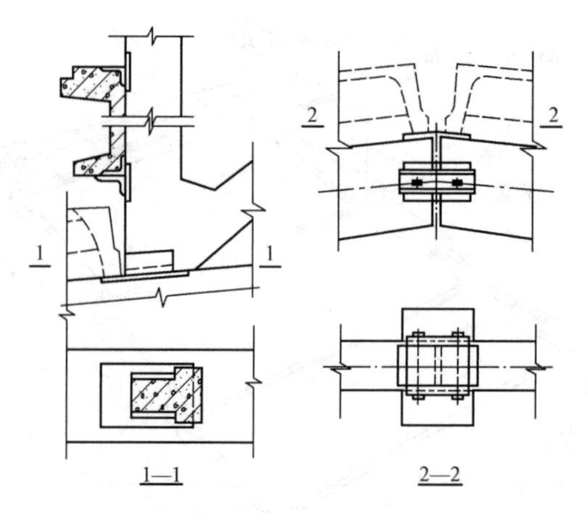

图 10-28　钢筋混凝土天窗架与屋架的连接

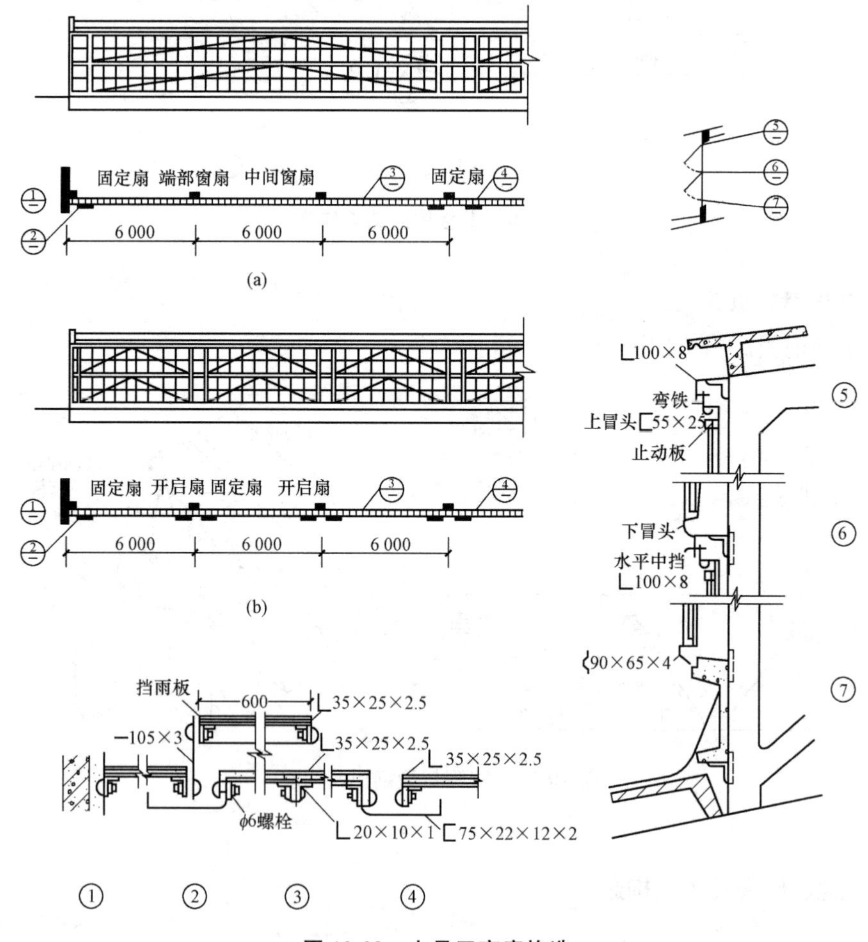

图 10-29　上悬天窗扇构造

(a)通长天窗扇平面、立面；(b)分段天窗平面、立面

3. 钢筋混凝土端壁板

钢筋混凝土端壁板如图 10-30 所示。

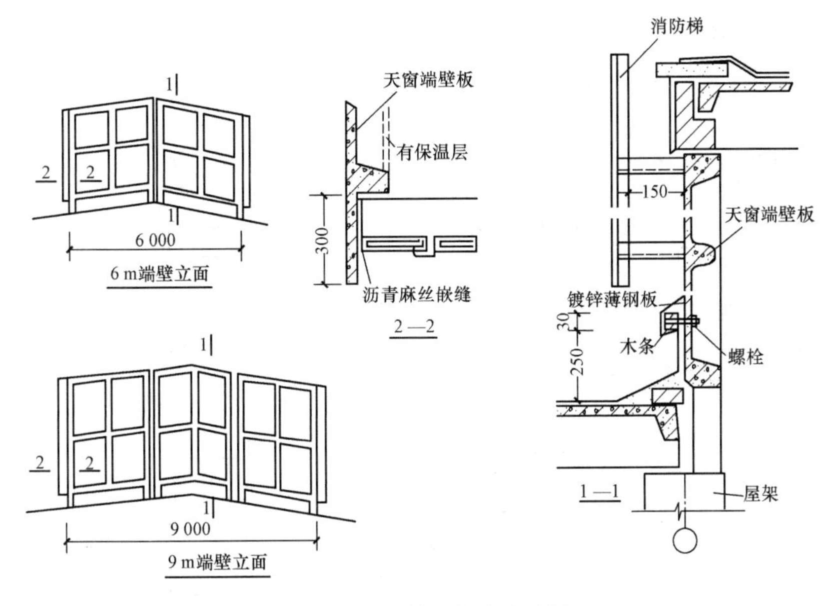

图 10-30　钢筋混凝土端壁板

4. 平天窗玻璃固定、搭接构造

平天窗玻璃固定、搭接构造如图 10-31 所示。

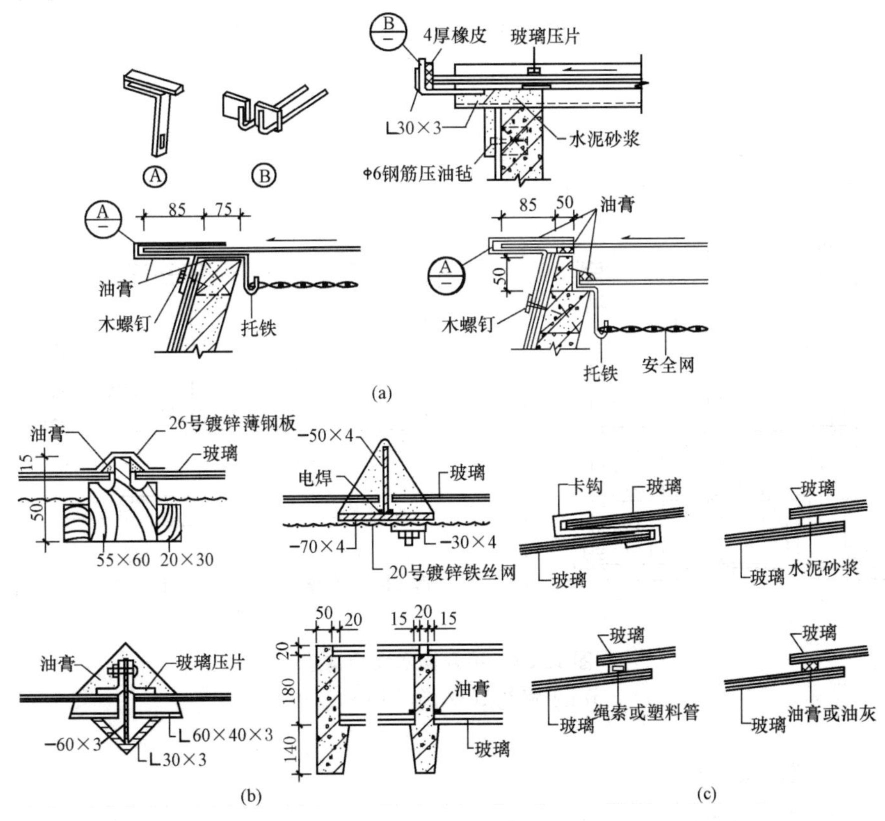

图 10-31　平天窗玻璃固定、搭接构造

(a)小孔采光板、采光罩的玻璃与孔壁连接；(b)大孔采光板、采光带的玻璃与横档连接；(c)玻璃搭接构造

5. 钢窗拼装构造

钢窗拼装构造如图 10-32 所示。

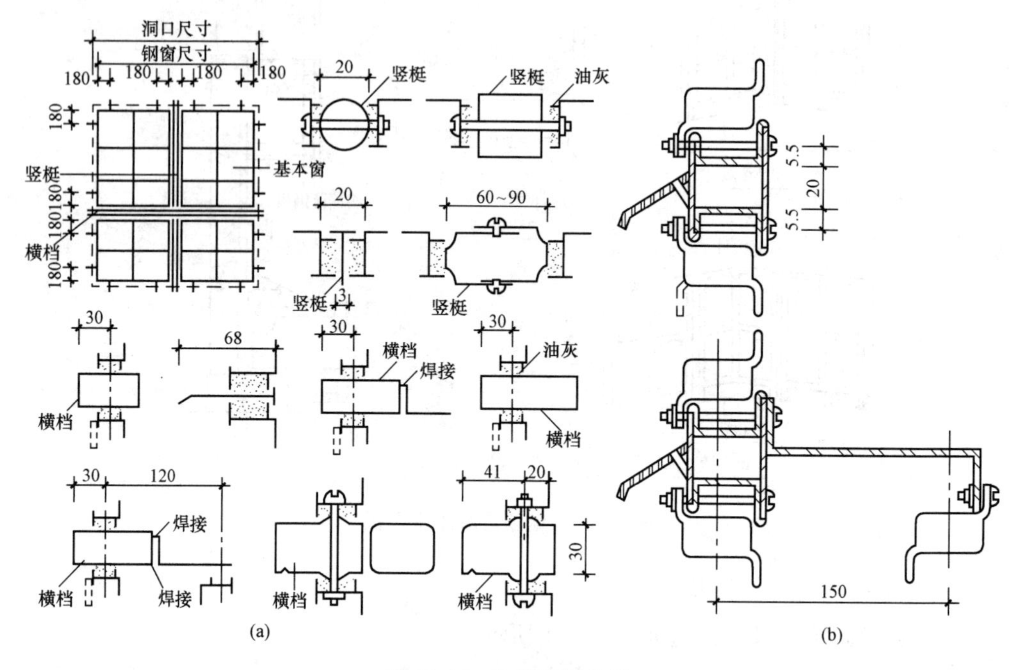

图 10-32　钢窗拼装构造

(a)实腹钢窗；(b)空腹钢窗

6. 平开钢木大门构造

平开钢木大门构造如图 10-33 所示。

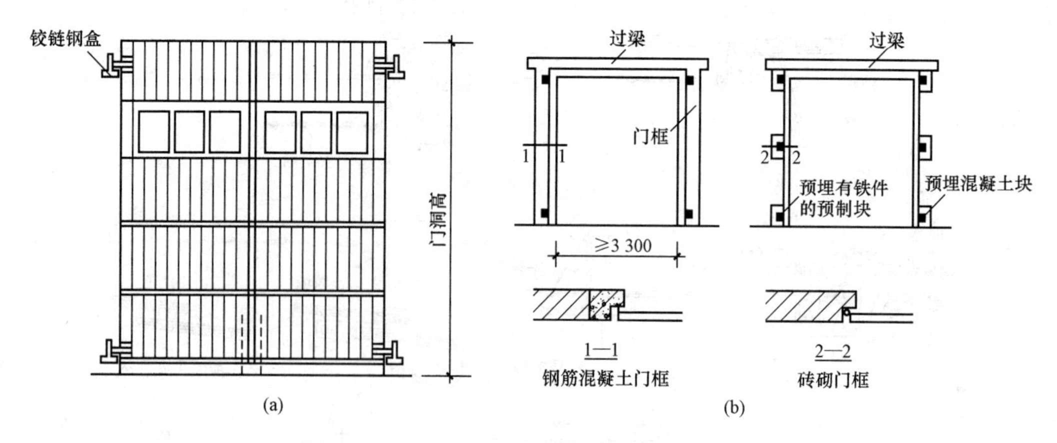

图 10-33　平开钢木大门构造

(a)平开钢木大门外形；(b)大门门框

7. 竖梃、横档安装结点

竖梃、横档安装结点如图 10-34 所示。

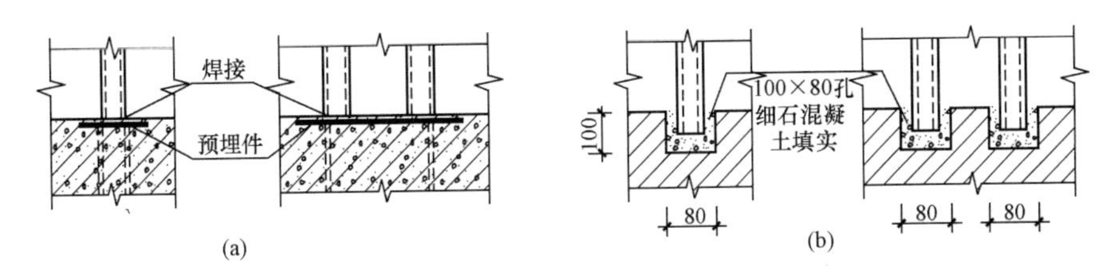

图 10-34　竖梃、横档安装结点

(a)竖梃安装；(b)横档安装

8. 钢筋混凝土门框与过梁构造

钢筋混凝土门框与过梁构造如图 10-35 所示。

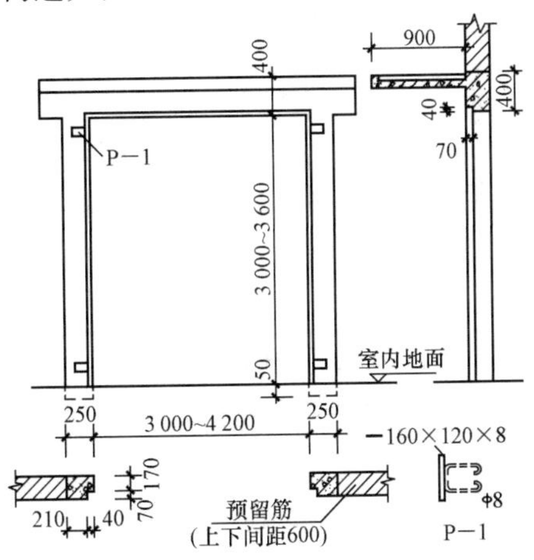

图 10-35　钢筋混凝土门框与过梁构造

9. 砖砌门框与过梁构造

砖砌门框与过梁构造如图 10-36 所示。

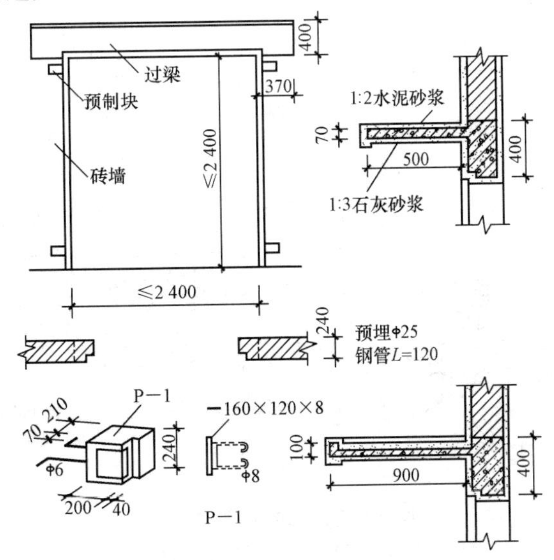

图 10-36　砖砌门框与过梁构造

四、厂房地面细部构造

1. 地面接缝处理

地面接缝处理如图 10-37 所示。

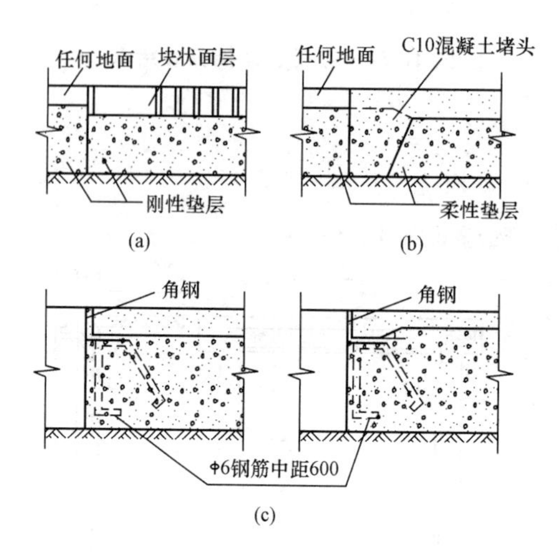

图 10-37 地面接缝处理

(a)两侧均为刚性垫层；(b)两侧均为柔性垫层；(c)有车辆频繁穿过的

2. 地面变形缝构造

地面变形缝构造如图 10-38 所示。

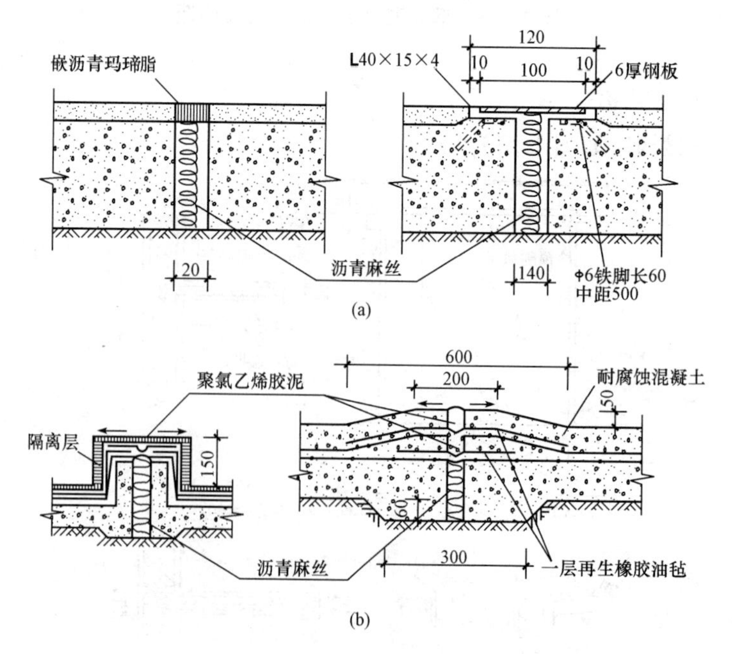

图 10-38 地面变形缝构造

(a)一般地面变形缝；(b)防腐蚀地面变形缝

3. 地沟构造

地沟构造如图 10-39 所示。

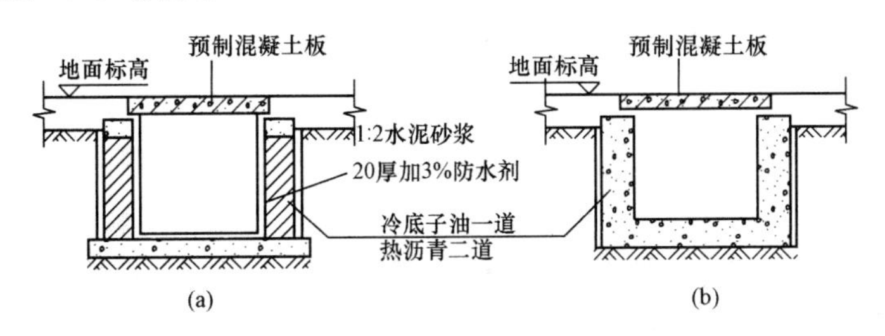

图 10-39　地沟构造

(a)砖砌地沟；(b)混凝土地沟

4. 厂房大门走道构造

厂房大门走道构造如图 10-40 所示。

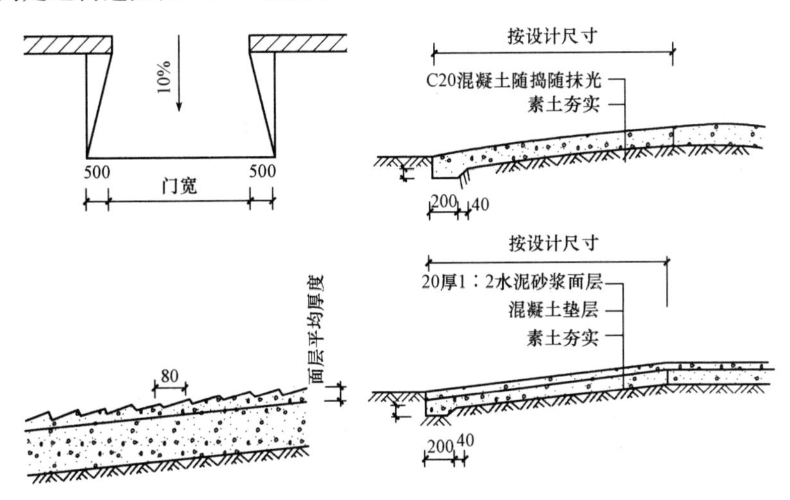

图 10-40　厂房大门走道构造

第六节　单层厂房设计实例

某拖拉机制造厂焊接车间施工图如图 10-41、图 10-42 所示。

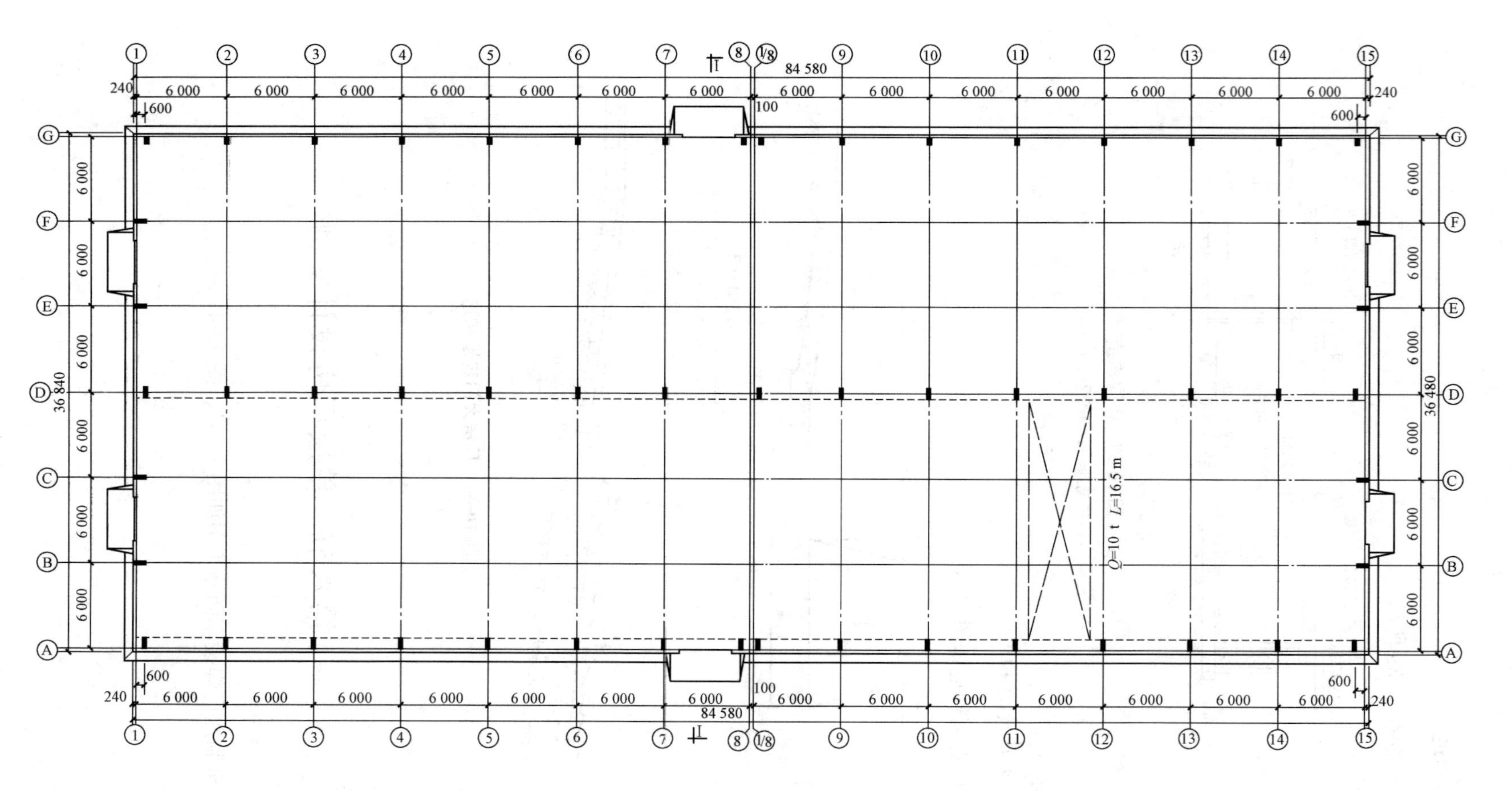

图10-41　某拖拉机制造焊接车间平面图

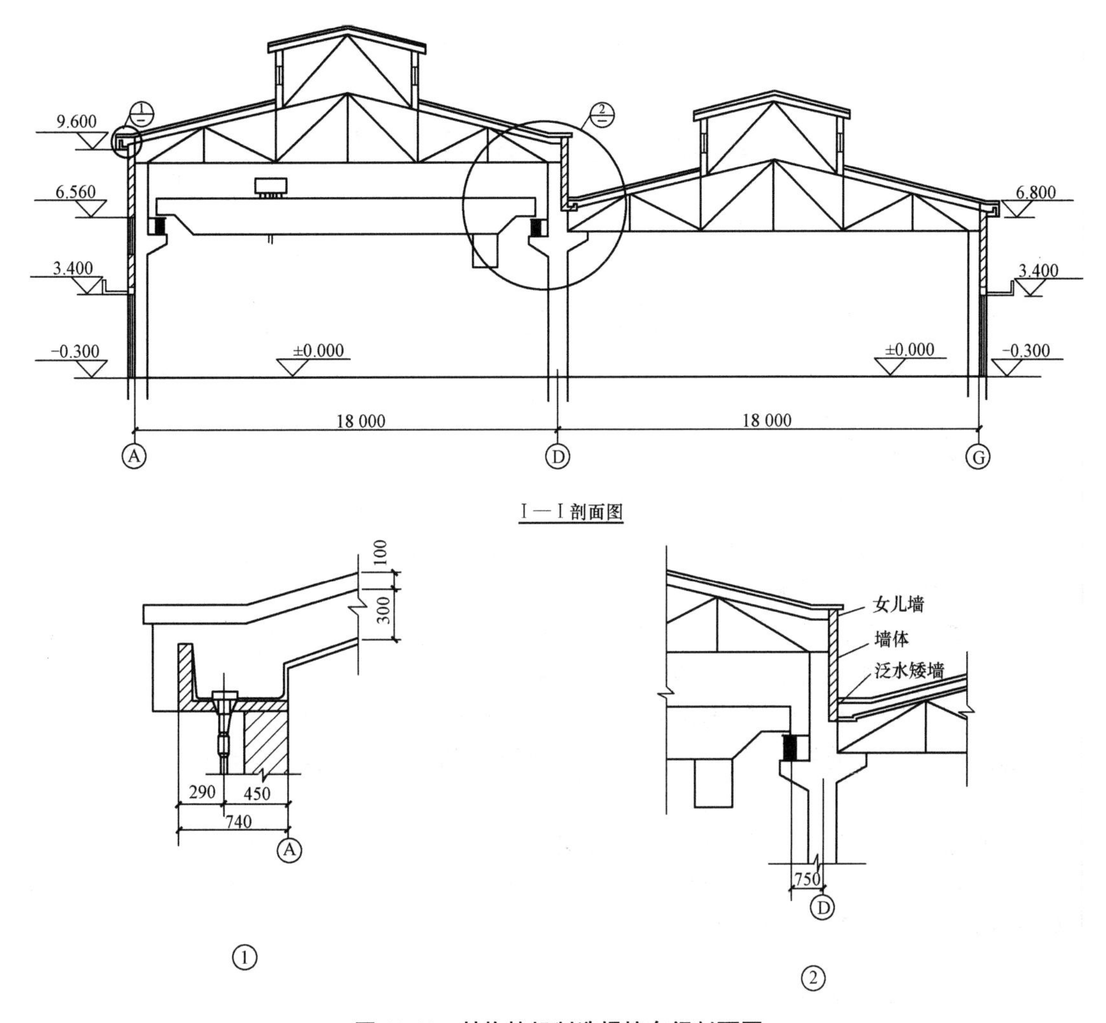

图 10-42　某拖拉机制造焊接车间剖面图

第十一章　认识实习

第一节　认识实习的基本任务及要求

一、认识实习的基本任务

认识实习是学生在已学习建筑制图和建筑材料、房屋建筑学专业知识过程中的一次实践教学环节。目的是通过参观典型建筑及建筑工地，使学生对所学知识有一个感性认识，对本专业的概貌有一个系统全面的了解，增强学生学习本专业的兴趣。其基本任务如下：

(1)通过参观实际建筑，进一步提高学生对建筑文化、建筑知识以及建筑施工、建筑材料的认识，巩固和扩大所学理论知识，提高学习积极性。

(2)通过参观在建工程及阅读施工图纸，进行现场比较，进一步培养学生的空间想象能力，提高识读施工图的能力。运用所学知识品评建筑的优缺点，提高自身的观察能力和欣赏水平。

(3)通过学习，了解建筑工程的施工工艺，熟悉房屋构造，了解建筑材料的特性及应用。培养学生劳动的观点，发扬理论联系实际的作风，为今后从事生产技术管理工作奠定基础，为课程设计的进行做好铺垫。

二、认识实习的要求

(一)安全教育

实习安全是实习中非常重要的问题。实习前指导老师应进行实习动员，认真做好安全教育工作，提高学生的安全意识和自我保护能力，使学生平安实习。

最基本的安全知识和相关的规章制度如下：

(1)了解施工工地安全通则对各作业人员的规定。

(2)了解高处作业的相关规定和规章制度。

(3)了解实习场地的基本情况和安全生产要求。

(4)了解现场内的危险部位和区域，并对此进行规定和要求。如建筑的“四口”(楼梯口、预留口、通道口、电梯井口)、高空坠物、高处作业、脚手架、栏杆、跳板、马道等。

(5)了解实习场地的一般用电知识、防火要求、电器使用等相关的基本知识。

(6)提高现场的自我防护能力。

(二)基本安全知识

1.“三保”防护(安全帽、安全带、安全网)

(1)凡进入施工现场的人员，必须正确佩戴安全帽。安全帽要经常检查，不符合要求的坚决报废。

(2)凡在 2 m 及 2 m 以上高处作业，必须系好安全带。安全带上的各种部件不得任意拆掉和随意更换。

(3)安全网的规格、材质必须符合国家标准，使用前要认真检验。工程外侧及龙门架外侧均使用密目式安全网全封闭，安全网支设完毕，经过检查验收后方可使用。

2.“四口”防护

(1)工程的楼梯口、电梯井口、通道口、预留洞口均需进行安全防护。

(2)楼梯踏步拆模后，沿楼梯设 1.2 m 高双层护身栏杆。

(3)在工程的东西两侧各设一个通道口，并搭设防护棚。棚的宽度大于出入口，长度不小于 3 m。棚顶用 5 cm 厚木板铺满，其余暂不通行的单元入口临时封闭，封闭要牢固严密。

(4)预留洞口要用盖板盖严，固定牢固。

(5)通道口、楼梯口要有醒目的示警标志，夜间挂红灯示警。

3.“五临边”防护

(1)基坑四周设置防护栏杆，夜间挂红灯示警。

(2)通往屋面周边、一层框架周边、斜马道两侧边、卸料平台两侧边都必须设置 1.2 m 高的双层护栏，并挂安全网。

(3)电梯口和楼梯侧边必须安装临时防护栏杆，在安装正式栏杆前不得拆除。

(4)上料平台除两侧设防护栏杆外，平台口还应设置安全门或活动防护栏杆。

(5)各种临近防护必须安装牢固，经检查验收后方可使用，任何人都无权私自随意挪动和拆除施工现场的各种防护装置、防护设施和安全标志。

施工环境应做到“三清六好”，即下工活底清、料具底数清、工完场地清；施工准备好、设备管理好、工程质量好、安全生产好、完成进度好、生活管理好。

(三)安全意识教育

为安全有效地完成实习任务，需做出以下规定：

(1)进入施工现场前，请检查安全帽是否戴好，鞋带是否系好。女生请不要穿高跟鞋。男生请不要携带香烟、打火机，严禁在施工现场抽烟。

(2)进入工地后，严禁嬉笑打闹，不许掉队，不许独自乱走。要时刻留意脚下，不要轻易踩在模板、钢筋以及带钉的板上，以防钉子或钢筋扎伤脚。

(3)应留意头上的钢管等，避免碰伤头；还应注意楼地面上的各种预埋铁件等，以防绊倒摔伤。

(4)禁止在塔式起重机、升降机等下面逗留、嬉笑、打闹。

(5)进入材料加工区(如钢筋加工区、模板加工区等)，严禁触摸各种机械设备、配电箱等，以防受伤或触电。

(6)进入施工现场的通道是“安全入口”处，禁止从其他地方钻进去，严禁攀爬脚手架。

(7)在施工现场内要特别注意“四口”，即楼梯口、通道口、电梯井口、预留口。确认安全后再通行。注意施工现场特别是危险区域(如高处作业的梯子、跳板、马道、架子、栏杆)的安全与防范。

(8)禁止在施工现场拍照。小心手机等其他贵重物品从口袋滑出、坠落。对有高温施工处，还应避免烫伤。

第二节　认识实习大纲及考核标准

一、认识实习的内容

(1)识读建筑施工图，学习设计人员针对建筑物的功能要求，是如何进行平面组织、立面处理和剖面设计的，为课程设计打下基础。

(2)参观已建成的建筑，直观了解不同建筑的使用功能和性质，以及建筑造型、色彩搭配、材料选用等建筑特点。

(3)参观施工工地，进一步了解建筑的构造原理和构造方法，学习建筑的构造要求及施工工艺。

(4)回答知识提问，整理实习成果。

二、认识实习的组织计划安排

按照教学计划安排，认识实习为一周时间。参加实习的全体人员形成整体，由专业指导老师带队，负责所有工作。每班分成若干小组，每组设组长一名，负责各组的组织服务工作。在实习期间，应按照实习计划的内容进行，在指导老师和技术人员的帮助下，完成实习任务。

实习时间安排如下：

(1)实习动员及安全教育，0.5天。

(2)参观砖混结构施工现场，1.0天。

(3)参观钢混结构施工现场，1.0天。

(4)参观城市景观，0.5天。

(5)识读建筑施工图：砖混结构图一套、钢混结构图一套，1.5天。

(6)整理实习成果，0.5天。

三、认识实习的成果

学生在实习期间必须完成以下任务：

(1)按要求完成实习日记。

(2)按要求完成实习报告。

(3)按要求完成并回答老师提出的问题。

(4)针对实习过程中发现的问题，提出自己的看法和理解，包括有关新材料、新工艺、新技术的专项研究报告。

第三节　实习要求

实习报告应包括前言、实习目的、实习时间、实习地点、实习单位和部门、实习内容。实习内容要求字数不低于3 000字，可包括以下内容：

一、建筑学知识

参观单体建筑及建筑组群或参观特色建筑，应了解分析以下内容：

(1)根据所学知识，对所参观建筑组群的总平面布局是否合理性进行分析。

(2)参观建筑物外观及内部，了解各层平面布局及房间布置，观察建筑的外观特点。运用所学知识分析该建筑的平面布局、空间造型和立面处理方法。

(3)分析建筑的防火与安全疏散设计是否符合要求。

二、房屋构造

通过参观某项在建工程现场情况，应了解分析以下内容：

(1)该建筑物的结构形式、构造特点、建筑做法、承重方式、施工方式、抗震等级等。

(2)该建筑物的地基及基础类型、构造形式及施工方法；墙体类型、结构布置、细部构造及施工特点；板、梁、柱等的类型，配筋方式及其与墙、梁的连接构造，了解楼地面、屋面构造及顶篷构造特点；楼梯、阳台等的详细构造。

(3)建筑物的建筑装修构造。

三、建筑材料

通过建筑工地实地参观，应了解以下内容：

(1)水泥、砖、砂子、石子、钢筋等主要材料的规格、强度等级、特性及使用要求。

(2)混凝土、砂浆的配合比、强度等级、生产工艺所用设备以及养护要求。

(3)各种钢筋加工情况。

(4)有关装饰材料的情况。

四、建筑施工

通过施工现场参观，应了解以下内容：

(1)各施工工种的工艺过程、生产特点以及各工种之间的配合及穿插作业情况。

(2)砖混结构施工工序，现浇构件的施工工序。

(3)建筑工程与安装工程的施工配合及工序要求。

(4)该工程的施工过程、施工特点及方法。

参 考 文 献

[1]中华人民共和国国家标准 . GB/T 50104—2010 建筑制图标准[S]. 北京：中国计划出版社，2011.

[2]中华人民共和国国家标准 . GB 50096—2011 住宅设计规范[S]. 北京：中国建筑工业出版社，2012.

[3]中华人民共和国国家标准 . GB 50352—2005 民用建筑设计通则[S]. 北京：中国计划出版社，2005.

[4]中华人民共和国国家标准 . GB 50099—2011 中小学校设计规范[S]. 北京：中国建筑工业出版社，2012.

[5]袁雪峰 . 房屋建筑学实训指导[M]. 3 版 . 北京：科学出版社，2011.

[6]李必瑜，王雪松 . 房屋建筑学课程设计指南[M]. 武汉：武汉理工大学出版社，2008.

[7]魏琳，郑睿 . 房屋建筑学实训[M]. 北京：中国水利水电出版社，2008.

[8]周绪红，朱彦鹏 . 房屋建筑学课程设计指南[M]. 北京：中国建筑工业出版社，2010.

[9]陈晓明 . 房屋建筑学[M]. 合肥：中国科学技术大学出版社，2012.

[10]崔艳秋 . 房屋建筑学课程设计指导[M]. 北京：中国建筑工业出版社，1999.

[11]聂洪达，郄恩田 . 房屋建筑学[M]. 2 版 . 北京：北京大学出版社，2012.

[12]朱昌廉 . 住宅建筑设计原理[M]. 北京：中国建筑工业出版社，1999.